中国科学院科学出版基金资助出版

密码旁路分析原理与方法

Principles and Methodologies of Side-Channel Analysis in Cryptography

郭世泽　王　韬　赵新杰　著

科学出版社

北　京

内 容 简 介

    本书较为全面地介绍了密码旁路分析的基本原理和方法，以帮助读者系统地掌握典型密码旁路分析的研究现状、数学基础、基本原理、分析方法和应用实例，为深入理解其技术内涵和开展相关领域研究奠定基础。

    全书共包括 9 章和附录。第 1 章概要介绍密码学的相关知识和密码旁路分析的研究现状。第 2 章和第 3 章分别介绍密码旁路分析的数学基础、旁路泄露与旁路分析建模。第 4～7 章分别阐述计时分析、功耗/电磁分析、Cache 分析、差分故障分析 4 种经典的密码旁路分析原理与方法。第 8 章和第 9 章分别描述代数旁路分析、旁路立方体分析两种传统数学分析和经典旁路分析的组合分析方法。附录给出本书涉及的典型密码算法设计规范。

    本书可作为信息安全、密码学、计算机科学与技术、通信工程、微电子学等专业高年级本科生和研究生相关课程的教材，也可供相关领域的教学、科研和工程技术人员阅读参考。

图书在版编目 (CIP) 数据

密码旁路分析原理与方法 / 郭世泽，王韬，赵新杰著. —北京：科学出版社，2014
   ISBN 978-7-03-040683-5

   Ⅰ. ①密⋯ Ⅱ. ①郭⋯ ②王⋯ ③赵⋯ Ⅲ. ①密码－理论 Ⅳ. ①TN918.1

中国版本图书馆 CIP 数据核字 (2014) 第 103562 号

策划编辑：张 濮 / 责任编辑：张 濮 陈 静 邢宝钦

责任校对：胡小洁 / 责任印制：徐晓晨 / 封面设计：迷底书装

科 学 出 版 社 出版
北京东黄城根北街 16 号
邮政编码：100717
http://www.sciencep.com

北京中石油彩色印刷有限责任公司 印刷
科学出版社发行 各地新华书店经销

*

2014 年 7 月第 一 版   开本：720×1 000 1/16
2024 年 1 月第七次印刷   印张：20 1/2
字数：415 000
定价：95.00 元
(如有印装质量问题，我社负责调换)

前　言

　　密码是信息安全与通信保密的基础，增强密码的安全性是密码专家长期奋斗的目标。在当今开放网络的现代密码学应用环境中，密码安全问题尤为突出。目前，密码算法、协议的设计和相应标准的制定，都是利用可证明安全性思想，在理论上对安全性进行严格检验，这样做所取得的成功有目共睹。正如美国历史学家 Kahn 所说的："很多密码系统如今都不能用已知的密码分析方法来破解。在这样的密码系统中，即使使用选择明文攻击，也就是攻击者可以选择明文并比对相应的密文，也不能找出可以用来解开其他加密信息的钥匙。从某种意义上来说，密码分析已经死了。"这一观点虽然有些武断，但就现有计算能力而言，似乎密码编码学占了上风。

　　不过，爱因斯坦曾说过："在理论上，理论和实践是一致的。在实践中，不是这样。"对于密码系统而言，一个不容忽视的问题是，理论上的设计安全性不等同于实践中的实现安全性。因为密码算法依靠硬件或软件实现，其在密码设备中或密码芯片上运行时会存在信息泄露的安全隐患，分析者可在不干扰密码设备或密码芯片运行的前提下观测时间、功耗、电磁辐射等无意的旁路(side channel)泄露，也可主动侵入密码芯片或修改其工作条件诱导密码芯片产生有意的旁路泄露，然后结合算法设计细节进行密钥分析，此类分析方法称为"密码旁路分析"。正如密码和信息安全专家 Schneier 所说的："当密码系统实现得非常完美时，它是非常强大的，但它也不是万能的。如果仅仅专注于密码算法而忽视了安全的其他方面，那就像当你在保护自己的房子时，不是建起坚固的篱笆墙，而是在地上竖起一个巨大的木桩，而且希望你的对手只知道穿过木桩进入房间。"

　　密码旁路分析方法为密码分析学开辟了一个新的研究领域，一次又一次地挑战了密码安全性准则，完备了密码安全体系，相关研究已成为近年来国内外密码分析学研究的热点。旁路分析方法打破了传统密码分析方法对攻击者能力和密码算法安全性分析的假设，因为攻击者能够获取除明密文以外的第三类信息，即旁路泄露信息。这样，密码算法的安全性由"设计安全性"扩展到"实现安全性"，密钥分析的思路由传统的"密钥整体分析"转变为"密钥分块分析"，使得在有限复杂度内实现密钥恢复成为可能。由于丰富的旁路泄露是密码运行中间状态的最直接反映，旁路分析不断向近距离非接触式密码分析、远程网络密码分析、未知明密文密码分析、未知算法密码分析、密码算法逆向分析等传统密码分析方法难以完成的工作发起挑战。当前，旁路分析方法已成为评估密码算法实现安全性的重要手段，对各类密码算法的软硬件实现均构成了严峻的现实威胁。

第一种旁路分析方法为计时分析，于 1996 年由美国 Cryptography Research 公司的首席科学家 Kocher 在学术界公布，极大地激发了密码学者的研究热情。此后，世界各国都制定了旁路分析、防御、评估、应用等研究规划，旁路分析理论和方法研究取得了丰硕成果。作者带领的团队于 2002 年启动了密码旁路分析原理和方法的研究工作，特别是自 2006 年以来，在多项国家自然科学基金课题的资助下，对密码旁路分析进行了深入的研究，取得了一定的理论研究和实践成果，在此基础上，将相关的原理、方法和经验总结成书。作为当今较为全面阐述密码旁路分析的一本专著，本书能够使读者系统地掌握典型密码旁路分析的研究现状、数学基础、基本原理、分析方法和应用实例，为深入理解其技术内涵和开展相关领域研究奠定基础。

全书共包括 9 章和附录。第 1～3 章介绍密码旁路分析的基本原理、研究现状、数学基础、旁路泄露与旁路分析建模；第 4～7 章介绍计时分析、功耗/电磁分析、Cache 分析、差分故障分析 4 种经典的密码旁路分析原理与方法；第 8 章和第 9 章介绍新型数学分析同经典旁路分析的结合方法，如代数分析和旁路分析的组合方法——代数旁路分析，立方体分析和旁路分析的组合方法——旁路立方体分析。附录给出了本书涉及的典型密码算法设计规范。

本书可作为信息安全、密码学、计算机科学与技术、通信工程、微电子学等专业高年级本科生和研究生相关课程的教材，也可供相关领域的教学、科研和工程技术人员阅读参考。

本书得到了多个国家自然科学基金项目（60571037、60772082、60940019、61173191、61272491、61309021）的资助，在此致以深深的谢意。

在撰写过程中，团队的多位博士、硕士研究生都在不同程度上参与了素材提供和内容撰写。其中，邓高明博士、刘会英博士、张帆博士参与了分组密码、序列密码旁路分析相关内容的撰写；陈财森博士、周平博士参与了公钥密码旁路分析的相关内容撰写。此外，郑媛媛、吴杨、王小娟等博士，田军舰、高靖哲、吴克辉、张金中、计锋、冀可可、陈浩、朱馨培、邢萌、李进东等硕士，参与了本书中实验验证与文字校对工作。在此一并表示衷心的感谢！

"正道何妨左道奇，寻踪觅隙动玄机。躬行不辍凭余勇，度棘穿荆志不移。"本书写作历时 4 年有余，作者殚精竭虑，宵衣旰食，力求做到简洁易懂、推理详尽、内容充实，基本反映最新动态。不过，密码旁路分析是一个相对较新的研究领域，在旁路产生机理、信号采集、信号处理、安全性评估等基础理论和分析技术方面仍然有大量未开垦之地，亟待我们抱着科学的态度去研究、探索、发现。正如我们团队座右铭所说的：前面的高山是如此巍峨美丽，让我们一起去攀登吧！

　　限于作者水平有限，或有肤浅与疏漏存在，诚挚地欢迎大家对本书提出宝贵意见。

作　者

2014 年 3 月

于北京

缩 略 词 表

AES	高级加密标准
API	应用程序编程接口
ASCA	代数旁路分析
ASIC	专用集成电路
CMOS	互补金属氧化物半导体
CPA	相关功耗分析
CPU	中央处理器
CRT	中国剩余定理
DEMA	差分电磁分析
DES	数据加密标准
DFA	差分故障分析
DPA	差分功耗分析
DSA	数字签名算法
ECC	椭圆曲线密码学
ECDSA	椭圆曲线数字签名算法
EM	电磁
EMA	电磁分析
FA	故障攻击
FFT	快速傅里叶变换
FIPS	联邦信息处理标准
FPGA	现场可编程门阵列
HD	汉明距离
HMAC	基于杂凑的消息认证码
HW	汉明重量
IC	集成电路
I/O	输入/输出
LP	线性编程
MDASCA	多推断代数旁路分析
MOSFET	金属氧化物半导体场效应管
MIP	混合整数编程

NASA	美国国家航空与航天局
NIST	美国国家标准与技术研究院
PBOPT	伪布尔优化
PC	个人计算机
PCA	主成分分析
PHP	超文本预处理器
PMOS	p 型半导体金属氧化物
RAM	随机存储器
RC4	Rivest 序列密码 4
RDTSC	读取时间标签计数器
RFID	射频识别
RSA	Rivest-Shamir-Adleman
SAT	可满足性
SCA	旁路攻击(旁路分析)
SCCA	旁路立方体分析
SEMA	简单电磁分析
SHA	安全杂凑算法
SPA	简单功耗分析
SPICE	增强型集成电路仿真程序
SPN	代换置换网络
TA	模板分析
TLB	后备缓冲器
TEMPEST	瞬态电磁脉冲辐射监测技术
USB	通用串行总线

目　　录

第1章 绪 论

随着计算机和通信技术的发展，人类社会在经历了机械化时代和电气化时代后，已经进入一个崭新的信息化时代。信息的获取、存储、传输、处理和安全保障能力已成为一个国家综合实力的重要组成部分。信息安全已成为影响国家安全、社会稳定和经济发展的重要因素之一，也是人们在信息化时代中生存与发展的重要保证。著名未来学家阿尔夫·托夫勒曾说过："在信息化时代，谁掌握了信息，控制了网络，谁就将拥有整个世界。"[1]作为信息安全技术的核心，密码学在最近二十多年来越来越受到人们的重视。

密码学主要包括两个分支：密码编码学和密码分析学。密码编码学主要研究对信息进行变换的密码算法，以保护信息在传递过程中不被敌方窃取、解读和利用；而密码分析学则与密码编码学相反，主要研究如何分析和破解密码算法或密钥，达到信息窃取、解读和利用等目的。两者之间既相互对立又相互促进，一方面，针对已有的密码分析手段，密码编码者总希望设计出可以抵抗所有已知分析方法的密码算法，各种深思熟虑的设计给密码算法分析提出了严峻的挑战；另一方面，针对已有的密码算法，密码分析者总希望可以找到密码算法的某些安全缺陷，密码分析方法的发展为密码算法的设计提供了源源不断的动力和新鲜思想。这两方面的研究共同推动了密码学的发展。本书主要面向密码分析学。

传统密码分析学[2-5]主要关注密码算法的设计安全性，通过分析密码算法的输入和输出，利用强力攻击、数学分析等方法进行密码分析。随着密码编码水平的不断提高，应用传统密码分析学方法对密码算法分析的计算复杂度越来越高，已经难以对其实际安全性构成现实威胁。近年来，有研究者提出[6]，密码算法在设备(密码芯片①)上的实现安全性(或物理安全性)并不等价于密码算法设计方面的理论安全性，其实现过程中会产生执行时间、功率消耗、电磁辐射、故障输出等信息泄露，称为旁路泄露(side channel leakage)。密码分析者可利用旁路泄露结合密码算法的输入、输出和设计细节进行密码分析，此类方法称为旁路攻击(Side Channel Attack)或旁路分析(Side Channel Analysis，SCA)②，又称为"侧信道分析"[7]，本书主要沿用旁路分析的称谓。当前，旁路分析已对各类密码算法在设备上的实现安全性构成现实威胁[8]，本书主要研究密码旁路分析的原理与方法。

---

① 本书将运行密码算法的集成电路芯片统称为密码芯片。
② 在密码分析学中，攻击和分析两词意思等效，均是对密码安全性的一种衡量。

1.1 密码学基础

1.1.1 密码编码学

密码技术是一门古老的技术，自人类社会出现战争以来即产生了密码。密码技术的基本思想是隐藏秘密信息，隐藏就是对数据进行一种可逆的数学变换。隐藏前的数据称为明文，隐藏后的数据称为密文，隐藏的过程称为加密，根据密文恢复明文的过程称为解密。加解密一般要在密钥的控制下进行，将数据以密文的形式在计算机和网络中进行存储或者传输，而且只给合法用户分配密钥。这样，即使密文被非法窃取，攻击者由于未授权得到密钥从而不能得到明文，达到提供数据机密性的目的。同样，未授权者没有密钥无法构造相应的明密文，如果对数据进行删减或者篡改，则必然被发现，进而达到提供数据完整性和真实性的目的。

1. 通信环境下的密码系统

首先给出通信环境下的密码系统相关术语。

术语 1-1 发送者

指在双方通信中作为信息合法传送者的实体，通常用 Alice 表示。

术语 1-2 接收者

指在双方通信中作为信息预定接收者的实体，通常用 Bob 表示。

术语 1-3 攻击者

指既非发送者又非接收者的实体，可以是通信系统中的合法用户或非法用户，试图攻击保证发送者和接收者信息安全的服务，通常用 Eve 表示。

术语 1-4 明文

指原始的需要为发送者和接收者所共享而不为攻击者所知的信息，通常用 P 表示。

术语 1-5 密文

指加密后的消息，提供给接收者，也可能为攻击者所知，通常用 C 表示。

术语 1-6 密钥

指一种参数，是在明文转换为密文或将密文转换为明文的算法中输入的数据。密钥分为加密密钥和解密密钥，通常分别用 K_a 和 K_b 来表示。

术语 1-7 加密

指将明文使用密钥转换到密文的一种映射，通常用 $E()$ 表示。

术语 1-8 解密

指将密文使用密钥转换到明文的一种映射，是加密的反过程，通常用 $D()$ 表示。

理想通信环境下的密码系统模型如图 1-1 所示，主要由明文、密文、密钥(包括加密密钥和解密密钥)、加密算法、解密算法五元组构成。发送者将明文、加密密钥作为加密算法的输入得到密文并发送给接收者，接收者解密密文后得到明文。

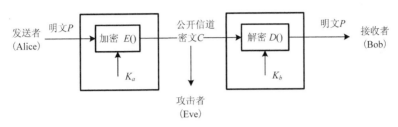

图 1-1 理想通信环境下的密码系统模型

图 1-1 体现了理想通信环境下的密码系统安全性确保假设，攻击者只能截获公开信道上传输的消息，结合密码算法设计进行密钥分析，这也是传统密码分析学方法的共性假设前提。

2. 密码学发展历程

在战争年代，密码技术主要用于传递情报和指挥作战。在和平时期，尤其是人类进入信息社会的今天，密码技术已渗透到人们生活的方方面面，常用于提供机密性的信息，即保护传输和存储的信息。除此之外，密码技术还可用于消息签名、身份认证、系统控制、信息来源确认，以提供信息的完整性、真实性、可控性和不可否认性，是构建安全信息系统的核心基础。密码学的发展经历了由简单到复杂，由古典到近代的发展历程。纵观密码学发展历史，可将其发展历程主要归纳为以下 4 个阶段[9]。

(1)科学密码学的前夜发展时期。从古代到 1948 年，这一时期的密码技术可以说是一种艺术，而不是一种科学，密码学专家常凭直觉和信念来进行密码设计和分析，而不是推理和证明。在远古时代，加密主要通过手工方法来完成，典型加密方法包括公元前 5 世纪古希腊战争中斯巴达人的换位密码算法、公元前 1 世纪高卢战争中凯撒人的单字母替代密码算法、公元 16 世纪晚期法国的多表加密替代密码算法等。在近代，加密逐渐转向机械方法，如第二次世界大战时期美国发明的 Sigaba 密码机、英国发明的 Typex 密码机、德国发明的 Enigma 密码机、瑞典发明的 Hagelin 密码机、日本发明的九七式密码机等。

(2)对称密码学的早期发展时期。从 1949 年到 1975 年，这一时期的最具代表性工作是 Shannon 于 1949 年发表的论文《保密系统的通信理论》[10]，该文对信息源、密钥、加解密和密码分析进行了数学分析，用"不确定性"和"唯一解距离"来度量密码体制的安全性，阐明了"密码体制、完美保密、纯密码、理论保密和实际保密"等重要概念，使密码编码置于坚实的数学基础上，为对称密码学建立了理论基础，标志着密码学作为一门独立学科的形成，从此密码学成为一门科学。

然而对于对称密码算法，通信双方必须约定使用相同的密钥，而密钥的分配只能通过专用的安全途径，如派专门信使等。对于一个具有 n 个用户的计算机网络，如果使用对称密码确保任意两个用户都可进行保密通信，则共需 $n(n-1)/2$ 种不同的密钥进行管理。当 n 较大时，密钥管理的开销是十分惊人的，密钥管理的难度也随着密钥的经常产生、分配、更换变得越发困难。因此，对称密码在密钥分配上的困难成为其在计算机网络中广泛应用的主要障碍。

(3)现代密码学的发展时期。从 1976 年到 1996 年，这一时期密码学得到了快速发展，最有影响的两个大事件的发生标志着现代密码学的诞生。这一时期密码学无论从深度还是从广度上都得到了空前的发展。

一是 Diffie 和 Hellman 于 1976 年发表了论文《密码编码学新方向》[11]，提出了公钥密码的概念，引发了密码学上的一场革命，他们首次证明了在发送者和接收者之间无密钥传输的保密通信是可能的，从而开创了公钥密码学的新纪元。公钥密码算法从根本上克服了对称密码算法在密钥分配上的困难,特别适合计算机网络应用，而且容易实现数字签名。在计算机网络中将公钥密码算法和对称密码算法相结合已经成为网络加密的主要形式，目前国际上应用广泛的公钥密码算法主要有：基于大整数因子分解困难性的 RSA 密码算法[12]、基于有限域上离散对数问题困难性的 ELGamal 密码算法[13]和基于椭圆曲线离散对数问题困难性的椭圆曲线密码算法 (Eliptic Curves Cryptography，ECC)[14]。

二是美国于 1977 年制定了数据加密标准(Data Encryption Standard，DES)[15]，这是密码发展史上的一个创举。DES 是一种对称密码算法，由 IBM 公司设计并经美国国家安全局测评后颁布实施。DES 开创了向世人公开密码算法的先例，具有精巧、安全、方便等优点，是近代密码算法的成功典范。此外，DES 还成为了商用密码的国际标准，为确保数据安全作出了重大贡献。DES 的设计充分体现了 Shannon 通信保密理论所阐述的密码算法设计思想，标志着密码算法的设计和分析达到了新的水平。

(4)应用密码学的发展时期。20 世纪 90 年代以来，特别是 1997 年以来，密码学得到了广泛的社会应用，密码的标准化工作和实际应用得到了各国政府、学术界和产业界的空前关注。世界各国和一些国际标准化组织高度重视密码标准的研究与制定，这些工作大大地推动了密码学的研究与应用。这一时期最有影响的标准计划有：美国自 1997 年启动的 AES 征集计划[16]，欧洲自 2000 年启动的 NESSIE 征集计划[17]，欧洲自 2004 年启动的 eSTREAM 征集计划[18]，美国自 2007 年启动的 SHA-3 征集计划[19]。

① 美国 AES 征集计划。1997 年 4 月,美国国家标准与技术研究院(National Institute

of Standards and Technology，NIST)发起征集高级加密标准(Advanced Encryption Standard，AES)密码算法的活动[16]，旨在确定一个新的分组密码，替代 1998 年底停止的 DES，从而克服 DES 密钥长度较短的不足，以更好地保障信息安全。经过 3 轮筛选，2000 年 10 月 2 日美国政府正式宣布选中比利时密码学者 Daemen 和 Rijmen 提出的密码算法作为 AES。2001 年，美国政府正式颁布 AES 作为美国国家标准(FIPS PUBS 197)，这是密码史上的又一个重要事件，至今很多国际标准化组织采纳了 AES 作为国际标准。为了同国际标准一致，我国银行系统也采用了 AES 密码算法。

② 欧洲 NESSIE 征集计划。2000 年 3 月，欧洲启动了 NESSIE (New European Schemes for Signatures，Integrity and Encryption)计划[17]，旨在征集一系列安全的密码算法，包括分组密码、序列密码、公钥密码、数字签名、消息认证码和杂凑函数等。2000 年 11 月，NESSIE 公布了征集的 17 个分组密码算法。经过 3 年多的评估，2003 年 2 月，NESSIE 宣布了最后的评选结果，评选出的分组密码是 Misty1、AES、Camellia 和 Shacal-2，公钥密码为 PSEC-KEM、RSA-KEM、ACE-KEM，数字签名为 RSA-PSS、ECDSA、SFLASH，杂凑函数为 Whirlpool、SHA-256/384/512，消息认证码为 UMAC、TTMAC、EMAC，序列密码则因算法设计技术不够成熟宣告征集失败。

③ 欧洲 eSTREAM 征集计划。2004 年，欧洲 32 所著名研究机构和企业启动了 ECRYPT (European Network of Excellence for Cryptology)计划，并于 11 月启动了欧洲序列密码计划 (the ECRYPT Stream Cipher Project，eSTREAM)[18]，旨在创造和筛选具有良好密码特性的序列密码算法。经过 3 年的筛选，该计划于 2008 年底结束并且最终选择了硬件和软件两组序列密码算法。其中适合软件实现的序列密码算法包括 HC-128、Rabbit、Salsa20/12、SOSEMANUK 共 4 种，适合硬件实现的密码算法包括 Grain v1、MICKEY 2.0、Trivium 共 3 种。

④ 美国 SHA-3 征集计划。2005 年，随着国际上广泛使用的两大杂凑算法 MD5 和 SHA-1 破解技术的公开[20-21]，基于杂凑函数的一系列密码体制如电子签名、消息认证码等的安全性受到威胁，迫切需要设计新的安全性杂凑函数。2007 年，美国 NIST 开始了新的杂凑函数 SHA-3[19]的征集工作，最终选定的杂凑算法于 2012 年 10 月公布为 Keccak。

1.1.2　传统密码分析学

密码算法的安全性分析和设计密不可分，只有从密码分析中获取经验，才能设计出更好、更安全的密码算法。

1. 分析假设

密码分析中，密码算法的安全性一般都遵循 Kerckhoffs 准则[22]。

Kerckhoffs 认为：一个密码系统应该足够安全，即使攻击者掌握除密钥以外的密码系统的所有细节。

根据 Kerckhoffs 假设，密码系统的安全性应依赖于密钥的保密性，而不是密码算法的保密性。对于各类密码体制的安全性分析，攻击者的任务就是通过获取适量的明文和密文，结合密码算法的设计细节进行密钥恢复，根据分析环境的不同可将密码攻击分为如下 4 种类型。

(1)唯密文攻击(ciphertext-only attack)

攻击者拥有一个或更多用同一个密钥加密的密文，通过对这些截获的密文进行分析来恢复密钥。

(2)已知明文攻击(known-plaintext attack)

攻击者拥有用同一个密钥加密一些不同明文的密文，通过对这些明文和相应密文的分析来恢复密钥。

(3)选择明文攻击(chosen-plaintext attack)

攻击者可以随意选择明文并进行加密，根据选择的明文和相应的密文来恢复密钥。

(4)选择密文攻击(chosen-ciphertext attack)

攻击者可以随意选择密文并解密，根据选择的密文和相应的明文来恢复密钥。

2. 评估准则

密码算法安全性分析评估一般需要从分析复杂度(数据复杂度、时间复杂度、空间复杂度)、分析结果(成功概率)来衡量。

(1)数据复杂度

指攻击者为实现一个特定的密码分析所需的数据总和，如明文或密文的数量。

(2)时间复杂度

指攻击者为完成密码分析对采集的数据进行分析和处理所消耗的时间。

(3)空间复杂度

指攻击者为完成密码分析所需要的计算存储空间大小。

(4)成功概率

指攻击者在给定条件下完成密码分析后可成功恢复密钥的概率。

一般来说，密码分析常说的计算复杂度主要是指时间复杂度和空间复杂度。

3. 分析方法

在对公开的密码算法的安全性分析中，密码分析学者提出了很多分析方法，根据所采用的密钥分析策略不同，大体可将传统密码分析方法分为强力攻击、数学分析两种。强力攻击和数学分析都将密码算法作为一个理想的数学模型(图 1-1)，不同的是，强力攻击主要通过穷尽搜索的方法来暴力获取密钥，而数学分析主要基于数学方法来评估密码算法设计的安全性。

1) 强力攻击

典型的强力攻击方法有 3 种。

(1) 密钥穷举攻击

在唯密文攻击中，攻击者穷举所有可能的密钥对一个或多个密文进行解密，直至得到有意义的明文；已知明文攻击和选择明文攻击时，攻击者穷举所有可能的密钥对一个已知明文加密，直至得到与正确密文相符的加密结果。

(2) 查表攻击

主要包括两种：一种是攻击者收集大量相同密钥对应的明密文对，并将它们编排成一个字典，当对某密文进行解密时，攻击者检查这个密文是否在字典中，如果在则通过查表方式获取该密文对应明文；另一种是攻击者使用不同密钥对同一个明文进行加密，并将密钥和明文编排为一个字典，攻击者获取到该明文和对应密文后，通过查表方式寻找相应的密钥。

(3) 时间-空间权衡攻击

攻击大都为选择明文攻击，通过将密钥穷举攻击和查表攻击结合使用来取得最好的攻击效果，这样可在选择明文攻击中用时间换取空间，在查表攻击中用空间换取时间。总地来说，时间-空间权衡攻击比密钥穷举攻击的时间复杂度低，比查表攻击的空间复杂度低。

2) 数学分析

强力攻击中，攻击者并没有利用密码算法的设计缺陷进行分析，通用性好，但方法稍显笨拙；而数学攻击则可弥补这一不足，基于数学方法充分挖掘密码算法的设计缺陷，可在一定程度上降低强力攻击的复杂度。典型的分析方法包括：差分密码分析[23]、线性密码分析[24]、相关密码分析[25]、代数分析[26]和这些分析方法的变种[27-31]。

(1) 差分密码分析

差分密码分析方法由 Biham 和 Shamir 在 1990 年针对 DES 分组密码提出[23]，主要通过观察具有特定输入差分的明文对经过加密后的密文对差分来恢复密钥。后来，密码学者提出了差分密码分析的若干变种，如不可能差分密码分析、高阶差分密码分析、截断差分密码分析、矩阵分析等。需要说明的是，能够抵抗标准差分密码分析的密码算法，不一定能够抵抗推广的差分密码分析方法。

(2) 线性密码分析

线性密码分析方法由日本学者 Matsui 在 1993 年提出[24]，其基本原理是：如果密码算法输入、输出比特的某个线性组合对应着一个高概率偏差的线性表达式，则可根据该表达式进行密钥恢复。线性密码分析也存在着若干变种，如多重线性密码分析、非线性密码分析、划分密码分析、差分-线性密码分析等。与差分密码分析不同，一个能够抵抗标准线性密码分析的密码算法，可以有效抵抗各种推广的线性密码分析方法。

（3）相关密码分析

与差分和线性密码分析不同，相关密码分析[25]更多地考虑了密钥扩展算法的性质。典型的相关密码分析方法有相关密钥分析、相关密钥差分分析、快速相关分析。弱密钥扩展的分组密码算法和线性反馈移位寄存器(Linear Feedback Shifting Register，LFSR)类序列密码算法均易遭受此类分析方法的威胁。

（4）代数分析

前面三类密码分析方法大都基于统计学方法，通过猜测密钥值，对采集的大样本明密文进行统计分析来恢复密钥。代数分析则另辟蹊径，通过对采集的小规模明密文进行分析实现密钥破解，主要思想是将密码算法表示为一个多变量代数方程组，通过求解方程组的方式来恢复密钥。实际上，代数分析的思想最早由Shannon 在 1949 年提出[10]，之后在 2002 年亚密会上才由 Courtois 等首次针对 AES 密码进行了应用[26]。代数分析将密码分析由质的困难性转化为量的复杂性(代数方程求解的复杂性)，可充分利用计算机资源的优势实现密钥的自动恢复，是一种通用的密码分析方法。当前，受代数方程求解复杂度影响，代数分析对分组密码算法的适用性仍受到质疑，对序列密码算法则相对有效，由此直接推动了密码学界对布尔函数免疫度的研究。

1.2　密码旁路分析概述

传统密码分析方法均视密码算法是一种理想而抽象的数学变换，并假定攻击者不能获取除明密文和密码算法以外的其他信息。然而，密码算法的设计安全性并不等同于密码芯片的实现安全性。现实世界中，密码算法的实现总需要依附一个物理设备平台，即密码芯片。由芯片的物理特性产生的额外信息泄露，称为旁路泄露。这些信息同密码中间运算、中间状态数据存在一定的相关性，可为密码分析提供更多的信息，利用这些旁路信息进行的密钥分析称为旁路分析。基于旁路泄露的密码安全性分析模型如图 1-2 所示。

旁路分析避开了分析复杂的密码算法本身，利用的是密码算法在软、硬件实现过程中泄露的各种信息进行密码分析，可利用的旁路泄露既包括密码算法执行时无意泄露的执行时间[6]、功率消耗[32]、电磁辐射[33]、Cache 访问特征[34-35]、声音[36]等信息，也包括攻击者通过主动干扰等手段获取的中间状态比特或故障输出[37-38]，是对密码算法芯片实现的物理安全性进行评估的重要手段。

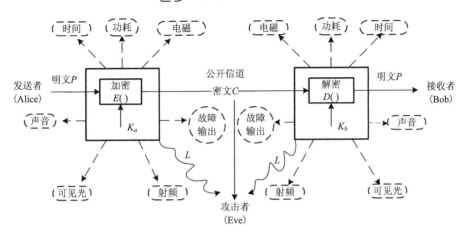

图 1-2 现实通信环境下的密码系统模型

图 1-2 中虚线表示密码加解密过程中的旁路泄露 L。由图可以看出,发送者和接收者在对消息加解密的过程中,会产生时间、功耗、电磁、声音、可见光、射频、故障输出等旁路泄露。与传统密码分析学相比,旁路分析中攻击者除了可在公开信道上截获消息,还可观测加解密端的旁路泄露,然后结合密码算法的设计细节进行密钥分析。

1.2.1 发展历程

通过对国内外旁路分析研究的发展现状进行总结,认为其发展过程大致可划分为萌芽期、提出期、发展期、鼎盛期四个阶段(图 1-3),目前正走向鼎盛期。

1. 萌芽期(1943—1995 年)

这个阶段的特点是军方率先发现电子设备运行过程存在旁路泄露,并秘密开展研究。

(1)瞬态电磁脉冲辐射监测技术研究

早在 1943 年,贝尔电话公司的一位工程师在对美国当时最先进和最重要的通信设备——加密电传终端贝尔电话 131-B2 进行调试时,突然注意到电传终端每加密一个字母,调试台对面的示波器就会出现峰值波动,利用峰值泄露可将加密电传终端处理的信息转换成明文。进一步的研究表明:在所有的电子设备上进行信息处理时,都会产生电磁辐射,这些无意的辐射可用于信息还原。美国军方认为这将成为信息对抗的新领域,于是展开了瞬态电磁脉冲辐射监测技术[39](Transient Electromagnetic Pulse Emanation Surveillance Technology, TEMPEST)研究,即 TEMPEST 计划。1960 年,英国情报部门军情五处特工 Wright 在英国加入欧洲(经济)共同体谈判过程中也发现了电磁泄露问题，随即英国政府也秘密组织开展了 TEMPEST 技术研究；之后德国、加拿大、荷兰、澳大利亚等国也逐渐认识到这一问题，相继投入研究，但都是秘密进行的。TEMPEST 研究直至 1995 年才被美国正式解密。

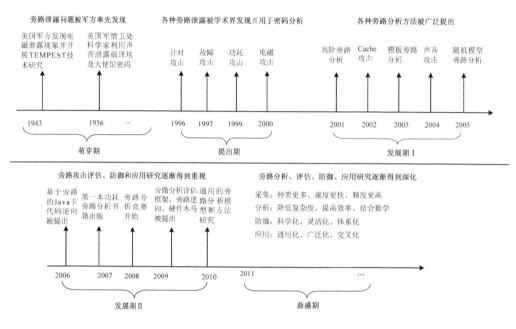

图 1-3　旁路分析研究发展阶段

从图 1-3 不难看出，旁路分析历经了漫长的萌芽期，然后自 1996 年开始，不同类型的旁路泄露被提出并用于密码分析，2001 年后密码学界更加注重旁路泄露的分析方法、密码算法的安全实现、密码实现的安全评估、旁路分析的新型应用等研究，2010 年后旁路分析、评估、防御、应用研究更加深化，旁路分析相关理论正在升华和完善。

(2)声音分析技术研究

1956 年，英国情报部门军情五处特工 Wright 利用声音分析手段，执行了代号为"咽吞"的计划，通过监听手段来窃取密码机情报。特工将监听器放至埃及驻伦敦大使馆 Hagelin 密码机旁边的电话机中，通过秘密监听密码机齿轮滚动的"咔喀"声，成功恢复了当时埃及驻伦敦大使馆所用的密钥，这是最早的声音分析[40]。通过执行"咽吞"计划，英国在整个苏伊士运河危机时期得到了埃及方面的大部分情报。

2. 提出期(1996—2000 年)

直至 1996 年，在学术界才有研究人员发现密码芯片存在旁路泄露问题，并公开在会议和期刊上发表论文。这个阶段的主要特点是不同类型的旁路泄露被陆续发现并用于密钥分析。

(1) 1996 年,美国 Cryptography Research 公司的首席科学家 Kocher 等发现密码运行过程中泄露的执行时间存在差异,可用于密钥破解,并成功用于分析 RSA 等一系列公钥密码算法[6]。

(2) 1997 年,美国斯坦福大学的 Boneh 发现智能卡(smart card)上密码算法执行过程可能会受到干扰,产生故障(或错误)输出,攻击者可以利用其进行密钥恢复。Boneh 等成功对 RSA 密码算法进行了故障分析[37]。

(3) 1998 年,Kocher 等发现智能卡上的密码算法执行过程中会产生功率消耗泄露,可用于密钥破解,并成功对 DES 密码算法进行了密钥恢复[32]。

(4) 2000 年,比利时的 Quisquater 和 Samyde 发现密码算法运行过程中的电磁辐射泄露同样可用于密钥破解[33]。

3. 发展期(2001—2010 年)

2001—2010 年为旁路分析技术的飞速发展时期,这一阶段的主要特点是各种旁路分析方法蓬勃发展,旁路分析评估、防御和应用得到重视,该阶段的主要进展如表 1-1 所示。

表 1-1　密码旁路分析发展期主要进展

年　份	密码旁路分析研究进展
2001	高阶差分功耗分析方法[41]被提出
2002	Cache 访问特征旁路泄露被发现[35]
2003	模板分析方法[42]、多道旁路分析方法[43]、碰撞旁路分析方法[44]被提出
2004	声音旁路泄露被发现[36]、相关功耗分析方法[45]被提出
2005	随机模型分析方法[46]、频域旁路分析方法[47]、访问驱动 Cache 计时分析方法[48]被提出
2006	基于旁路的 Java 卡代码逆向方法[49]被提出
2007	第一本功耗旁路分析书籍公开出版[50]、代数旁路碰撞分析方法[51]被提出
2008	欧洲和日本联合举办的旁路分析竞赛 DPAContest 开始[52],互信息分析方法[53]、旁路立方体分析方法[54]被提出
2009	旁路分析评估框架被首次提出,硬件木马旁路分析方法[55]、代数旁路分析方法[56]、代数故障分析方法[57]被提出
2010	通用的旁路分析模型和方法研究成为研究热点,光子旁路分析方法[58]、旁路水印方法[59]、故障灵敏度分析方法[60]、相关性碰撞分析方法[61]被提出

根据表 1-1,在该阶段仍然有新的旁路泄露被发现。

4. 鼎盛期(2010 年后)

2010 年后，旁路分析、评估、防御、应用研究更加深化，该领域的研究将走向鼎盛时期。主要体现在以下几个方面。

(1)旁路信息采集：可采集的旁路泄露类型更多、采集速度更快、采集精度更高[62-66]。

(2)旁路分析方法：对采取了防御措施的密码实现开展安全性分析，提高现有分析方法的效率，将数学分析同旁路分析结合起来改进现有分析方法，这些已成为新的发展趋势[67-69]。

(3)旁路分析防御：旁路分析防御将走向设计方式科学化、实现方法灵活化、部署应用体系化[6, 70]。

(4)旁路分析应用：旁路分析方法广泛应用到新的信息安全领域，分析技术走向通用化、广泛化和交叉化[66, 71-72]。

1.2.2　基本原理

密码旁路分析的基本原理是：密码算法在密码芯片上实现时，由于设备的物理特性，总会产生执行时间、功率消耗、电磁辐射、故障输出等旁路泄露；同时由于密码芯片计算资源和处理能力的限制，现代密码算法的主密钥大都被切割为若干子密钥块并按照一定的顺序参与运算，不同时机使用这些子密钥块的旁路泄露可被攻击者采集到；这些旁路泄露同明文、密文和子密钥块具有一定的相关性，攻击者可利用一定的分析方法恢复出子密钥块值；在得到足够的子密钥块值后，结合密钥扩展设计即可恢复主密钥值。

下面通过一个例子来说明旁路分析的基本原理。图 1-4 为对 AES 密码实现进行功耗旁路分析的原理示意。

密码旁路分析可分为如下两个阶段。

(1)泄露采集阶段

主要用于获得实施密钥分析所需的旁路泄露，采集的旁路泄露可通过密码实现时的被动泄露和主动诱导产生，采集的精度取决于测试计量仪器或测试方法的精度。

(2)泄露分析阶段

利用泄露采集阶段获取的旁路泄露，使用一定的分析方法，结合密码算法的输入、输出和设计细节恢复部分密钥片段，然后结合密钥扩展算法设计恢复主密钥。

两大阶段中，分析复杂度的度量指标也不相同[6]。前者多用分析所需数据采集次数(即数据复杂度)来衡量，后者多用密钥搜索空间降低情况(即时间复杂度和空间复杂度)和成功率来衡量。同时二者之间存在紧密的联系，采集阶段获取的数据量越大、精度越高，则分析阶段的效率就越高、密钥分析复杂度越低、成功率越高；反之，对离线阶段分析方法的要求则越高。

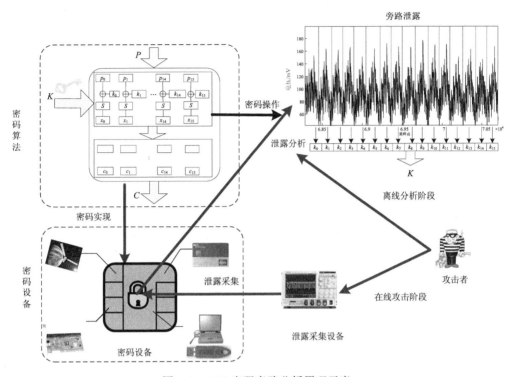

图 1-4　AES 密码旁路分析原理示意

图 1-4 左上部分为 AES 密码算法加密过程的示意图，明文 P 和密钥 K 是加密算法的输入，经多个加密轮迭代后得到密文 C；此外，例子中 AES 第一轮加密时将 P 和 K 按字节进行处理，分别执行 16 次异或和 16 次查找 S 盒操作。图 1-4 左下部分为密码算法运行依赖的密码设备示意图。图 1-4 右上部分是攻击者通过示波器采集的 AES 执行第一轮 16 次查找 S 盒操作的功耗曲线，可以看出功耗曲线中存在 16 个明显的峰值，分别对应每次查找 S 盒操作。攻击者可在线采集密码执行时的功耗泄露，然后使用旁路分析方法恢复每个密钥字节，在此基础上将其拼接起来恢复出主密钥。

1.2.3　发展动因

通过对旁路分析的国内外发展现状进行总结，认为密码旁路分析技术的提出和发展绝非偶然，其发展动因主要源于四个方面[73]。

1)分析对象存在固有的脆弱性

(1)设计安全性不等于实现安全性

密码算法的设计安全性不等同于密码芯片的实现安全性[73]，在理想的密码算法抽象数学模型转换到现实的密码芯片物理实体模型时，密码系统安全性的内涵进行了外延，由设计安全性扩展至实现安全性(也称为物理安全性)的范畴，引入了新的脆弱性。

(2)密码系统运行会产生旁路泄露

密码系统运行总需要进行状态变换(如门电路翻转)，会产生功率消耗，而功率消耗会转化为多种物理特征，如执行时间、电压、电流、电磁辐射、声音、故障输出等，即旁路泄露，并在客观世界中得以观测。

(3)旁路泄露同密码运算相关

旁路泄露同密码算法中间运算操作和中间状态具有一定的相关性，而密码算法运算操作和中间状态同密码系统的已知输入/输出(如明文、密文)、未知密钥具有直接相关性，构成了三维空间模型(物理特征测度、已知密码系统输入/输出、未知密钥)，如图1-5所示。

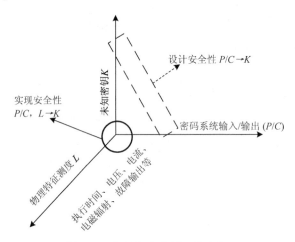

图1-5　密码旁路分析三维空间

图 1-5 中虚线方框表示传统密码分析学主要利用密码系统的输入/输出 (P/C)，使用一定的分析方法来恢复未知密钥 K，用于评估密码算法的设计安全性。实线圆框表示密码旁路分析可利用密码系统的输入/输出 (P/C)、物理特征测度 L，使用一定的分析方法恢复未知密钥。旁路泄露的引入可降低密码分析的复杂度。

2)攻击者的能力超出预期

传统密码体制着重考虑密码体制的可实现性和信息保密性，假设用户都是合法用户，用户可获得的信息都是满足密码体制条件的，即攻击者的能力是受限的。同时，假设攻击者所能获得的资源也有不同程度的限制，如只能已知明文或密文。

在现实场景下，密码体制的应用环境却充满了恶意的用户，攻击者既能在密码体制运行的过程中采集密码系统的无意泄露，还能干扰密码系统的运行过程使其主动产生泄露，甚至还能冒充合法用户参与到密码体制中。因此，对于现代密码学应用环境，攻击者所能进行的动作和获取的资源远超过传统教科书的假设[74-75]。

3) 测试计量手段越来越先进

随着测试计量仪器和技术的发展，攻击者可采集的旁路泄露类型得到了扩展，采集精度也得到了极大提高，目前计时的精度可达到纳秒级，电压的采集精度可达到微伏级，光学的观测精度可达到纳米级。这些都为旁路泄露的采集提供了高精度的工具和手段，为旁路分析提供了可信的数据来源。

4) 密码算法和芯片发展需要具备旁路分析能力

近年来，密码算法的标准化、公开化，以及市场对各类密码芯片安全的强烈需求，也为密码旁路分析技术的发展提供了强劲的动力，因为目前大部分密码算法实现的安全性均面临旁路分析的严重威胁。

1.2.4 方法分类

在现有文献[6,8,76-77]中，常根据下面四条主线对旁路分析技术进行分类。

(1) 旁路泄露采集模式

根据旁路泄露的采集模式不同，可将旁路分析分为主动分析和被动分析两种。主动分析中，攻击者使用一些专用设备主动读取密码芯片运行的中间状态比特[78]，或者干扰密码芯片运行、篡改密码系统固有属性，并利用密码芯片故障输出进行密钥分析[79]；被动分析中，攻击者仅使用专用设备观测密码芯片运行过程中的旁路泄露进行密钥分析，并不对密码芯片的运行过程进行主动干扰。

(2) 旁路泄露采集手段

根据旁路泄露采集过程中对密码芯片接口的破坏程度，可将旁路分析分为非侵入式分析、半侵入式分析、侵入式分析三种。非侵入式分析中，攻击者不需要对密码芯片接口进行破坏，只需要利用专用设备正常访问密码芯片接口，典型分析方法包括计时分析、功耗分析、电磁分析；半侵入式分析中，攻击者需要使用化学腐蚀等手段破坏密码芯片封装，但不损害芯片的金属钝化层，典型的分析方法是激光故障分析[76]；侵入式分析中，攻击者需要在半侵入式分析基础上，对密码芯片进行更深一层的剖片，破坏密码设备的钝化层，如在其中钻出一个洞并使用探针读取密码设备运行过程中的中间状态比特，典型分析方法是探针分析[78]。

相比较而言，非侵入式分析隐蔽性更强，不易被检测出来，分析代价较小；半侵入式分析和侵入式分析的粒度更细，有望获取密码芯片实现的内部细节，但分析的代价较大。

(3)旁路泄露信息类型

根据旁路泄露信息类型不同，可将旁路分析划分为计时分析、探针分析、故障分析、功耗分析、电磁分析、Cache 分析、声音分析等。

(4)旁路泄露分析方法

根据旁路泄露分析方法的不同，可将旁路分析分为简单旁路分析、差分旁路分析、相关旁路分析、模板旁路分析、随机模型旁路分析、互信息旁路分析、Cache 旁路分析、差分故障分析、故障灵敏度分析、旁路立方体分析、代数旁路分析、代数故障分析等多种。

1.2.5 威胁分析

目前，旁路分析已成为密码算法实现安全性的最大威胁。下面从威胁对象、威胁领域、威胁环境、威胁场景四个角度对密码系统面临的旁路分析威胁进行分析。

1. 威胁对象

随着旁路分析技术的发展，其分析适用对象走向多样化、细微化，适用性也越来越强。威胁对象包括以下两个方面。

(1)密码算法和协议层面

迄今为止，旁路分析技术已经成功应用于攻击大部分的密码算法和协议，包括公钥密码（如 RSA[6]、ECC[80-81]等）、分组密码（如 DES[32,35,82]、AES[83-95]、CLEFIA[96-98]、Camellia[99-102]、SMS4[103-105]、ARIA[106]、PRESENT[107-113]、MIBS[114-115]、LED[116-120]、Piccolo[121-123]、GOST[124]、Keeloq[125]、SHACAL[126-127]等）、序列密码（RC4[128-131]、Trivium[132-134]、HC-128[135]、HC-256[136]、SNOW 3G[137]、Grain-128[138-139]、Rabbit[140]等）和密码协议（SSL 协议、TLS 协议、PKCS 协议[141]等）。

(2)密码算法软硬件实现

主要包括密码算法在不同处理器硬件平台（微处理器[142]、ARM 嵌入式处理器[143-145]等）、操作系统（Windows[146-148]、Linux[149-150]等）上的软件实现，以及在不同的智能卡[41]、FPGA[151-152]、ASIC[153-154]上的硬件实现。

2. 威胁领域

由于旁路分析主要针对密码系统实现过程中产生的各种旁路泄露，而这些旁路泄露和密码算法、密码芯片具有很强的相关性，所以攻击者可提取所有与密码算法和密码芯片相关的秘密信息，具体威胁如下。

(1) 算法安全

为保障核心算法安全性, 大量的集成电路芯片中执行的代码都是加密的或不可获取的。特别是对于有的密码芯片, 常通过保密密码算法来实现更高的安全性。密码芯片中关键算法在处理不同数据或执行不同操作时的旁路泄露存在较大差异。攻击者可利用这些差异信息结合芯片特性开展密码算法逆向工程, 实现密码芯片的结构、功能逆向、算法逆向[155-159]。

(2) 密钥安全

面向密钥恢复的旁路分析是目前研究最为深入的。攻击者主要通过计时、功耗、电磁、故障等手段采集旁路泄露, 然后结合密码算法的设计细节, 利用简单旁路分析、差分旁路分析、相关旁路分析、模板旁路分析、故障分析等手段获取密钥。

3. 威胁环境

旁路分析需要采集密码系统在运行过程中的旁路泄露, 根据攻击者是否需要物理上接触密码系统, 可将威胁分为两种。

(1) 接触式

攻击者需要物理上接触密码系统, 例如, 功耗分析中攻击者需要使用一个电阻串接在密码系统中, 利用示波器采集电阻上的电压或电流作为密码系统运行的瞬时功耗, 在此基础上进行密钥分析。在某些情况下, 攻击者甚至要侵入密码系统的硬件设备, 对其进行剖片处理, 例如, 侵入式分析中攻击者需要在硬件设备的钝化层挖开一个洞, 然后使用激光、射线等手段进行故障注入。

(2) 非接触式

攻击者物理上接触密码系统, 仅需在一定距离内, 甚至在远程环境下实施旁路分析, 由此产生的威胁更大。典型的分析场景有两种, 一是远场电磁分析[160-162], 攻击者使用电磁接收机在距离密码系统一定范围内接收密码系统泄露的微弱电磁辐射信号, 然后使用放大器等装置进行信号调整并进行数据采集和处理, 在此基础上进行密钥分析; 二是远程网络计时分析[163-171], 攻击者通过网络远程访问密码服务器, 然后调用系统时间戳测量密码系统的执行时间, 在此基础上分析获取密钥。

4. 威胁场景

传统的密码分析一般在已知明密文和密码算法的前提下, 通过观测密码系统的输入和输出进行。而在旁路分析中, 大量和密码运行中间状态相关的旁路信息被泄露出来, 使得在一些条件更为苛刻的场景中, 分析仍能成功实施, 这里给出两种较为极端的威胁场景。

(1) 未知明密文

攻击者采集密码系统运行过程中的旁路泄露, 搭建执行不同操作、不同数据泄露的旁路泄露模板，在此基础上推断出加解密过程中所有运算涉及的中间状态值，通过对不同密码运算进行分析，有可能使用 1 个样本在未知明密文条件下恢复出密钥，典型的分析方法为代数旁路分析[56]。

(2)未知密码算法

在未知密码算法时，攻击者首先随机选取一些明文比特构造选择明文、选取一些密钥位构造密钥相关的低次多项式；其次，通过采集以这些选择明文作为密码系统输入加密过程中的旁路泄露，并推断出中间状态的一个泄露比特值；然后，利用不同选择明文得到的泄露比特值的高阶差分，可推断出这些选择明文和密钥相关的低次多项式的关系；最后，在此基础上进行密钥求解，典型的分析方法为旁路立方体分析[54]。

1.2.6　研究热点

自 1996 年起，密码分析学者对旁路分析技术进行了大量的研究，相关研究热点主要围绕旁路分析方法、旁路分析防御、旁路分析评估、旁路分析应用四个方面开展。

(1)旁路分析方法

旁路分析方法深化研究旨在寻找新的旁路泄露、提出新的或改进现有的旁路分析方法，提高分析效率、实用性、通用性。在寻找新的旁路泄露方面，近年来利用与光学相关的旁路泄露进行的旁路分析技术取得了较大进展；在旁路分析方法优化方面，研究者提出了高阶差分旁路分析、模板分析、相关碰撞分析、随机过程模型分析、互信息分析、频域分析、故障灵敏度分析、代数旁路分析、旁路立方体分析、代数故障分析等方法，极大地推动了密码旁路分析技术的发展。

(2)旁路分析防御

旁路分析主要通过分析旁路泄露同密码操作或中间状态的相关性进行密钥破解。防御旁路分析可通过不泄露(根源上消除)、少泄露(修改电路设计、增加噪声)、使泄露同运算无关(加入掩码)、泄露不足以进行密钥恢复(分级防御)等思想开展。根据"木桶理论"和"短板效应"，密码系统的安全性取决于最薄弱环节。因此，应该在电路工艺技术、算法结构与基本操作、密码算法、密码协议、密码应用等各个抽象层次对密码系统进行保护。目前针对各种密码系统，虽然已提出许多旁路分析防御对策，也基本涵盖了各个抽象层次，但是当前仍没有任何一种防御措施或几种防御措施的组合被证明可以有效抵抗所有旁路分析方法，未来旁路分析防御对策的可复合性和有效性研究是重要的研究方向[7]。

(3)旁路分析评估

旁路分析技术对密码系统的安全性提出了新的思考与挑战，及早建立抗旁路分析的密码系统实现安全性评估标准十分重要，目前业界比较认可的标准主要有 EAL5+、EMVco 和 FIPS 140 认证标准。以美国 NIST 制定的 FIPS 140 认证标准[172]

为例，FIPS 140-1 制定期间就存在旁路泄露问题，但由于缺乏检测方法，并没在标准中涉及具体评估准则；从 2005 年颁布的 FIPS 140-2 标准开始，NIST 就将旁路分析放于"其他攻击的防御"部分，并列出典型分析技术；从 2011 年颁布的 FIPS 140-3 开始，NIST 将其中"故障攻击的安全要求"放于标准 4.6 节"物理安全"，将"非入侵式物理攻击"单独拟制了标准 4.7 节"非入侵式攻击"。从 FIPS 140 系列标准的频繁修订可以看出，旁路分析技术的迅猛发展对密码模块实现的物理安全性的影响是深远的[173]。

(4) 旁路分析应用

早期旁路分析技术大都用于恢复密码系统的加解密密钥，随着旁路分析技术的不断深入和发展，其应用范围也越来越广，典型的应用包括：将旁路分析应用于破解生物密码系统、量子密码系统；通过分析可信集成电路芯片和植入硬件木马的集成电路芯片运行时的旁路泄露差异，进行集成电路芯片的硬件木马检测[174-177]；通过分析集成电路芯片的数据、操作同运行旁路泄露的关系，对集成电路芯片中的核心算法开展逆向工程[155-159, 179]。

1.3　本书的章节安排

本书由编写组成员在从事多项国家自然科学基金研究基础上总结而成，定位于介绍密码旁路分析的原理与方法。由于旁路分析研究涉及计算机、微电子学、数学、密码学等多学科交叉的领域，难以做到面面俱到，只能有所侧重。本书着重阐述旁路分析的基本原理和典型旁路分析方法。全书共包括 9 章和附录。

第 1 章　绪论，主要介绍密码学基础和密码旁路分析概述。密码学基础主要包括密码编码学中的密码学术语、密码发展历史、传统密码分析学的分析假设、评估准则、典型分析方法。密码旁路分析概述则主要阐述旁路分析技术的发展历程、基本原理、发展动因、分析分类、威胁分析和研究热点。

第 2 章　数学基础，主要介绍代数学、信息论、计算复杂性、概率论、数理统计等密码旁路分析的数学基础。

第 3 章　旁路泄露与旁路分析建模，主要介绍密码算法设计与实现、旁路泄露、泄露分析策略、旁路分析建模。

第 4 章　计时分析，首先给出时间旁路泄露来源、采集和预处理方法，在此基础上阐述计时分析原理，然后给出模幂运算计时分析、乘法运算的计时分析方法与攻击实例。

第 5 章　功耗/电磁分析，首先给出密码芯片功耗/电磁旁路泄露的机理、采集和预处理方法，然后阐述基于功耗/电磁旁路信号的密钥恢复问题，在此基础上介绍简单分析、模板分析、相关性分析 (Correlation Analysis，CA) 等功耗/电磁旁路分析方法，以及对 RSA、RC4、DES 密码的攻击实例。

第6章　Cache分析,首先介绍Cache工作原理、Cache访问旁路泄露信息分类、采集方法,然后介绍时序驱动、访问驱动、踪迹驱动三种Cache分析方法,并给出攻击实例。

第7章　差分故障分析,首先描述密码运行故障的注入方法和故障模型,然后给出故障分析的基本原理和通用的差分故障分析方法,在此基础上阐述SPN结构和Feistel结构分组密码差分故障分析的方法与攻击实例,以及基于操作步骤故障、参数故障、乘法器故障的RSA公钥密码差分故障分析,基于符号变换故障的ECC公钥密码差分故障分析方法与攻击实例。

第8章　代数旁路分析,首先阐述代数分析和代数旁路分析的基本原理,然后给出一种用于容错和挖掘新的旁路泄露模型的代数旁路分析方法——多推断代数旁路分析(Multiple Deductions-based Algebraic Side Channel Attack,MDASCA),并对MDASCA的适用场景进行说明,在此基础上将MDASCA应用到代数功耗分析、代数Cache分析、代数故障分析中,并给出多种密码芯片上的密码算法攻击实例。

第9章　旁路立方体分析,首先阐述立方体分析和旁路立方体分析的基本原理,然后给出非线性分析、"分而治之"分析、迭代分析、黑盒分析四种旁路立方体分析方法,并给出基于单比特和汉明重量泄露模型对PRESENT等密码实现进行的旁路立方体分析和物理实验结果。

第 2 章　数 学 基 础

本章主要阐述与密码旁路分析相关的数学基础，主要包括三部分内容：一是与密码编码学相关的代数学基础，主要包括数论和代数基础；二是用于度量密码算法保密安全性的信息论和计算复杂性；三是旁路泄露分析过程中涉及的概率论和数理统计基础。

2.1　代　数　学

2.1.1　数论

数论是研究整数性质的一个数学分支，数论中的许多概念是公钥密码算法设计和安全性分析的基础。本节主要对这些概念进行介绍。

1. 基本概念

定义 2-1　模运算

给定一个整数 n，如果用 n 除两个整数 a 和 b 所得的余数相同，则称 a 和 b 关于模 n 同余，记为 $a \equiv b \,(\mathrm{mod}\, n)$。

定义 2-2　除数

如果 $a = mb$，其中 a, m, b 为整数，则当 $b \neq 0$ 时，可以说 b 能整除 a（即 a 除以 b 余数为 0），计为 $b|a$，b 称为 a 的一个除数（或因子）。

定义 2-3　素数

如果整数 $p > 1$ 且因子仅为 ± 1 和 $\pm p$，则称 p 是素数（也称为质数）。在只考虑非负整数的情况下，素数是指只能被 1 和它本身整除的整数。

定义 2-4　离散对数

选择一个素数 p，设 α 和 β 为非零的模 p 整数，令

$$\beta = \alpha^x \,(\mathrm{mod}\, p) \tag{2-1}$$

求 x 的问题成为离散对数问题（discrete logarithm problem）。如果 n 是满足 $a^n \equiv 1 \,(\mathrm{mod}\, p)$ 的最小正整数，假设 $0 \leqslant x < n$，记 $x = L_\alpha(\beta)$，并称为与 α 相关的 β 的离散对数。

定义 2-5　最大公因子

如果有两个数，它们除 1 之外没有其他共同的因子，则称这两个数是互素的。换

言之，如果整数 a 和 n 的最大公因子(Greatest Common Divisor，GCD)等于 1，则记为

$$GCD(a,n)=1 \tag{2-2}$$

定义 2-6　欧拉函数

当 $m>1$ 时，欧拉函数 $\varphi(m)$ 表示比 m 小且与 m 互素的正整数的个数。

欧拉函数满足以下两个性质。

性质 1：m 是素数时，有 $\varphi(m)=m-1$。

性质 2：$m=pq$，且 p 和 q 均是素数时，有 $\varphi(m)=\varphi(p)\times\varphi(q)=(p-1)(q-1)$。

2. 基本定理

定理 2-1　费马定理

如果 p 是素数并且 a 是不能被 p 整除的正整数，则

$$a^{p-1}\equiv1(\mathrm{mod}\ p) \tag{2-3}$$

定理 2-2　欧拉定理

对于任何互素的两个整数 a 和 n，有

$$a^{\varphi(n)}\equiv1\ (\mathrm{mod}\ n)$$

注：

(1) 当 $n=p$ 时，有 $a^{p-1}\equiv1\ (\mathrm{mod}\ p)$，为费马定理。

(2) 易见 $a^{\varphi(n)+1}\equiv a\ (\mathrm{mod}\ n)$。

(3) 若 $n=pq$，p 和 q 均为相异素数，取 $0<m<n$，若 $GCD(m,n)=1$，则有 $m^{\varphi(n)+1}\equiv m\ (\mathrm{mod}\ n)$，即 $m^{(p-1)(q-1)+1}\equiv m\ (\mathrm{mod}\ n)$。

定理 2-3　中国剩余定理

设自然数 $m_1,m_2,\cdots,m_r$ 两两互素，记 $M=m_1m_2\cdots m_r$，则线性同余方程组

$$\begin{cases} x\equiv b_1\ (\mathrm{mod}\ m_1) \\ x\equiv b_2\ (\mathrm{mod}\ m_2) \\ x\equiv b_3\ (\mathrm{mod}\ m_3) \\ \quad\vdots \\ x\equiv b_r\ (\mathrm{mod}\ m_r) \end{cases}$$

在模 M 同余的意义下有唯一解。

2.1.2　代数

代数学是研究各种各样的数如何用符号进行表示和运算的一门学科，代数学中的许多概念也是很多密码算法设计和安全性分析的基础。本节主要对这些基本概念进行介绍。

定义 2-7 群

群包含一个集合 G 和一个定义在集合元素上的运算，这里表示为 "+"：

$$+ : G \times G \to G : (a,b) \mapsto = a + b$$

为使 G 在运算 "+" 下构成群，该运算应当满足以下条件。

(1)封闭性： $\forall a,b \in G : a + b \in G$ 。

(2)结合律： $\forall a,b,c \in G : (a + b) + c = a + (b + c)$ 。

(3)零元素： $\exists 0 \in G, \forall a \in G : a + 0 = a$ 。

(4)逆元素： $\forall a \in G, \exists b \in G : a + b = 0$ 。

需要说明的是，如果群满足交换律，则该群称为阿贝尔群。

(5)交换律： $\forall a,b \in G : a + b = a + b$

群的一个最常见的例子是 $< \mathbf{Z}, + >$：表示整数集和 "加法" 运算；另一个例子是结构 $< \mathbf{Z}, + >$，该集合包含从 0 到 $n-1$ 的整数，其运算是模 n 下的加法。由于整数加群是群最常见的例子，所以通常仍采用符号 "+" 来表示任意一个群的运算。在本书中，任意群运算和整数加均用符号 "+" 来表示。对于一些特殊的群，将用符号 "$\oplus$" 表示加法运算。

定义 2-8 环

环 $< R, +, \bullet >$ 包含一个集合 R 和两个定义在 R 上元素的运算，这里分别用 "+" 和 "$\bullet$" 来表示。为使 R 在这两个运算下构成环，运算应当满足以下条件。

(1) $< R, +, \bullet >$ 是阿贝尔群。

(2) R 上的运算 "$\bullet$" 满足封闭律和结合律。

(3) R 关于运算 "$\bullet$" 存在零元素。

(4)运算 "+" 和 "$\bullet$" 服从分配律

$$\forall a,b,c \in R : (a + b) \bullet c = a \bullet c + b \bullet c$$

运算 "$\bullet$" 下的零运算通常用 1 表示。如果运算 "$\bullet$" 具有可交换性，则环 $< R, +, \bullet >$ 称为交换环。环的最常见例子是 $< \mathbf{Z}, +, \bullet >$：具有 "加法" 和 "乘法" 两种运算的整数集合，称为交换环。

定义 2-9 域

如果结构 $< F, +, \bullet >$ 称为一个域，则需满足以下两个条件。

(1) $< F, +, \bullet >$ 是一个交换环。

(2)除了 $< F, + >$ 中的零元素 0，F 中的其他所有元素关于运算 "$\bullet$" 在 F 中均存在逆元素。

结构 $< F, +, \bullet >$ 是一个域，当且仅当 $< F, + >$ 和 $< F \setminus \{0\}, \bullet >$ 都是阿贝尔群并且分配律成立。 $< F \setminus \{0\}, \bullet >$ 的零元素称为该域的单位元。域的最常见例子是具有 "加法" 和 "乘法" 运算的实数集。

定义 2-10　椭圆曲线

令 K 为一代数闭域，由方程

$$E: y^2 + a_1 xy + a_3 y = x^3 + a_2 x^2 + a_4 x + a_6, \quad a_i \in K \tag{2-4}$$

确定的仿射平面上曲线 E 即为椭圆曲线。

如果式(2-4)满足

$$\begin{cases} \dfrac{\partial E}{\partial x} = 0 \\ \dfrac{\partial E}{\partial y} = 0 \\ E(x, y) = 0 \end{cases} \tag{2-5}$$

且在 K 上无解，则称椭圆曲线 E 是非奇异的或光滑的椭圆曲线。否则，称 E 是一条奇异椭圆曲线。一般地，非奇异椭圆曲线简称椭圆曲线，它广泛应用于椭圆曲线公钥密码学中。

定义 2-11　有限域

有限域是具有有限个元素的域。集合中元素的个数称为域的阶。m 阶域存在，当且仅当 m 是某素数的幂，即存在某个整数 n 和素数 p，使得 $m = p^n$，p 称为有限域的特征。

在很多分组密码的设计中，常使用以 2 为特征的有限域，并用"$\oplus$"表示 2 特征域中的加法运算。对于每个素数域，恰好存在一个有限域，用 $GF(p^n)$ 表示。有限域的最直观的例子是素数 p 阶域 $GF(p)$，其元素可以用整数 $1, 2, \cdots, p-1$ 来表示，该域的两种运算是"模 p 的整数加法"和"模 p 的整数乘法"。

定义 2-12　域上的多项式

域 F 上的多项式可表示为

$$b(x) = b_{n-1} x^{n-1} + b_{n-2} x^{n-2} + \cdots + b_2 x^2 + b_1 x + b_0 \tag{2-6}$$

式中，x 称为多项式的变元；$b_l \in F$ 是多项式的系数。

在密码算法设计过程中，常使用 GF(2) 域。当 $l = 8$ 时，可以用一个字节来存储一个多项式。

$$b(x) \mapsto b_7 b_6 b_5 b_4 b_3 b_2 b_1 b_0$$
$$b(x) = b_7 x^7 + b_6 x^6 + b_5 x^5 + b_4 x^4 + b_3 x^3 + b_2 x^2 + b_1 x + b_0$$

下面对线性码的常用概念进行介绍。在编码理论的教科书中习惯上把码字记为 $1 \times n$ 的矩阵，或称为行向量；1 维数组通常表示为 $n \times 1$ 的矩阵，或称为列向量。

定义 2-13　汉明重量与汉明距离

向量 x 的汉明重量(Hamming Weight,HW)是指 x 中非零分量的个数,用 $w_h(x)$ 来表示。向量 x 和向量 y 之间的汉明距离(Hamming Distance,HD)是指 x 和 y 两个向量的差向量的汉明重量,用 $w_h(x-y)$ 来表示。

定义 2-14　布尔向量与布尔函数

在有限域 GF(2) 中,只有 0 和 1 两个元素,加法为模 2 下整数相加,乘法是模 2 下整数相乘,在 GF(2) 上取值的变量称为布尔变量,或简称为比特。两个比特相加等同于布尔运算的异或,以 XOR 表示;两个比特相乘等同于布尔运算的与,以 AND 表示;改变一比特值的运算称为取补。

如果函数 $b=\phi(a)$ 将一个布尔向量映射为另外一个布尔向量,则称其为布尔函数。

$$\phi:\mathrm{GF}(2)^n \to \mathrm{GF}(2)^m : a \mapsto b = \phi(a) \tag{2-7}$$

式中,a 称为输入布尔向量,b 称为输出布尔向量。这个布尔函数具有 n 个输入比特和 m 个输出比特。

需要说明的是,在密码算法设计中,如果在布尔函数 $b=\phi(a)$ 中,函数仅改变 a 中各比特的位置而不改变原有的值,则该布尔函数称为一个布尔置换函数。

2.2　信　息　论

当前,对信息的认识和利用已经成为信息化社会发展的关键。通信系统中的信息论由美国科学家 Shannon 提出,其在 1948 年发表的论文《通信中的数学理论》[179] 从数学上奠定了信息论的基础,在 1949 年发表的论文《保密系统的通信理论》[10] 又从信息论角度奠定了密码学的理论基础。

2.2.1　信息和熵

在密码学中,信息通常以二进制码的形式进行存储,如随机密钥 K。对密钥信息的度量常用它的不确定性(即熵)来进行。对于密钥来说,其熵的大小同信息的不确定性成正比。信息的不确定性越大熵就越大,反之越小[180]。下面给出信息论中相关的几个定义。

定义 2-15　自信息

设离散的随机变量 X 有 n 个可能的取值 x_i,$i=1,2,\cdots,n$。则事件 $X=x_i$ 的自信息可定义为

$$I(x_i) = \log\left(\frac{1}{P(x_i)}\right) = -\log(P(x_i)) \tag{2-8}$$

式中,$P(x_i)$ 表示 $X=x_i$ 的概率。根据式(2-8),高概率的事件没有低概率的事件所携带的信息多。对于 $P(x_i)=1$ 的事件,有 $I(x_i)=0$。低概率事件意味着信息的高度不确

定性(反之亦然),具有高度不确定的随机变量带有更多的信息。$I(x_i)$ 的单位取决于取对数的底数,通常为 2、e 或 10。当以 2 为底数时,自信息的单位为比特(bit);当以 e 为底数时,自信息的单位为奈特(nat,自然单位);当以 10 为底数时,自信息的单位为哈特(hart)。由于 $0 \leqslant P(x_i) \leqslant 1$,所以 $I(x_i) \geqslant 0$,即自信息为非负的。

定义 2-16　熵

对于一个离散的随机变量 X,有 n 个可能的取值 x_i,$i=1, 2, \cdots, n$,则该随机变量 X 的熵为所有取值的自信息乘以概率之和,即

$$H(X) = H(x_1, x_2, \cdots, x_n) = -\sum_{i=1}^{n} P(x_i)I(x_i) = -\sum_{i=1}^{n} P(x_i)\log(P(x_i)) \tag{2-9}$$

对于一个随机的 N 比特变量,其共有 2^N 个可能值,每个都具有等概率 2^{-N}。根据式(2-9),该变量的熵为 N 比特。

定义 2-17　联合熵

对于两个离散变量 X 和 Y,X 有 n 个可能的取值 x_i,$i=1, 2, \cdots, n$,Y 有 m 个可能的取值 y_j,$j=1, 2, \cdots, m$,则二者的联合熵为

$$H(X, Y) = -\sum_{i=1}^{n} \sum_{j=1}^{m} P(X = x_i, Y = y_i)\log(P(X = x_i, Y = y_i)) \tag{2-10}$$

根据式(2-10),不难得出

$$H(X, Y) \leqslant H(X) + H(Y) \tag{2-11}$$

需要说明的是,当 X 和 Y 为相互独立的变量时,式(2-11)中等式成立。

定义 2-18　条件熵

对于两个离散变量 X 和 Y,其条件熵为

$$H(X \mid Y) = -\sum_{i=1}^{n} \sum_{j=1}^{m} P(X = x_i \mid Y = y_i)\log(P(X = x_i \mid Y = y_i)) \tag{2-12}$$

根据式(2-12),也不难得出

$$H(X \mid Y) \leqslant H(X) \tag{2-13}$$

2.2.2　互信息

定义 2-19　互信息

由于事物是普遍联系的,所以对于两个随机变量 X 和 Y,它们之间在某种程度上也是相互联系的,即它们之间存在统计依赖关系。根据式(2-13),$H(X \mid Y)$ 表示了已知 Y 后 X 的"残留"不确定度。未知 Y 时,X 的不确定度为 $H(X)$;已知 Y 时,X 的不确定度变为 $H(X \mid Y)$;这样,在了解 Y 后 X 的不确定度的减少量为

$H(X)-H(X|Y)$，这个差值实际上也是已知 Y 后所提供的 X 的信息，即离散随机变量 X 和 Y 之间的互信息量为

$$I(X;Y) \leqslant H(X) - H(X|Y) \tag{2-14}$$

根据式 (2-14) 可知，$I(X;Y) = I(Y;X)$，且有

$$I(X;Y) = I(Y;X) = H(X) + H(Y) - H(X,Y) \tag{2-15}$$

另外，$I(X;Y)$ 还满足

$$0 \leqslant I(X;Y) \leqslant \min(H(X),H(Y)) \tag{2-16}$$

当 X 和 Y 相互独立时有

$$H(Y|X) = H(X),\ H(X|Y) = H(Y),\ I(X;Y) = 0 \tag{2-17}$$

因此，互信息量 $I(X;Y)$ 的大小反映了变量 X 和变量 Y 的统计依存度。$I(X;Y)$ 越大，则 X 和 Y 之间的统计关联性越强。

2.3 计算复杂性

计算复杂性 (也称为计算复杂度) 方法是研究密码算法保密性的一种重要方法。与信息论方法不同，该方法是通过研究一个问题是否有实际可行的求解方法，以及通过研究一个具体的求解方法所需要的计算时间和硬件资源，来分析一个问题在实际上是否可解、具体解决方法的运行效率。

计算复杂性理论主要包括算法的计算复杂性与问题的计算复杂性两个方面。计算复杂性理论在密码设计和密码分析中都具有重要作用，一方面，可为不同的密码算法和密码技术实现难度的分析和比较提供方法；另一方面，可以直接应用计算复杂性的结论和方法，分析各种密码分析方法的实际计算代价与可行性，研究密码分析的固有困难性，从而评测密码算法对抗密码分析的实际能力。

2.3.1 算法与问题

定义 2-20 问题

问题是指需要回答的一般性提问，通常含有若干个未定参数或自由变量。问题的描述主要包括以下三个方面。

(1) 输入参数 α。

(2) 输出参数 x，即问题的答案。

(3) 答案 x 应满足的约束条件或性质。

其中，输入参数就是位置参数或自由变量，由一系列参数组成。如果给问题的所有未知参数制定具体的值，则获得该问题的一个实例。密码学中典型的问题包括

因式分解问题、二元域上的多元二次方程组求解问题、背包问题、超递增背包问题、离散对数求解问题等。

定义 2-21　算法

算法是指求解某个问题的、已定义好的、一系列按次序执行的具体计算步骤。它由一个可变的输入开始，并以一个输出结束，通常可理解为求解某个问题的通用计算机程序。

算法总是针对某个特定问题来说的，例如，Euclidean 算法用来求解整数 a 和 b 的最大公因子，高斯消去法用来求解线性方程组。针对一个问题的算法可以有多种，如求解任意域上的线性方程组的算法就有高斯消去法、Coppersmith-Winograd 消去法等。如果对一个问题的任何实例，一个算法都能在有限步内输出该问题的正确答案，则称该算法能够解答该问题。如果至少存在一个算法可解决给定的问题，则称该问题是可解的，否则说明该问题是不可解的。

2.3.2　算法的计算复杂性

一个算法的计算复杂性就是运行该算法所需要的计算能力，时间复杂度和空间复杂度是刻画一个算法计算复杂性的两个基本指标。

令 n 表示描述问题实例所需的输入数据长度，则一个算法的复杂度可用求解该问题实例的算法所需的最大时间（$T(n)$）和存储空间（$S(n)$）来表示。

一般而言，复杂度的大小都是以阶（Order：O）的形式来表示的。如对于多项式 $f(n) = a_t n^t + a_{t-1} n^{t-1} + \cdots + a_1 n + a_0$，其中 t 为常数，则 $f(n) = O(n^t)$，即所有的常数和低阶项都可忽略不计。用数量级来度量一个算法的时间复杂度和空间复杂度，其优点在于它与所用的处理系统无关，同时可以看出时间和空间的需求是怎样被输入数据的长度所影响的。下面主要针对时间复杂度进行分析，针对空间复杂度的分析方法与之类似，在此不再赘述。

常用的时间复杂度方法有两种：①多项式时间算法 $O(n^t)$，其中，t 为常数，n 是输入数据长度。如果 $t=0$，则时间复杂度是常数的；如果 $t=1$，则时间复杂度是线性的；如果 $t=2$，则时间复杂度是二次的。②指数时间算法 $O(t^{h(n)})$，其中，t 为常数，$h(n)$ 是一个多项式，$h(n)$ 大于常数而低于线性函数时的算法，称为超多项式算法。对于密钥为 K 的密码算法分析，如果 n 表示密钥长度，则其复杂度 $O(2^n)$ 符合指数时间算法，密钥长度每增加 1 比特，算法的运行时间也加倍。

2.3.3　问题的计算复杂性

问题的计算复杂性理论常利用算法的计算复杂性理论作为工具，将大量典型的问题按照求解的代价进行分类。图灵机是一种可以求解问题的模型，由英国科学家图灵于 1936 年提出。图灵机是一种具有无限读写能力的有限状态机,可以进行无限的并行操作。图灵机分为确定性和不确定性两种。确定性图灵机是指图灵机每一步操作的结果是唯一确定的;不确定性图灵机是指图灵机的每一步操作的结果和下一步操作有多种选择,不是唯一确定的。

按照求解问题所需的时间,计算复杂性理论可将各种问题分为多类,P 表示可以在多项式时间内求解的问题,NP 表示可以在多项式时间内,利用不确定性图灵机可以求解的问题。一般来说,NP 问题比 P 中的问题求解困难。在所有的 NP 问题中,有一类最难的问题,称为 NP 完全(NP-complete)问题,又称为 NPC 问题。

计算复杂性理论是设计和分析密码算法与安全性协议的基础,很多密码算法与安全协议的安全性是以某些计算问题的固有困难性为前提条件的,将对其的攻击可规约到一类已知的 NPC 问题求解,典型的密码学 NPC 问题包括:背包(knapsack)问题、可满足性(Satisfiability,SAT)问题、陷门(trapdoor)问题。对于典型的密码算法设计来说,RSA 密码算法的设计安全性依赖于"大整数因子分解"陷门问题求解的困难性,ECC 密码算法的设计安全性依赖于"离散对数"陷门问题求解的困难性,分组密码的安全性依赖于"代数方程求解"的困难性,基于这些问题设计的密码算法在安全性方面可以提供很高的可信度。

2.4　概　率　论

在信息安全特别是密码学中,"可能性"起着十分重要的作用。密码算法的安全性就是通过可能性来衡量的,如已知密文恢复明文的可能性、每个密钥候选值的可能性等。研究可能性的理论即概率论,下面给出密码旁路分析相关的概率论基础。

2.4.1　事件与概率

定义 2-22　事件、样本空间

事件是指实验或观察的结果,简单事件又称为样本点,所有样本点的全体称为样本空间,最多含有可数个样本点的样本空间称为离散样本空间。

定义 2-23　概率与条件概率

给定一个样本空间 $\Omega = \{x_i \mid i \in \mathbf{N}\}$,对于一个事件 X,假定对每个点 x_i 都赋予一个非负实数,这个数称为 x_i 的发生概率,记为 $P(X = x_i)$,则这些数必须满足

$$\sum_{i=1}^{n} P(X = x_i) = 1 \tag{2-18}$$

此外,在事件为 X 的情况下,事件 Y 的发生概率,即条件概率可记为

$$P(Y \mid X) = \frac{P(XY)}{P(X)} \tag{2-19}$$

定义 2-24 分布函数

设 X 是一个随机变量，是任意实数，则

$$F(X) = P\{X \leqslant x\} \tag{2-20}$$

称为 X 的分布函数。

2.4.2 期望与方差

定义 2-25 期望

如果 X 为一个离散变量，其概率分布为 $P(X = x_i)$，则 X 的数学期望（简称期望）记为

$$\mu = E(X) = \sum_{i=1}^{n} x_i P(X = x_i) \tag{2-21}$$

期望 μ 表示了随机变量取值的真正"均值"，有时又简称为均值。

定义 2-26 方差

随机变量 X 的方差为 $X - E(X)$ 的期望，可表示为 $\sigma^2 = D(X)$，其中

$$D(X) = E(X - E(X))^2 \tag{2-22}$$

方差 σ^2 表示 X 的取值偏离期望值 $E(X)$ 的程度，σ 则表示标准差。

定义 2-27 偏度

偏度 α 表示 X 统计分布的偏斜方向和程度，表示的是随机变量相对于均值的不对称程度。对于随机变量 X，其偏度可表示为

$$\alpha = \frac{E(X - E(X))^3}{\sigma^3} \tag{2-23}$$

定义 2-28 峰度

峰度 β 用来衡量 X 统计分布的集中程度，表示的是分布曲线在平均值处峰值高低的特征数。对于随机变量 X，其峰度可表示为

$$\beta = \frac{E(X - E(X))^4}{\sigma^4} \tag{2-24}$$

定义 2-29 协方差

数学期望和方差反映了随机变量自身的分布特征，而协方差则主要表示随机变量之间相互关系的数值特征。对于给定的随机变量 X 和 Y，二者的协方差可表示为

$$\text{cov}(X,Y) = E((X - E(X))(Y - E(Y))) \tag{2-25}$$

又等价于

$$\text{cov}(X,Y) = E(XY) - E(X)E(Y) \tag{2-26}$$

式 (2-26) 表明协方差和统计依赖性的概念相关，如果 X 和 Y 统计独立，则 $E(XY) = E(X)E(Y)$，$\text{cov}(X,Y) = 0$。如果用一定数量的样本来估计协方差，$\overline{x}$ 和 $\overline{y}$ 分别代表两个点的平均值，则协方差的估计量 c 可表示为

$$c = \frac{1}{n-1}\sum_{i=1}^{n}(x_i - \overline{x})(y_i - \overline{y}) \tag{2-27}$$

定义 2-30　相关性系数

度量两个变量 X、Y 之间的线性关系的方法是计算二者的相关性系数 $\rho(X,Y)$。经典的相关性系数计算方法为 Pearson 相关性系数[181]，可表示为

$$\rho(X,Y) = \frac{E(XY) - E(X)E(Y)}{\sqrt{D(X)}\sqrt{D(Y)}} \tag{2-28}$$

相关性系数 $\rho(X,Y)$ 是一种无量纲的度量，其取值在正负 1 之间，即 $-1 \leqslant \rho \leqslant 1$。$\rho$ 的估计量 γ 的计算方法为

$$\gamma = \frac{\sum_{i=1}^{n}(x_i - \overline{x})(y_i - \overline{y})}{\sqrt{\sum_{i=1}^{n}(x_i - \overline{x})^2}\sqrt{\sum_{i=1}^{n}(y_i - \overline{y})^2}} \tag{2-29}$$

2.4.3　概率分布

定义 2-31　正态分布

对于一个随机变量 X，如果它的密度函数（即频率曲线）服从正态函数（曲线），则称该函数服从正态分布 (normal distribution)，又称为高斯分布 (Gaussian distribution)，记为 $X \sim N(\mu, \sigma^2)$，其密度函数定义为

$$\varphi(X) = \frac{1}{\sqrt{2\pi}\sigma}\mathrm{e}^{\frac{(x-\mu)^2}{2\sigma^2}} \tag{2-30}$$

式中，μ 为 X 的均值；σ 为 X 的标准差。

定义 2-32　二元正态分布

对于随机变量 X 和 Y，如果它们的密度函数（即频率曲线）服从正态函数（曲线），则称 (X,Y) 服从二元正态分布。其密度函数定义为

$$\varphi(X,Y) = \frac{1}{2\pi\sigma_1\sigma_2\sqrt{1-\rho^2}}$$
$$\times \exp\left\{\frac{-1}{2(1-\rho^2)}\left[\frac{(x-\mu_1)^2}{\sigma_1^2} - 2\rho\frac{(x-\mu_1)(y-\mu_2)}{\sigma_1\sigma_2} + \frac{(y-\mu_2)^2}{\sigma_2^2}\right]\right\} \tag{2-31}$$

式中，μ_1, σ_1 为 X 的均值和标准差；μ_2, σ_2 为 Y 的均值和标准差；ρ 为 X 和 Y 的相关性系数。

2.4.4 中心极限定理

定理 2-4 中心极限定理

设随机变量 $X_1, X_2, \cdots, X_n$ 相互独立，服从同一分布，且具有相同的 μ 和 σ，则随机变量 $\sum_{k=1}^{n} X_k$ 的标准化变量为

$$Y_n = \frac{\sum_{k=1}^{n} X_k - n\mu}{\sqrt{n}\sigma} \tag{2-32}$$

对于任意的 x，其分布函数 $F_n(x)$ 满足

$$\lim_{x \to \infty} F_n(x) = \lim_{x \to \infty} P\left\{ \frac{\sum_{k=1}^{n} X_k - n\mu}{\sqrt{n}\sigma} \leqslant x \right\} = \int_{-\infty}^{x} \frac{1}{\sqrt{2\pi}} e^{-t^2/2} dt \tag{2-33}$$

也就是说，均值为 μ、方差为 $\sigma^2 > 0$ 的独立同分布的随机变量 $X_1, X_2, \cdots, X_n$ 之和 $\sum_{k=1}^{n} X_k$ 的标准化变量，当 n 充分大时近似为正态分布。

2.5　数　理　统　计

概率论主要对事件发生的可能性进行分析，在对现实问题进行分析时，常需要对大量事件之间的关系进行统计分析。对大量的数据特征、分布进行估计、分析和推断的理论称为数理统计理论。本节给出密码旁路分析中常用的数理统计基础理论。

2.5.1 参数估计

定义 2-33 极大似然估计

多元高斯分布是正态分布向更高维度的扩展，它可以通过协方差矩阵 C 和均值向量 m 利用极大似然估计方法进行刻画。

$$f(X) = \frac{1}{\sqrt{(2\pi)^n |C|}} \exp\left(-\frac{1}{2}(x-m)'C^{-1}(x-m) \right) \tag{2-34}$$

式中，协方差矩阵 C 包含相邻点 i 和 j 的协方差 $c_{i,j} = \mathrm{cov}(X_i, X_j)$，均值向量 m 由多样本中多个点的均值构成。

定义 2-34　贝叶斯估计

经典的数理统计主要根据样本对总体分布或总体特征数进行推断,用到了总体信息和样本信息,但忽略了先验信息,即对预先统计分析结果的利用,这就是贝叶斯估计所要解决的问题。

假设 $G_1, G_2, \cdots, G_K$ 共 K 个总体中,样本 X 的分布密度分别为 $f_1(x), f_2(x), \cdots, f_K(x)$,且 X 属于某个总体 G_i 的先验概率为 p_i,自 G_i 总体中取出 X 的条件概率为 $p(X|i)$,属于这 K 个总体中 G_j 的先验概率为 P_j,自 G_j 总体中取出 X 的条件概率为 $p(X|j)$。根据全概率公式,X 出现的全概率可表示为

$$p(X) = \sum_j p_j p(X|j) \tag{2-35}$$

根据式(2-35),X 属于总体 G_i 的后验概率为

$$p(i|X) = \frac{p_i p(X|i)}{\sum_j p_j p(X|j)} = \frac{p_i f_i(x)}{\sum_j p_j f_j(x)} \tag{2-36}$$

2.5.2　假设检验

定义 2-35　t 检验

t 检验的目的是分析两个不相关总体样本的平均值。假设 $X_1, X_2, \cdots, X_{n_1}$ 是来自正态总体 $N(\mu_1, \sigma^2)$ 的样本,$Y_1, Y_2, \cdots, Y_{n_2}$ 是来自正态总体 $N(\mu_2, \sigma^2)$ 的样本,为了检验两个样本之间的差异,利用 t 检验,一般进行两种假设:零假设 H_0 和备择假设 H_1。零假设表明在两个样本之间均值没有明显差异,备择假设表明两个样本之间均值有差异。t 检验函数的计算公式为

$$t = \frac{(\bar{x}_1 - \bar{x}_2) - (\mu_1 - \mu_2)}{s_\omega \sqrt{\frac{1}{n_1} + \frac{1}{n_2}}} \tag{2-37}$$

式中,$s_\omega = \frac{(n_1-1)s_1^2 + (n_2-1)s_2^2}{n_1 + n_2 - 2}$,$s_1$ 和 s_2 分别表示两个正态总体样本的方差;$\bar{x}_1$ 和 $\bar{x}_2$ 为两个样本的均值;n_1 和 n_2 为样本个数;μ_1 和 μ_2 为两个样本的期望。

当 H_0 为真时,t 的拒绝域可表示为

$$|t| \geq t_{\alpha/2}(n_1 + n_2 - 2) \tag{2-38}$$

式中,α 为显著性水平。

定义 2-36　F 检验

F 检验用于两个和两个以上样本方差差别的显著性检验。假设 $X_1, X_2, \cdots, X_{n_1}$ 是

来自正态总体 $N(\mu, \sigma^2)$ 的样本，$Y_1, Y_2, \cdots, Y_{n_2}$ 是来自正态总体 $N(\mu_2, \sigma^2)$ 的样本，且两个样本独立。其样本方差分别用 s_1^2, s_2^2 来表示，且设 $\mu_1, \mu_2, \sigma_1^2, \sigma_2^2$ 均为未知，现在需要检验假设（显著性水平为 α），即

$$\begin{cases} H_0 = \sigma_1^2 \leqslant \sigma_2^2 \\ H_1 = \sigma_1^2 > \sigma_2^2 \end{cases} \tag{2-39}$$

拒绝域为

$$F = \frac{s_1^2}{s_2^2} \geqslant F_\alpha(n_1 - 1, n_2 - 1) \tag{2-40}$$

2.6　注记与补充阅读

本章介绍了密码旁路分析中常用的基础数学理论。除此之外，为了能够更好地开展旁路泄露预处理和密钥分析，还需要掌握一些信号处理、人工智能、随机过程、数据挖掘等相关的数学理论，读者可参考文献[50]和文献[182]～[188]进行深入的研究。

第3章　旁路泄露与旁路分析建模

本章主要阐述密码旁路泄露和旁路分析建模的相关知识。旁路分析主要建立在对密码算法在实现过程中的旁路泄露进行分析的基础上，因此有必要对密码算法的设计与实现、具体实现的旁路泄露和泄露分析策略进行分析。此外，为了更好地认知旁路分析和评估过程，需要对旁路分析框架、分析模型、评估模型等旁路分析建模相关内容进行介绍。

3.1　密码算法设计与实现

3.1.1　密码设计

基于密钥的密码算法通常分为私用(对称)密钥体制密码算法(简称对称密码算法)和公开(非对称)密钥体制密码算法(简称非对称密码算法)两类。对于对称密码算法，加解密使用的密钥相同，典型算法包括 DES、AES 等分组密码算法，RC4 等序列密码算法；而对于非对称密码算法，加解密密钥可以是不相同的，典型算法包括 RSA、ECC 等公钥密码算法。

1. 对称密码算法设计

对称密码算法的设计理念源于 Shannon 于 1949 年发表的论文《保密系统的通信理论》[10]，根据加密方式不同可分为序列密码算法和分组密码算法两种。

1)序列密码算法

在序列密码算法中，明文以序列的方式表示，称为明文序列。在对明文序列进行加密时，首先由种子密钥生成一个密钥序列。然后利用加密算法，通过明文序列和密钥序列的运算，产生密文序列。序列密码每次只对明文中的单比特进行加密变换，加密过程所需的密钥序列由种子密钥通过密钥序列产生器产生。

序列密码的主要原理是通过随机数发生器产生性能优良的伪随机序列(密钥序列)，并使用其加密明文序列(逐比特加密)，得到密文序列。由于每一个明文都对应一个随机的加密密钥，所以序列密码在理论上属于无条件安全。设明文序列为：$m = m_1 m_2 \cdots m_i \cdots$，密钥序列由序列发生器 f 产生：$z_i = f(k, \sigma_i)$，σ_i 是加密器中的存储器在时刻 i 的状态，f 是密钥生成函数，由种子密钥 k 和 σ_i 产生。设得到的密钥序列

为 $k = k_1 k_2 \cdots k_i \cdots$，则密文为 $c = c_1 c_2 \cdots c_i \cdots = E_{k_1}(m_1) E_{k_2}(m_2) \cdots E_{k_i}(m_i) \cdots$，解密明文为 $m = m_1 m_2 \cdots m_i \cdots = D_{k_1}(c_1) D_{k_2}(c_2) \cdots D_{k_i}(c_i) \cdots$。

2) 分组密码算法

分组密码又称为块密码。当加密一条长消息(明文)时，首先将明文编码表示为二进制序列，然后将其分成若干个固定长度的组(最后一组长度不够时还需要进行填充，如补 0 操作)，最后对逐个分组依次进行加密操作。在相同密钥下，分组密码对长为 t 的输入明文分组加密得到的密文是相等的，所以只需要研究对任一组明文加解密的算法。

分组密码将明文经编码表示后的二进制序列 $m = m_1 m_2 \cdots m_i \cdots$ 划分为若干固定长度为 t 比特的组 $m = m_1 m_2 \cdots m_t$，各组分别在密钥 $k = k_1 k_2 \cdots k_r$ 的控制下转换为长度为 l 的二进制密文分组 $c = c_1 c_2 \cdots c_l$。分组密码算法的本质是从明文空间(t 比特串的集合)M 到密文空间(l 比特串的集合)C 的映射，该映射由密钥和加密算法决定，其中分组长度为 t，密文长度为 l，密钥长度为 r。

在分组密码设计过程中，常使用迭代结构使得设计的密码算法符合混淆、扩散和抗现有攻击的原则。在迭代结构中，常用的函数包括异或、置换等线性变换，以及查找字典表(S 盒)、模加、模减、模乘等非线性变换。根据迭代结构输入比特和输出比特的关系，可将其分为 SPN 结构、Feistel 结构两大类。SPN 结构设计的分组密码中，某迭代轮输入比特与输出比特相比所有比特发生改变(如 AES 密码算法)；而 Feistel 结构分组密码中，某迭代轮输出比特的部分值与输入比特相同(如 DES 密码算法)。

序列密码与分组密码二者相比，序列密码每次仅对一个比特进行加解密，而分组密码则每次对一个多比特的分组进行加解密。此外，分组密码加密不具有记忆性，在一个固定密钥作用下，对不同分组中相同的明文加密得到的密文是相同的；而序列密码则具有记忆性，对不同分组中相同明文加密的密文也常不同，因为对相同明文加密使用的密钥序列也可能是不一样的。

2. 非对称密码算法设计

非对称密码算法的设计理念源于 Diffie 和 Hellman 于 1976 年发表的论文《密码编码学新方向》[11]，使得使用不同密钥进行加解密成为可能，由此引发了密码学上的一场革命，解决了在发送者和接收者之间无密钥传输的难题，从而开创了公钥密码学的新纪元。

从抽象的角度来看，非对称密码算法就是一个陷门单向函数。首先定义一个函数：令函数 f 是集合 A 到集合 B 的映射，以 $f: A \to B$ 表示。若对任意 $x_1 \neq x_2$，$x_1, x_2 \in A$，有 $f(x_1) \neq f(x_2)$，则 f 称为一一映射，或可逆函数。则单向函数是满足下列条件的可逆函数 f。

(1)对所有 $x \in A$，易于计算 $f(x)$。

(2) 对"几乎所有" $x \in A$，由 $f(x)$ 求 x"极为困难"。

定义中的"极为困难"是对现有计算机能力和算法而言的。Massey 将此称为视在困难性(apparent difficulty)，相应的函数称为视在单向函数，以此来和本质上(essentially)的困难性相区分。在单向函数 f 所具备性质的基础上加入"陷门性"，即在知道密钥 k 的情况下，反向计算是容易的，这里的 k 即相当于一个"陷门"，此时的函数 f 可称为陷门单向函数。

公钥密码体制就是基于这一原理设计的，公钥用于正向(加密)计算，私钥用于快速进行反向(解密)计算，其安全性取决于依据数学问题求解的计算复杂性。典型的非对称密码算法为使用了"大整数因子分解"陷门单向函数的 RSA 密码算法和使用了"离散对数"陷门单向函数的 ECC 密码算法。

3.1.2 密码实现

下面分别给出密码实现的常用算法和运行平台。

1. 密码实现算法

1) 密码算法模幂运算快速实现

模幂运算是很多公钥密码算法中的核心运算，同时也是最耗时的运算。为了提高模幂运算的速度，密码学者提出了多种快速实现算法，如二进制模幂算法(又称为平方-乘法算法[189]或平方乘算法)、基于平方乘算法优化的滑动窗口算法，以及基于中国剩余定理(Chinese Remainder Theorem, CRT)的快速模幂算法(简称 CRT 算法)[190]。

(1) 平方乘算法

平方乘算法是最基础的模幂运算算法，它先将幂指数表示成二进制形式，再根据二进制位的"0"、"1"取值逐位进行模平方、模乘法的迭代运算。平方乘算法分为从左至右平方乘算法和从右至左平方乘算法两种，前者广泛应用于各种密码实现中，因此本书主要关注前者。平方乘算法如算法 3-1 所示。

算法 3-1　平方乘算法

输入：底数 C，模数 N，幂指数 $d = (d_t d_{t-1} \cdots d_1 d_0)_2, d_t = 1$。

输出：$m = C^d \bmod N$。

计算：

1. $m = 1$
2. 对于 i 从 t 到 0，执行：
   2.1 　　$m = m^2 \bmod N$
   2.2 　　如果 $d_i = 1$，则 $m = m \cdot C \bmod N$
3. 返回 m

(2)滑动窗口算法

滑动窗口算法是一种优化的快速模幂运算算法，将模幂运算分解为一系列的乘法运算和平方运算，幂指数以一定大小的窗口在二进制幂指数上进行滑动，利用预先计算查找表中的元素直接作为乘数，减少乘数重复计算的步骤，提高运算效率。该思想在 ECC 等公钥密码算法中也得到了应用，滑动窗口算法如算法 3-2 所示。

算法 3-2　滑动窗口算法

输入：窗口大小 w，底数 C，模数 N，幂指数 $d=(d_td_{t-1}\cdots d_1d_0)_2$，$d_t=1$，$w>1$。

输出：$m=C^d \bmod N$。

计算：

1.　　计算查找表

1.1　　　　$C_1=C \bmod N$，$C_2=C^2 \bmod N$

1.2　　　　对于 i 从 1 到 $(2^{w-1}-1)$，计算 $C_{2i+1}=C_{2i-1} \cdot C_2 \bmod N$

2.　　$m=1$，$i=t$

3.　　当 $i \geqslant 0$，计算：

3.1　　　　如果 $d_i=0$，$m=m^2 \bmod N$，$i=i-1$

3.2　　　　否则 $(d_i \neq 0)$，找到最长的比特串 $d_id_{i-1}\cdots d_1$，

　　　　　　其中 $i-l+1 \leqslant w$，$d_l=1$。并计算：

$$m = m^{2^{(i-l+1)}} \bmod N$$

$$m = m \cdot C_{(d_id_{i-1}\cdots d_l)_2} \bmod N$$

$$i=l-1$$

4.　　返回 m

(3)CRT 算法

1982 年，比利时学者 Quisquater 和 Couvreur[191]将著名的中国剩余定理(CRT)应用到模幂运算过程中，大大提高了 RSA 算法模幂运算的执行效率。此类 RSA 算法又可称为 RSA-CRT 算法，其执行速度约为一般 RSA 算法的四倍。CRT 解密算法如算法 3-3 所示。

算法 3-3　CRT 解密算法

输入：底数 C，素数 p,q，模数 $N=pq$，幂指数 $d=(d_td_{t-1}\cdots d_1d_0)_2$，$d_t=1$。

输出：明文 $m=C^d \bmod N$。

1.　$d_{p-1}=d(\bmod(p-1))$，$d_{q-1}=d(\bmod(q-1))$

2.　$m_p=C^{d_{p-1}}(\bmod p)$

3.　$m_q=C^{d_{q-1}}(\bmod q)$

4.　$p_q=p^{-1}(\bmod q)$

5. 　$u = (m_q - m_p) p_q (\mathrm{mod}\, q)$

6. 　$m = m_p + u \cdot p$

7. 　返回 m

2) 密码算法查找表快速实现

在密码算法中，为了提高非线性变换(如执行查找 S 盒、模加等运算)的执行效率，常将指定输入对应的输出预先计算为一个大的查找表并存储在高速缓存 Cache 中，在执行过程中直接通过查找表来快速实现非线性变换。

在对称密码算法(如 AES)中，常按照扩散特性将轮函数中多个操作合并为一个查表操作，建立一个轮函数输入到输出的固定查找表，这样每个轮函数可以通过有限次查表操作来完成，在处理器上的执行速度很快；在非对称密码算法中的模幂运算(如 RSA)中，需大量执行模幂运算操作，为了提高运行速度，也常将这些运算结果预先计算并存在一个查找表中来快速实现。

2. 密码实现芯片

为完成加解密功能，密码算法的实现总需要使用一个物理载体(统称为密码芯片)，实现方式主要分为软件实现和硬件实现两种。典型软件实现的密码芯片主要是嵌入式微处理器、处理器，典型硬件实现的密码芯片主要是 FPGA、ASIC。二者相比，软件实现的密码芯片成本较低，普适性强，但并行能力较差；硬件实现的密码芯片速度要优于软件实现，安全性也较高，但研制周期较长。

1) 嵌入式微处理器

嵌入式微处理器是由通用计算机中的 CPU 演变而来的。与计算机处理器不同的是，在实际嵌入式应用中，只保留和嵌入式应用紧密相关的功能硬件，去除其他的冗余功能部分，这样就以最低的功耗和资源实现嵌入式应用的特殊要求。嵌入式微处理器的分类方法如下，根据数据总线宽度不同，可将其分为 8 位、16 位和 32 位机；根据存储器结构不同，可将其分为哈佛(Harvard)结构和冯·诺依曼(von Neumann)结构；根据用途不同，可将其分为嵌入式微控制器(Embedded Microcontroller Unit，EMCU)、嵌入式微处理器(Embedded Microprocessor Unit，EMPU)、嵌入式 DSP 处理器(Embedded Digital Signal Processor，EDSP)、嵌入式片上系统(Embedded System on Chip，ESoC)四种。密码算法在嵌入式微处理器中通常以软件形式进行实现，且串行运算居多，并行化程度不高。

2) 处理器

处理器是一块超大规模的集成电路，是一台计算机的运算核心和控制核心，又简称为 CPU。处理器主要包括运算器(Arthmetic Logic Unit，ALU)和控制器(Control Unit，CU)两大部件。此外，还包括若干个寄存器和高速缓冲存储器与实现它们之间联系的数据、控制和状态的总线。它与内部存储器和输入/输出设备合称为电子计算机三大核心部件。典型的处理器为 AMD 和 Intel 处理器，常用于密码算法的软件实现。为提高密码运行效率，处理器中的密码实现大都使用一些大的查找表合并执行多个操作，如 OpenSSL 中 AES 密码算法使用的 1KB、2KB 大小的查找表，将多个线性变换和非线性变换合并为一个或多个大的查找表来快速实现。此外，与嵌入式微处理器相比，处理器中的密码实现软件并行化能力有了一定的提高。

3) FPGA

现场可编程门阵列（Field-Programmable Gate Array，FPGA），是在 PAL、GAL、CPLD 等可编程器件基础上发展的产物。它是一种半定制电路，既解决了定制电路的不足，又克服了可编程器件门电路有限的缺点。与嵌入式微处理器和处理器相比，FPGA 以硬件层面的并行运算为主，主要通过硬件描述语言来实现，执行速度较快。典型 FPGA 的芯片包括 Xilinx 公司的 Virtex-5 系列芯片、Spartan-3 系列芯片，Altera 公司的 StraitixIII 系列芯片、CycloneIII 系列芯片等。

4) ASIC

专用集成电路（Application Specific Integrated Circuit，ASIC）是一种为专用目的而设计的集成电路，具有面向特定用户需求的特点。与通用集成电路相比，ASIC 具有体积小、功耗低、性能高、保密性强、成本低等优点。与 FPGA 相比，ASIC 为固化电路，属于不可编程器件。目前已广泛应用的 ASIC 芯片规格有 130nm、90nm、65nm。当前，随着微电子学的发展，国际集成电路芯片发展突飞猛进，制造工艺正由 65nm 向 45~40nm、28~20nm、16~14nm、10~8nm 快速演进。

需要强调的是，受计算资源和处理能力的限制，密码算法在密码芯片上加解密的过程中并不能一次性处理所有的密钥位，而是将其切割成若干块分别进行处理。在旁路分析中，每个密钥块参与密码运算过程中的旁路泄露都可以被攻击者采集，攻击者可以穷举分析获取该密钥块，在此基础上拼接恢复出完整密钥，计算复杂度远低于传统密码分析方法。

3.2 旁路泄露

3.2.1 泄露特性

结合 Micali 和 Reyzin 在 2004 年提出的旁路泄露公理[73]，下面给出旁路泄露的几个特性。

1) 旁路泄露具有"计算相关性"

旁路泄露主要取决于计算操作，也取决于物理平台中的激活运算单元。当且仅当计算时才泄露信息，不同计算的旁路泄露也不尽相同；当物理平台中不再执行数据访问和计算操作时是十分安全的，不会产生任何旁路泄露。此外，旁路泄露和执行的密码算法具有数据相关性和操作相关性，二者直接导致密码算法的敏感信息(如密钥、算法设计或实现细节)被攻击者获取。

2)旁路泄露具有"实现相关性"

从抽象的角度来说，密码算法是进行各种计算操作的一些指令的集合，这些指令是通用的，具有实现无关性。然而，当考虑到密码算法的物理实现时，旁路泄露具有非常强的实现相关性。原因主要有两点：①同样的密码算法运算，对于微控制器、处理器、FPGA、ASIC 等不同的物理平台，泄露的信息量和噪声是不同的；②即使是对于同样的物理平台，当考虑到不同的防护措施时，其泄露的信息也是不同的。

3)旁路泄露具有"效应相关性"

主要体现在以下两个方面：①如果将功耗、电磁、声音等物理效应分别看成一个维度，那么信息可以同时以多维物理效应向外泄露；②信息可以在时间、空间两维向外泄露。对于时间类型物理效应，具有一维累积效应；而对于功耗、电磁、声音等类型物理效应，具有局部相关性，即信息泄露只和当前执行的计算相关，与前面和后续计算无关。

4)旁路泄露采集具有"敌手依赖性"

旁路泄露采集总需要攻击者通过软件或硬件手段来完成。受软硬件采集手段限制，不同攻击者采集的旁路泄露类型、单样本采集泄露信息的粒度、可采集样本数量、单样本重复采集次数也都不同，这些都会对后续密钥离线分析过程带来较大影响。

3.2.2　泄露分类

根据泄露的物理效应类型不同，可将旁路泄露分为时间、功耗、电磁、声音、光、故障等。根据泄露的全局或者局部累积特性，可将旁路泄露分为累积泄露和瞬时泄露。

1)累积泄露

典型的累积泄露是时间差异信息泄露、由时间差异导致的 Cache 访问特征泄露和故障输出泄露，具有全局累积特性。攻击者在一次加密过程中一般仅能进行有限次采集，最常见的就是密码的总体执行时间或者通过计时手段得到的一次加解密频繁访问的多个 Cache 组地址集合。在该模型下，时间或者 Cache 访问特征泄露具有一定的累积性。此外，如果攻击者在密码运行过程中修改工作条件，则可使得中间轮加密产生故障，然后经多轮故障传播后得到错误密文输出，故障信息泄露也在一定程度上具有累积性。

2) 瞬时泄露

典型的瞬时泄露是功耗、电磁、光、声音等旁路泄露，具有局部性特点。即信息可通过时间和物理测度二维泄露，旁路泄露仅和当前的计算相关，与前面或者后面计算没有直接关系。此类瞬时旁路泄露常可通过示波器、电磁接收机等设备进行采集，采样率一般较高，每次加密可以采集多个泄露点。

3.2.3　泄露模型

如果将密码算法的实现抽象为一台对一系列状态 $a=\{a_1,a_2,\cdots,a_n\}$ 进行变换的物理图灵机 φ，则 φ 可表示为 $\varphi=(a,L)$，$\varphi_i=(a_i,L_i)$，$L=(C_a,M,R)$，φ_i 和 L_i 分别表示第 i 次状态变换和对应的旁路泄露，L 的三个输入参数分别表示密码芯片的内部配置、攻击采用的测量仪器和随机噪声。

1. 按泄露层次划分

旁路泄露可从算法、操作、门电路三个层面体现，由此划分为算法级泄露、操作(指令)级泄露和门电路级泄露三级。旁路信息分级泄露模型如图 3-1 所示。

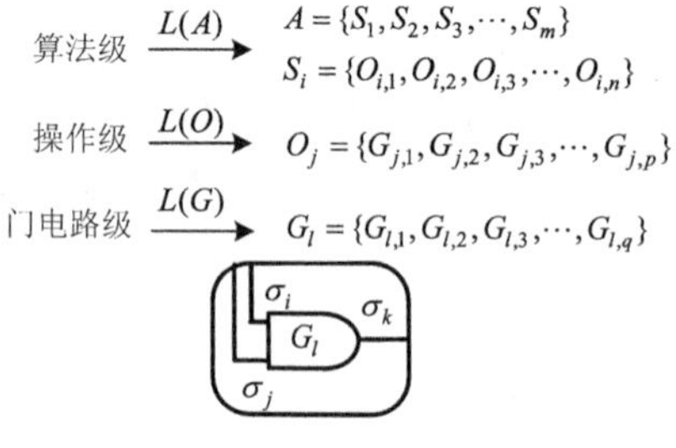

图 3-1　旁路信息分级泄露模型[73]

图 3-1 中，S_i、O_j、G_l 分别表示图灵机的相关算法、操作指令、门电路的集合。

2. 按泄露函数划分

根据泄露函数的不同，可将旁路泄露模型划分为单比特泄露模型、汉明重量(距离)泄露模型、部分比特泄露模型、碰撞泄露模型、故障泄露模型等。

1) 单比特泄露模型

主要适用于探针分析[78]。攻击者在对芯片进行侵入式剖片的前提下，使用探针读取加密中间状态的一个比特，在此基础上进行密钥分析，如旁路立方体分析[54]。

2) 汉明重量(距离)泄露模型

主要适用于功耗、电磁分析。攻击者采集的功耗和电磁泄露同加密中间数据的汉明重量(距离)具有线性关系,可基于此利用差分旁路分析[32]、相关旁路分析[45]、旁路立方体分析[54]、代数旁路分析[56]等多种方法进行密钥分析。

3) 部分比特泄露模型

主要适用于访问驱动 Cache 分析[146]。攻击者通过采集密码算法加解密可能访问的 Cache 组地址,并将其转化为查表索引的高几位比特值,在此基础上进行密钥分析。

4) 碰撞泄露模型

主要适用于功耗、电磁分析。攻击者根据对多个中间计算结果对应的旁路泄露曲线进行匹配分析,并根据匹配度判断多个计算中间结果是否发生碰撞[44],在此基础上进行密钥分析。

5) 故障泄露模型

主要适用于故障分析[37-38]。攻击者通过修改密码芯片运行工作条件使之产生错误输出,在此基础上利用故障信息结合算法设计进行密钥恢复。

3.3　泄露分析策略

在获取到旁路泄露后,攻击者还需要根据泄露模型结合已知明文或密文,利用一定的分析方法将隐藏在泄露中的密钥提取出来。以分组密码第一轮为例,假设某中间状态 X 是关于明文 P 和第一轮密钥 K 的一个函数,x_i, p_i, k_i 分别为 X, P, K 的一个字节,$x_i = f(p_i, k_i)$,$f(\cdot)$ 是根据 p_i, k_i 计算出 x_i 的一个函数,$f(\cdot)$ 的计算过程中不可避免会产生旁路泄露,定义为

$$l_i = g(x_i) = g(f(p_i, k_i)) \tag{3-1}$$

式中,$g(\cdot)$ 为泄露模型(或泄露函数)。分析的目标就是根据 l_i, p_i, $f(\cdot)$, $g(\cdot)$ 恢复 k_i。根据泄露函数 $g(\cdot)$ 对泄露 l_i 与 x_i 之间关系刻画程度的不同,采用的策略或方法也不同。

1) 精确分析

l_i 可被 $g(\cdot)$ 精确刻画时,攻击者首先可以根据 $g(\cdot)$ 和 l_i 得到每个样本加解密运算中 x_i 的可能值和不可能值;其次,结合算法设计,通过穷举 k_i,将 p_i 和 k_i 的值代入式(3-1);然后,使用直接分析或排除分析方法得到 k_i 的可能值和不可能值,使用多样本分析将 k_i 的候选值数量降低到 1 个;最后,利用类似方法恢复其他子密钥块,直至恢复出主密钥。经典的分析方法包括差分故障分析[38]、访问驱动 Cache 分析[146]、简单功耗分析[32]。

此外，还有一种方法是先将密码算法和泄露(式(3-1))都转化为多项式或代数方程，再使用立方体分析或代数分析的方法进行密钥恢复。经典的分析方法包括旁路立方体分析[54]、代数旁路分析[56]、代数故障分析[57]。

2) 模糊分析

l_i 可被 $g(\cdot)$ 模糊刻画时，由于噪声的存在，攻击者无法根据 $g(\cdot)$ 和 l_i 得到每个样本加解密运算中 x_i 的精确值。此时，攻击者需要借助概率论和数理统计的一些分析方法，将 p_i 和穷举的 k_i 值代入式(3-1)，并根据泄露模型得到近似的 l_i 值，定义为 l_i^*。多样本代入分析后，如果是正确的密钥猜测，则预测的 l_i^* 集合逼近真实的 l_i 集合，否则两个集合的相关性较低，可通过一定的方法，如均值差计算方法、Pearson 相关性系数计算方法、极大似然估计方法、互信息计算方法，计算两个集合之间的相关性，相关性较高的候选值在很大可能上就是正确的 k_i 值。经典的分析方法包括差分功耗(电磁)分析[32]、相关功耗(电磁)分析[45]、模板分析[42]、互信息分析[53]、故障灵敏度分析[60]。

3.4 旁路分析建模

3.4.1 术语与定义

本节给出密码旁路分析框架和模型的一些术语与符号定义。

1. 术语

术语 3-1 目标密码算法

目标密码算法是密码设计的一种抽象表示，可以看成一个图灵机，决定了为破解主密钥所需恢复的扩展密钥轮数(AES-128 密码恢复任意轮扩展密钥即可恢复主密钥，AES-192 需要 2 轮，Camellia-128 需要恢复 4 轮，SMS4 需要恢复 4 轮等)，为攻击轮数选择提供了限制条件。

术语 3-2 目标密码设备

目标密码设备是密码算法实现的一个载体(包括微控制器、处理器、FPGA、ASIC等)，决定了密码算法的实现形式(软件实现或硬件实现)，其自身的物理特性在一定程度上决定了可采集的旁路泄露类型(时间、功耗、电磁、Cache 访问、故障)和利用的泄露模型(单比特、汉明重量(距离)、高几位、碰撞、故障等)，对攻击者的旁路泄露采集策略具有较大影响。

术语 3-3 目标密码实现

目标密码实现是指密码算法在密码设备中的实现方法和实现环境(如本地、远程环境，不同噪声环境)，不同的实现方式对应的旁路泄露也有较大差异(如处理器中采用 256B 查找表的密码实现和 1KB 查找表的密码实现)；实现过程中采用的防护策略(随机时延、掩码等)对分析方法的有效性也有较大影响。

术语 3-4　目标密码运算

目标密码运算是指攻击者针对的密码算法在设备中实现的一个操作，该操作与明密文和密钥块具有较大关系。攻击者采集的旁路泄露与目标密码运算紧密相关，攻击的关键就是如何利用目标密码运算、泄露模型和已知明密文进行密钥分析。

术语 3-5　攻击者

攻击者是攻击的执行者。旁路分析中，攻击者一般具备三种能力。

(1)对测试设备或方法的操控能力，即旁路泄露采集能力，但该能力受目标密码实现、测试设备、测试方法的客观制约。

(2)对旁路泄露的刻画和分析能力(差分功耗(电磁)分析[32]、相关功耗(电磁)分析[45]、模板分析[42]、互信息分析[53]、故障灵敏度分析[60]、旁路立方体分析[54]、代数旁路分析[56]、代数故障分析[57]等)，主要受采集泄露类型、泄露模型、密码算法的客观制约，以及对分析方法的主观运用能力制约。

(3)对旁路分析复杂度和密码实现安全性的评估能力，同样受旁路泄露的客观制约和对泄露分析方法的认知能力制约。

术语 3-6　测量设备或方法

是指攻击者为采集旁路泄露所需的测试计量设备或技术，决定了可采集的旁路泄露的精度。

术语 3-7　旁路泄露通道

是指承载旁路泄露并使之被攻击者采集的一种媒介，如计时分析中的计时器、功耗分析中在接地端串联的小电阻的工作参数(如电压或电流)、电磁分析中的电磁场、探针分析中的感应探针。

术语 3-8　旁路泄露

是指密码算法在设备中实现的一个操作执行的可观测物理特征，包括时间、功耗、电磁辐射、故障输出等。

术语 3-9　噪声

是指除了目标密码运算以外的其他运算、目标密码设备其他部件运算带来的系统噪声，或者由于测量设备和方法精度带来的采集噪声。

术语 3-10　攻击

是指攻击者为达到攻击目标所执行的一些操作过程，最终实现对未知信息的全部认知或部分认知。

术语 3-11　分析度量

可从旁路泄露度量、分析方法度量和被分析对象安全性度量三个角度开展。从旁路泄露度量角度来说，主要是攻击者对旁路泄露进行量化和定性分析；从分析方法度量角度来说，主要是从计算复杂度角度对不同分析方法进行度量和比较；从被分析对象安全性度量角度来说，主要是通过分析度量不同实现方法或防御策略的安全性，以及分析后的密钥搜索空间大小，即密钥猜测熵来实现。

2. 符号定义

表 3-1 给出了密码旁路分析建模相关的一些符号定义。

表 3-1　符号定义列表

序号	符号	定　义	序号	符号	定　义
1	I	密码执行输入	14	L	旁路泄露
2	q	密码执行输入次数	15	N_I	噪声
3	K	密码信息	16	M	泄露模型
4	N	子密钥块数	17	A	攻击者
5	m	每个子密钥块比特数	18	P	泄露区分
6	N_v	每个子密钥块值数量	19	R	泄露预处理
7	V	中间状态	20	T	泄露分析
8	E_A	目标密码算法	21	D	密钥候选值判决
9	E_D	目标密码设备	22	O	密钥离线分析
10	E_K	目标密码实现	23	A_C	分析复杂度
11	E_O	目标密码运算	24	A_S	分析成功率
12	$f(\cdot)$	密码运算函数	25	A_G	分析通用性
13	E_Q	测量设备或方法	26	A_P	分析实用性

3.4.2　分析框架

密码旁路分析框架如图 3-2 所示，主要考虑旁路泄露采集、旁路泄露分析、旁路分析评估三方面问题。

在旁路泄露采集中，受密码设备其他部件、运行环境等因素影响，旁路泄露在传播过程中不可避免地会引入噪声，使得攻击者通过测量设备或方法采集的实际旁路泄露同理论值存在差异。在旁路泄露分析过程中，攻击者可以对旁路泄露进行预采样和刻画，建立旁路泄露模型，在此基础对目标设备的旁路泄露进行分析，典型的例子是模板分析；也可省去预采样和刻画过程，直接利用旁路泄露进行密钥分析，典型的例子是差分功耗分析、相关功耗分析等(假设攻击者已经掌握了泄露模型的先验知识)。在旁路分析评估中，需要首先对密码算法在密码设备运行中的旁路泄露的理论值和实际值分别进行评估，然后对攻击者对旁路泄露的采集和分析能力进行评估，最后对密码算法的实现安全性进行评估，在此基础上可为密码算法安全设计与实现提供借鉴和指导。

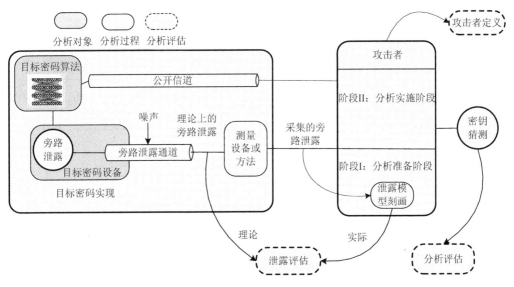

图 3-2　密码旁路分析框架

图 3-2 中，深灰色实框表示旁路分析的目标对象，主要包括目标密码算法和目标密码设备；浅灰色实框表示旁路分析的过程，主要包括旁路泄露的采集、旁路泄露的分析、密钥猜测等；浅灰色虚框表示旁路分析评估的几个要素，主要包括泄露评估、攻击者定义、分析评估等内容。

3.4.3　分析模型

密码旁路分析模型如图 3-3 所示，整个旁路分析过程包括 8 个步骤。

下面给出 8 个分析步骤的说明[192]。

1) 输入选择

攻击者 A 选择 q 个已知输入 $I_1, I_2, \cdots, I_q$ (I 由 n 个子块组成，每个子块 m 位，如 $I_q = I_{q,1} | I_{q,2} | \cdots | I_{q,n}$) 执行 q 次密码运算。参与运算的还有密钥 K，假设其同 I 的分组长度一致，$K = k_1 | k_2 | \cdots | k_n$。

2) 中间值计算

根据旁路分析关注的目标密码运算 E_O 和运算函数 $f(\cdot)$，以分析第 i 个子密钥块 k_i 为例，对于参与运算的子密钥块的每个候选值 k_i^*，计算出 q 个样本对应的中间值向量 $v_{k_i}^q = V(k_i^*, I_{q,i})$，包含 N_v 个元素的预测 $v_{k_i}^j, j \in [1, q]$，其中 N_v 是中间状态预测值的数量，$N_v = 2^m$。

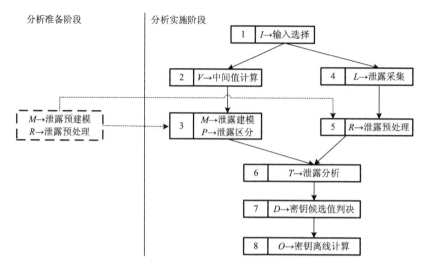

图 3-3 密码旁路分析模型

图 3-3 中，分析准备阶段主要对泄露模型进行预先刻画、对采集的旁路泄露进行预处理，属于攻击者可选阶段，是否需要该阶段取决于攻击者的分析策略。

3)泄露建模与泄露区分

(1)泄露建模

对于每个可能的子密钥块候选值 k_i^*，如果泄露模型在旁路分析前是未知的，则 A 可对已控制的模板密码设备使用 k_i^* 加解密的实际泄露进行收集，刻画出泄露模型 $M(k_i^*, \tilde{l})$，即每个 k_i^* 对应的旁路泄露特征 $\tilde{l}$。对于一些简单的已知泄露模型，如汉明重量模型，A 可直接得出泄露模型 $M(k_i^*, v_{k_i}^q)$，即 k_i^* 加密得到的 $v_{k_i}^q$ 值的泄露值。

(2)泄露区分

在没有泄露模型的前提下，A 可以为每个密钥子块候选值 k_i^* 定义一个区分器 $P(k_i^*, v_{k_i}^q)$，如在差分功耗分析中选取 $v_{k_i}^q$ 的 1 个比特，用于在采集到真实旁路泄露后进行集合划分，并计算不同集合的均值差，然后进行密钥分析。

4)泄露采集

A 使用测量设备或方法采集真实的未知密钥 k_i 的旁路泄露 L。攻击中为了降低噪声 N_l 的影响，每个样本常重复采集 N_L 次旁路泄露。

5)泄露预处理

在泄露可建模的情况下，A 通过对每个样本进行 N_L 次重复采集得到的旁路泄露曲线进行压缩、选点、滤波、均值等预处理操作 R，得到更为准确的泄露 $R(L)$。在泄露不可被建模的情况下，A 常进行选点预处理，一般不进行均值处理。

6) 泄露分析

对于每个密钥子块候选值 k_i^*，如果泄露模型可被刻画，则 A 利用一定的统计分析工具 T 来检测根据泄露模型预测的泄露值 $M(k_i^*, \tilde{l})$ 或 $M(k_i^*, v_{k_i}^q)$ 与真实泄露 $R(L)$ 之间的相关性，相关性较大的 k_i^* 在很大程度上为正确 k_i^*，典型的区分器包括 Pearson 相关性系数计算方法、极大似然估计方法、互信息计算方法；如果泄露模型不可刻画，则 A 可利用区分器 $P(k_i^*, v_{k_i}^q)$ 的值对真实泄露 $R(L)$ 进行区分，然后使用均值差方法进行密钥恢复。

当然，除了上述方法，如果 A 能够根据每个样本的旁路泄露得到密码中间状态的可能值，则还可使用代数分析或立方体分析的手段进行密钥恢复。

7) 候选值判决

根据泄露分析结果，A 按照一些策略，如匹配度门限策略，对 k_i^* 值是否作为 k_i 的有效候选值进行判决(通过计算 $D(k_i^*)$)，最终得到有限的 k_i^* 候选值集合。

8) 密钥离线计算

根据判决结果，A 得到 k_i^* 的有效候选值；然后利用相同方法，获得其他子密钥块的候选值；再经过离线计算 O(主密钥正确性验证)，恢复出唯一的初始主密钥 K。

3.4.4 评估模型

密码旁路分析评估模型如图 3-4 所示。下面给出 5 个分析评估步骤的说明[192]。

1) 密码实现定义

定义为对输入 $I_1, I_2, \cdots, I_q$ 用密钥 K 加解密的一个密码实现 E_K(密码算法 E_A 在密码设备 E_D 中的运算过程，由若干密码运算 E_O 组成)。密码实现的要素为：目标密码算法 E_A、目标密码设备 E_D、目标密码运算 E_O、输入 $I_1, I_2, \cdots, I_q$、密钥 K、旁路泄露 L。其中，E_A 决定为了达到旁路分析目标所需分析的轮数，E_D 决定泄露 L 的特征，E_O 决定密码算法实现的防护措施、攻击点的选择和泄露信息量。

2) 分析目标定义

分析目标定义为未知的一个或一组变量，一般来说是密钥 K，当然也可能是一个密码算法的局部或全部设计参数。

3) 旁路泄露评估

旁路泄露评估主要涉及两类问题：一是如何量化评估，即有多少旁路泄露可以从目标密码实现中得到，为攻击提供旁路泄露量度量；二是如何刻画评估，即找到一种模型或函数，来确定密码运算数据或操作与泄露之间的相关性，使得根据猜测的密码运算数据或操作可以无限逼近真实旁路泄露，为攻击提供旁路泄露模型度量。

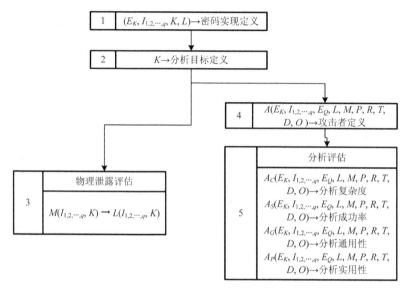

图 3-4　密码旁路分析评估模型

图 3-4 中，密码旁路分析评估模型大体按照分析的全过程进行划分，首先刻画分析的对象，即密码实现；接着确定分析的目标，即攻击目的；之后评估分析对象运行过程中的旁路泄露；然后定义攻击者在攻击中的各种能力；最后度量密码实现安全性、攻击复杂度和攻击者能力。

4) 攻击者定义

刻画一个全面的攻击者需考虑以下几个要素：一是攻击者所能掌握的攻击条件，如已知输入 I（唯密文、已知明文、选择明文、选择密文等），是否能够掌握一台模板密码设备；二是对旁路泄露 L 的采集能力 E_Q；三是攻击者对泄露模型 M 的刻画能力或区分器 P 的构建能力；四是对旁路泄露 L 的预处理能力 R；五是根据旁路泄露进行秘密信息的分析能力 T 和密钥判决能力 D；六是攻击者的离线计算能力 O。

5) 分析评估

主要评估依据为计算复杂度、分析成功率、分析通用性、分析实用性。评估的参数可以包括：不同密码实现（密码算法、密码设备、密码实现方法、密码部署环境、不同输入条件）下 E_K 的安全性、不同测量设备或方法对攻击的影响、刻画出的不同模型对攻击的影响、不同区分器对攻击的影响、不同泄露预处理方法对攻击的影响、不同泄露分析方法对攻击的影响、不同候选值判决对攻击的影响、不同离线分析能力对攻击的影响等。

　　对于一个好的旁路分析方法，分析复杂度 A_C 通常较低、成功率 A_S 较高、通用性 A_G(针对不同密码算法、密码设备、密码实现方法)要强、实用性 A_P(针对不同防护策略、密码部署环境、输入条件)要强，这些常可通过改进测量设备或方法 E_Q、提高对泄露模型 M 的刻画能力、区分器 P 的构建能力、旁路泄露预处理能力 R、秘密信息的分析能力 T、密钥判决能力 D、离线分析能力 O 等来实现。

　　需要说明的是，与传统密码设计安全评估相比，考虑到密码旁路分析对象和分析方法的差异性，密码实现安全评估增加了分析通用性和分析实用性的因素，同时也更加注重在给定条件下的分析成功概率。一般来说，分析通用性和分析实用性是一对既相互对立又相互统一的矛盾体。一方面，一种攻击方法如果通用性强，则必然是建立在抽取出各种旁路泄露的共性刻画和利用的基础上，难免会丧失对个性化的旁路泄露进行分析，使得分析的实用性不强；与之对应，一种方法如果实用性强，则必然是建立在对旁路泄露的全视角刻画和利用的基础上，难免会过于专用，使得攻击的通用性不强。另一方面，对旁路分析通用性和实用性的研究又可加深对旁路泄露的共性和个性特征划分，促进彼此的发展。

3.5　注记与补充阅读

　　由于旁路分析中针对的密码算法、密码芯片、密码实现均具有多样性，所以对旁路泄露、分析模型和评估模型进行精确建模十分困难，关于建模方面的进一步理论读者可参考文献[73]、[192]～[194]。此外，近年来如何设计容忍泄露的密码算法也成为国内外旁路分析的研究热点，读者可参考文献[195]～[213]进行进一步研究。

第4章 计时分析

计时分析是最早被学术界研究者提出的密码旁路分析方法，由 Kocher 在 1996 年提出[6]，主要通过采集密码算法处理不同输入的执行时间差异，分析时间差异同密钥之间的相关性来实现密钥破解。最初的计时分析研究主要针对简单的安全芯片，如智能卡。一方面是由于产业界对此类芯片安全的急切需求；另一方面是在这些平台上运行的密码算法执行时间能够容易被准确测量且噪声较小。当时人们普遍认为计时分析不能适用于 PC、Web 服务器等计算机系统，在这些环境下密码算法的执行时间容易受到系统上运行的其他进程的影响，使得计时精度不高。2003 年，斯坦福大学的 Brumley 和 Boneh 首次在网络环境下，通过计时分析手段恢复出 OpenSSL 服务器中的 RSA 密钥[163]，自此针对计算机等可信平台的计时分析逐渐得到研究者的重视。

根据时间产生来源的不同，可将计时分析分为两类，一类是对密码的某种实现算法存在缺陷导致的时间泄露进行的密钥分析（与实现算法相关而与实现平台无关），另一类是对密码算法运行平台存在缺陷导致的时间泄露进行的密钥分析（与实现平台相关）。本章主要阐述第一类计时分析；第二类计时分析将在第 6 章 Cache 分析中进行阐述。

在各种旁路分析中，功耗分析、电磁分析、故障分析等均需物理上接触或接近密码设备，需要专用的测试计量仪器；计时分析则主要通过调用系统的时间戳来实现，既可在本地也可在远程网络环境中实施。由于本章计时分析利用的时间差异根源在于密码算法自身设计或实现缺陷，所以对密码算法在各种平台上的软硬件实现具有普遍适用性，威胁较大。近年来，随着计时信息采集和预处理技术的发展，计时分析在远程环境下的可行性将逐渐增强，现实威胁越来越大[167-169]。

本章首先给出时间旁路泄露的产生来源、采集方法和预处理方法；然后给出计时分析的前提条件和基本原理；最后分析了模幂运算、乘法运算的执行时间差异，分别以 RSA 密码算法、AES 密码算法为例给出密钥的计时分析方法。

4.1 时 间 泄 露

4.1.1 泄露来源

密码系统在加解密过程中，由于性能优化（如模幂运算和查找 S 盒操作使用了查找表的快速实现）、分支运算（switch-case）、条件语句（if-else）、Cache 命中/失效、运行时间不固定的处理器指令(如乘法和除法)或者协议漏洞等，会导致不同输入的执行时间存在差异，而这些差异常是同密钥直接相关的，所以攻击者可采集密码算法对大量样本加解密的执行时间，通过分析时间差异同密钥之间的相关性来实现密钥破解。

4.1.2 采集方法

计时分析成功的关键在于密码执行时间的高精度采集。在 Windows 平台下，常用的计时器有两种[214-215]，一种是 timeGetTime 多媒体计时器，可以提供毫秒级的计时；另一种是 QueryPerformanceCount 计数器，可以提供微秒级的计数。

1. TimeGetTime 多媒体计时器

Windows 下有一套多媒体编程接口，具体如下：
(1) timeGetDevCaps()获取定时服务能力参数；
(2) timeBeginPeriod()设置定时精度；
(3) timeSetEvent()设置定时间隔并启动定时器；
(4) timeKillEvent()删除定时事件；
(5) timeEndPeriod()释放定时器资源。

这套接口函数包含于 mmsystem.dll 动态链接库中，设置的定时中断回调函数避开了 Windows 的消息队列，不必浪费时间等待应用程序的消息队列变空，保障定时中断得到实时响应。这种计时器精确度比 Timer 控件高一些，计时最高精度为 1ms；但在定时精度小于 1ms 时，就无法保证定时中断得到实时响应。考虑到目前大部分密码算法的软件执行时间一般都在 1ms 以内，因此 timeGetTime 多媒体计时器不适用于密码计时分析。

2. QueryPerformanceCount 计数器

QueryPerformanceCount 计数器精度受硬件定时器频率影响，大致为微秒级，使用过程中需要使用两个 API 函数，才能获得其振荡频率。计时过程中，首先使用 API 函数 QueryPerformanceFrequency 得到定时器频率；然后在计时的代码前后分别调用 API 函数 QueryPerformanceCounter 得到定时器的当前值，两者之差除以频率计数器每毫秒的振荡次数，就可以获得某一事件经过的准确时间。该方法的精度是 timeGetTime 计数器的 100 倍。

3. CPU 内部时间戳计数器

上述两种计时方法精度各有不同，但对于密码程序的运行时间(几微秒甚至 1 微秒以内)，计时精度还不够。在 Intel Pentium 以上级别的 CPU 中，有一个称为"时间戳"的部件,以 64 位无符号整型数的格式记录了自 CPU 上电以来所经过的时钟周期数[216-217]。由于目前的 CPU 主频都非常高,所以这个部件可以达到纳秒级的计时精度。在 Pentium 以上的 CPU 中,提供了一条机器指令 RDTSC(read time stamp counter)来读取这个时间戳,并保存在 EDX:EAX 寄存器对中。RDTSC 的调用方法如下:

```
inline unsigned __int64 GetCycleCount(){ __asm RDTSC }
```

1) Windows 下调用 RDTSC

在 Windows 下,RDTSC 指令不被 C 的内嵌汇编器直接支持,需要用_emit 伪指令直接嵌入该指令的机器码 0X0F、0X31。

```
inline unsigned __int64 GetCycleCount(){ __asm _emit 0x0F
                                          __asm _emit 0x31 }
```

计时过程中,可在目标代码前后分别调用 GetCycleCount 函数,比较两个返回值的差,其示例如下:

```
unsigned long t;                        //时间变量
t = (unsigned long)GetCycleCount();     //获取计时前时间戳
run some encryption code                //执行一次或部分加解密运算
t -= (unsigned long)GetCycleCount();    //获取计时后时间戳
```

2) Linux 下调用 RDTSC

在 Linux 下则可以先定义一个存储当前时间的数据结构。

```
typedef struct{
unsigned long t[2];
} timing;
```

之后可以将 RDTSC 指令作为内嵌汇编,定义一个记录当前时间的宏和一个计算时间差的宏,具体代码如下:

```
#define GetCycleCount (x) asm volatile(".byte 15;.byte 49" :
        \a"((x)->t[0]),"=d"((x)->t[1]))//获取时间戳
#define timing_diff(x,y)(((x)->t[0]-(double)(y)->t[0])
        +4294967296.0 * ((x)->t[1]-(double) (y)->t[1]))
                            //计算两次时间戳之差,并转换为执行时间
```

RDTSC 指令的计时精度较高,但是得到的数据抖动较大。对于任何计量手段,精度和稳定性永远是一对矛盾。如果用 TimeGetTime、QueryPerformanceCount 来计时,则每次计时的结果都是相同的;而 RDTSC 指令每次结果都不一样,经常有几百甚至上千的差距。这正是 RDTSC 指令计时方法高精度本身固有的矛盾,可以通

过多样本的统计方法减少这种误差。

4.1.3　预处理方法

利用 RDTSC 指令计时，误差的产生原因至少有两个：一是软件执行的不一致性，在多任务操作系统尤其是 Windows 系统中，测量执行时间受环境变化的影响较大；二是硬件平台的不一致性，由硬件内部的"多任务"造成。例如，当系统总线频率与 RAM 芯片的频率不匹配时，芯片组将不得不以一个随机的时间间隔等待下一个时间脉冲沿的出现，在最坏的情况下，计算结果的出入将达到25%~40%。

同时还需要考虑程序的二度运行问题，即实际运行的密码程序无法保证其每次运行在相近的条件与环境下，这是因为磁盘高速缓存、CPU 高速缓存、TLB 与分支的变化会使测量时间复杂化，例如，访问 Cache 时，会发生命中和失效两种情况，前者的访问时间会比后者的访问时间短。

消除噪声的办法有很多种，大体思路是首先对样本进行数值分布统计，剔除出现频率较少的样本；然后截取出现频率较高的样本进行分析。在实际实验过程中，发现"取 1/3 均值法"效果较好。在计时中，首先将 n 次重复采集的原始数据按大小进行排序；然后选择中间 $n/3$ 个数据的均值作为采集的执行时间。n 的取值要根据实际情况而定，并非 n 值越大就越能提高测量结果的准确性，通常只要能满足预定的测量精度即可。

4.2　计时分析原理

1. 前提条件

计时分析的基本假设包括以下几个方面。

(1)密码算法执行不同操作或处理不同数据的时间存在差异,这些操作或数据与密钥紧密相关。

(2)攻击者能够触发密码算法执行多次加解密，并且能够测量加解密的执行时间，期间密钥保持不变。

(3)攻击者能够通过大量统计分析方法进行有效去噪，噪声大小不足以淹没真实的密码算法执行时间信息。

2. 基本原理

计时分析类似于窃贼通过观察他人保险柜拨号盘拨号的时间长短来猜测密码，其基本原理如图 4-1 所示。

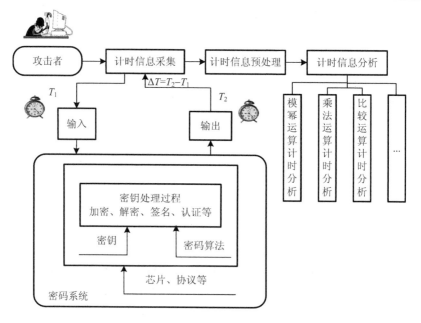

图 4-1　计时分析原理示意

在图 4-1 中，攻击者首先生成一定的输入，向密码系统发送密码服务请求（加解密、口令认证请求等），并利用计时器采集当前时间戳 T_1；随后密码系统执行密码服务请求，将结果发送给攻击者；攻击者收到结果后，利用计时器采集当前时间戳 T_2，利用 T_2-T_1 近似得到密码服务的执行时间；在此基础上，采用一定的预处理方法对采集时间进行去噪；之后，利用时间信息同部分秘密信息的相关性，分别恢复秘密信息的各个部分，并结合密码算法设计规范恢复主密钥。

4.3　模幂运算计时分析

4.3.1　模幂运算时间差异

下面以 RSA 算法（设计规范参考附录 A）为例，对 3.1.2 节中给出的平方乘算法和 CRT 算法实现的模幂运算时间差异进行分析。

1. 平方乘算法执行时间差异分析

平方乘算法的思想是将模幂运算分解成一系列的平方操作和乘法操作。用于基于平方乘算法实现的 RSA，本书简称为一般 RSA 算法。

根据图 4-2，指数 d 的二进位为 1 或者 0，将会导致运行时间的不固定。如果攻击者能够精确计时，则可以利用测得的时间来推断算法执行过程中是否执行了乘法操作，进而区别出对应密钥位值是 0 或者 1。Kocher 提出的简单计时分析方法[6]正是利用 RSA 密码算法实现中这一运算时间不固定的缺陷。

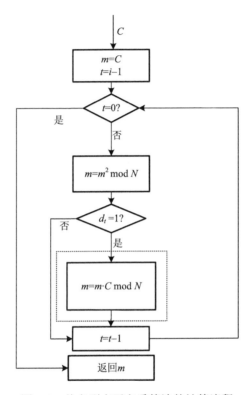

图 4-2　从左到右平方乘算法的计算流程

图 4-2 中描述了从左到右平方乘算法的计算流程。其中 C 表示 RSA 密文，$d = (d_{i-1}d_{i-2} \cdots d_1 d_0)_2$ 表示幂指数，$m = C^d \bmod N$ 表示 RSA 明文。计算由 d_0 开始，直到 d_{i-1} 结束。当 d_t 为 0 时，运算过程只有平方操作；当 d_t 为 1 时，多执行一个乘法操作。

2. CRT 算法执行时间差异分析

基于 CRT 算法实现的 RSA，本书简称为 RSA-CRT 算法。RSA-CRT 解密在模幂运算实现过程中，运行的时间差异取决于执行蒙哥马利(Montgomery)乘法的运行时间差异(受额外约简的次数影响)。如果能够精确测量该差异，则可以通过分析时间差异推算出私钥 d[218]。

Schindler 指出[219]：在模幂运算 $g^d \bmod q$ 期间，发生额外约简的概率与 g 同 q 之间的近似度成比例，发生额外约简的概率 Pr 为

$$Pr[额外约简] = \frac{g \bmod q}{2R} \tag{4-1}$$

假设两个大素数满足 $q<p$，当 g 从下方接近于 p 或 q 时，发生额外约简的数量将显著增长，导致执行时间增加；当 g 为 p 或 q 的整数倍时，发生额外约简的数目急速下降，导致执行时间减少。

图 4-3 描述了 g 与蒙哥马利乘法发生额外约简次数的关系。

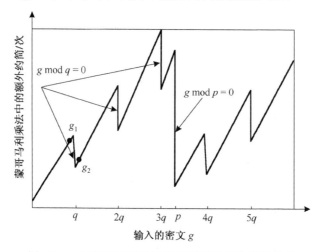

图 4-3　g 与蒙哥马利乘法发生额外约简次数的关系

图 4-3 中，横坐标为密文 g 值，纵坐标为蒙哥马利乘法中发生额外约简的次数。箭头指出了额外约简次数发生跳变的位置，即 g 为 p 或 q 整数倍的位置。不难发现：如果 $g < q$，则 $g^d \bmod q$ 运算发生额外约简次数较多，运算时间稍长；如果 $g > q$，则 $g^d \bmod q$ 运算发生额外约简次数较少，运算时间稍短；如果 $g = q$，则 $g^d \bmod q$ 运算发生额外约简次数骤减，运算时间将会减少。

根据图 4-3，攻击者可通过测量额外约简操作导致的时间差异，判断出 g 与 p 或 q 的接近程度。

图 4-4 描述了一次实验中 g 取值在 $(q-300, q+300)$ 区间的解密运算时间变化情况。

4.3.2　计时信息分析方法

下面分别给出两种不同模幂运算实现方式的 RSA 密钥计时信息分析方法。

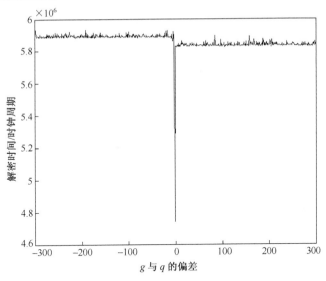

图 4-4 g 在 q 附近时的解密时间

图 4-4 中，横轴表示 g 与 q 的偏差，纵轴表示 g 的平均解密时间(单位：时钟周期)。由图可以看出，$g < q$ 时解密花费时间要比 $g > q$ 时更多，$g = q$ 时解密所需时钟周期会急剧减少。

1. 针对一般 RSA 算法的计时信息分析方法

由图 4-2 可知，对于幂指数(即 RSA 密钥) $d = (d_1 d_2 \cdots d_{k-1} d_k)_2$，当幂指数位为 1 时，会比为 0 时多执行一个 $m = m \cdot C \bmod N$ 的乘法操作步骤，如果用"M"表示乘法操作，用"S"表示平方操作，那么部分幂指数位对应的操作序列可表示如下。

幂指数序列	1	0	1	1	0	1	0	1	1	0
操作序列	SM	S	SM	SM	S	SM	S	SM	SM	S

从幂指数序列与操作序列的映射关系可以发现，假如能够精确测量图 4-2 中每个循环的执行时间，则通过对比每一个循环的执行时间差异，就可推算出 d 的每一个位，从而破解 RSA 私钥。

典型的密钥分析方法包括基于差分的 RSA 计时分析[6]和基于方差的 RSA 计时分析两种，下面分别进行介绍。

1) 基于差分的 RSA 计时分析

攻击条件为，攻击者掌握 RSA 密码算法内部执行的运算步骤，能够计算乘法运算所用的时间，并已获取 d 的前 $k-1$ 位值 $d(1, \cdots, k-1)$ (实际攻击中可以通过穷举获得）。分析目的是通过测量计算 $C^{d(1,\cdots,k-1)} \bmod N$ 的执行时间，推算 d 的第 k 位值 d_k，推算原理如图 4-5 所示。

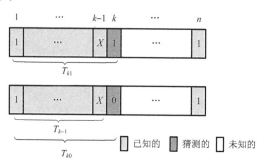

图 4-5　基于差分的计时分析中 d_k 推算原理

图 4-5 中，每小格代表 d 的一个位，$d = (d_1 d_2 \cdots d_{n-1} d_n)_2$。$T_{k-1}$ 表示前 $k-1$ 位的执行时间，T_{k1} 和 T_{k0} 分别表示第 k 位为 1 和 0 时前 k 位的执行时间。其中，前 $k-1$ 位和第 n 位已知，第 k 位为正在推算的位，其余位未知。

分析过程中，攻击者随机构造密文 $C_1, C_2, \cdots, C_l$，测量其解密时间 $T_1, T_2, \cdots, T_l$（l 表示样本量大小），令 t_i 表示图 4-2 中 d_i 对应每个循环的执行时间，e_j 表示第 j 次测量的误差，则 T_j 可表示为

$$T_j = \sum_{i=1}^{n} t_i + e_j, \quad j=1,2,\cdots,l \tag{4-2}$$

由于 $d(1,\cdots,k-1)$ 已知，猜测 d_k 分别为 1 和 0 两种情况，攻击者可以测量 $d_k=1$ 和 $d_k=0$ 时执行 k 次平方乘法运算的执行时间，用 T_{k1} 和 T_{k0} 来表示，二者又可分解为

$$\begin{cases} T_{k1} = T_{k-1} + t_{k1} \\ T_{k0} = T_{k-1} + t_{k0} \end{cases} \tag{4-3}$$

式中，t_{k1} 和 t_{k0} 分别表示 d_k 为 1 和 0 时对应迭代的执行时间。

假设计算 $C^{d(k-1)} \bmod N$ 的输出结果是 S_{k-1}，t_{k1} 表示计算 $S = (S_{k-1})^2 \bmod N$ 和 $S_k = S \cdot C \bmod N$ 的执行时间，t_{k0} 表示计算 $S = (S_{k-1})^2 \bmod N$ 的执行时间。然后计算 $H_j(d_{jk1}) = (T_j - T_{jk1})$ 和 $H_j(d_{jk0}) = (T_j - T_{jk0})$，结果表示为

$$\begin{cases} H_j(d_{jk1}) = \sum_{i=k}^{n} t_{ji} + e_j - t_{jk1} \\ H_j(d_{jk0}) = \sum_{i=k}^{n} t_{ji} + e_j - t_{jk0} \end{cases} \tag{4-4}$$

式中，$j=1,2,\cdots,l$，l 表示样本量大小。

计算 $H(d_k=1)$ 和 $H(d_k=0)$ 的方差值 V_1 和 V_0，并比较 V_1 和 V_0 的大小。

如果猜测正确，则满足

$$\mathrm{Var}(\{T_i - T_{i,k}\}) = \mathrm{Var}\left(e + \sum_{j=1}^{n} t_j - \sum_{j=1}^{k} t_j\right) = \mathrm{Var}\left(e + \sum_{j=k+1}^{n} t_j\right) = \mathrm{Var}(e) + (n-k)\,\mathrm{Var}(t) \quad (4\text{-}5)$$

如果猜测错误，则满足

$$\mathrm{Var}(\{T_i - T_{i,k}\}) = \mathrm{Var}\left(e + \sum_{j=1}^{n} t_j - \left(t_k + \sum_{j=1}^{k-1} t_j\right)\right)$$

$$= \mathrm{Var}\left(e - t_k + \sum_{j=k}^{n} t_j\right) = \mathrm{Var}(e) + (n-k)\mathrm{Var}(t) + 2\mathrm{Var}(t) \quad (4\text{-}6)$$

易见，当 d_k 猜测正确时方差值较小。

攻击者可利用上述方法重复执行获取 d_{k+1} 值，直至获取完整密钥 d。上述分析过程可归纳为算法 4-1。

算法 4-1 基于差分的 RSA 计时分析算法

输入：随机生成密文 $C_1, C_2, \cdots, C_l$，已知 d 的前 $k-1$ 位，表示为 d_{k-1}。

输出：私钥值 d。

1.   构造 l 个随机信息 C 为输入用未知密钥 d 执行解密操作
2.   采集测量执行时间 $T = [T_1, T_2, \cdots, T_l]$
3.   for $j=k$ to n do
4. $d_j \leftarrow 1$，$T_{j1} = \mathrm{Time}$ （前 k 次迭代时间，$d_j=1$）
5. $d_j \leftarrow 0$，$T_{j0} = \mathrm{Time}$ （前 k 次迭代时间，$d_j=0$）
6. $T = \mathrm{Time}(C^d)$ //计算 $C^d \bmod N$ 的执行时间，d 为未知的私钥
7.   计算 $V_1 = D(T - T_{j1})$ 和计算 $V_0 = D(T - T_{j0})$
8.   if $V_1 < V_0$
9. $d_j = 1$
10.   else
11. $d_j = 0$
12.   end if
13.   更新 d_j
14. end for
15. return $d \leftarrow d_j$
16. Check(d) //进行密钥验证

其中，$D()$ 表示方差计算函数，$\mathrm{Time}(f)$ 表示测量计算操作 f 执行时间的函数。

2) 基于方差的 RSA 计时分析

通过对算法 4-1 进行分析不难发现，当 d_k 为 1 时，有 $t_{k1} = t_{k0} + t_S$ 和 $T_{k1} = T_{k0} + t_S$，t_S 表示密钥位为 1 时执行乘法操作多出的执行时间，那么理论上样本 $T - T_{k1}$ 和 $T - T_{k0}$ 都没有引入额外误差，再加上实际分析过程中测量误差的存在，使得算法 4-1 通过样本方差值的判断容易失效，尤其是额外误差所占总时间比重较大时。为更好地检验样本之间的差异情况，可将方差分析方法引入计时分析中。

方差分析主要包括单因素试验的方差分析和双因素试验的方差分析，以前者为例，对密钥位 d_k 值不同导致的密码执行时间差异变化单因素进行方差分析，主要思想是将算法 4-1 处理过程中所获得的数据进行预处理，以便能够更加明显地判断 d_k 的哪一种假设正确，将输入的两组样本 $T - T_{k1}$ 和 $T - T_{k0}$ 替换为 T 和 $T - (T_{k1} - T_{k0})$。

假设二者均符合正态总体 $N(\mu_1, \sigma_1{}^2)$ 和 $N(\mu_2, \sigma_2{}^2)$ 的随机样本，$(T_{k1} - T_{k0})$ 表示 d_k 为 1 和 0 两种假设时产生的时间差异，两组随机样本分别以 y_1, y_2 表示。原假设 H_0 表示 y_1 和 y_2 之间没有差异，备择假设 H_1 表示两组之间存在差异，假设 $\bar{y}$ 表示两组样本的总体平均值，则

$$S_A = \sum_{i=1}^{2} l(\bar{y}_i - \bar{y})^2 \tag{4-7}$$

$$S_E = \sum_{j=1}^{l} (y_{1j} - \bar{y}_1)^2 + \sum_{j=1}^{l} (y_{2j} - \bar{y}_2)^2 \tag{4-8}$$

F 分布假设检验公式为

$$F = \frac{S_A / (2-1)}{S_E / (2l-2)} \tag{4-9}$$

如果 F 值比临界值 $F_{1-\alpha}(1, 2l-2)$ 大，则两组样本间存在较大差异。α 为单边 F 分布的显著性水平，它决定着 F 分布中是否为接收域的临界值。α 值越小表示拒绝域越强烈，置信区间越大，一般值为 0.05。

改进计时分析算法执行流程和算法 4-1 一样，不同的是结合 F 分布统计检验的特性，通过计算两组样本的 F 值来检验样本之间是否有显著差异，作为推算 d_k 的判断标准。当 d_k 为 1 时，样本 $T - (T_{k1} - T_{k0})$ 没有引入额外误差，F 值应比临界值 $F_{1-\alpha}(1, 2l-2)$ 小；反之 F 值应比临界值大。因此可以通过 F 值与临界值的大小关系来推算 d_k，重复执行直到推算出完整密钥。

2. 针对 RSA-CRT 算法的计时分析方法

RSA-CRT 算法模幂运算中，素数 p 和 q 的平方乘法模运算采用了蒙哥马利乘法。根据 Schindler 的发现[219]，蒙哥马利乘法（如 $g \cdot R^{-1} \bmod q$）中发生额外约简的次数同

g 和素数 q 的取值存在一定联系，而额外约简的次数可以通过监测算法的执行时间反映出来，攻击者可计算出素数 q，在此基础上分解模数 N。RSA-CRT 算法的计时分析原理如图 4-6 所示。

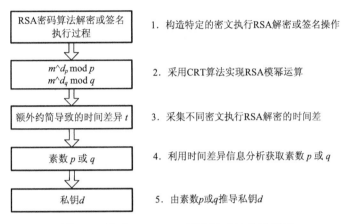

图 4-6　针对 RSA-CRT 算法计时的分析原理

RSA-CRT 计时分析方法首先由 Schindler 提出（简称 Schindler-Attack），之后由 Brumley 和 Boneh 首次在真实的网络环境中实现对 RSA-CRT 的计时攻击（简称 BB-Attack），然后由 Acıiçmez 对 BB-Attack 进行改进（简称 Acıiçmez-Attack），后来又有研究者基于 t 检验方法对 BB-Attack 进行了改进，下面分别对这几种分析方法进行介绍。

1）Schindler-Attack

Schindler-Attakc 利用 4.3.1 节介绍的 CRT 算法执行时间差异特性来恢复模数 N 的因子 p 或 q，攻击分为三个阶段：首先，找到一个包含整数倍 p 或 q 的“区间集” $\{u_1+1,\cdots,u_2\}$，其中 $0<u_1<u_2<N$；其次，进一步缩小区间，得到包含一个整数倍 p 或 q 的“子区间集”；最后，当获得了足够小的子区间集时，对区间内所有 u_i 计算 $\mathrm{GCD}(u_i,N)$。如果前两阶段的执行都是正确的，那么在第三阶段中就能得到一个整数倍的 p 或者 q，从而分解模数 N。

2）BB-Attack

由图 4-3 可知，当 $g_1<q<g_2$ 时，RSA 模幂运算过程中发生额外约简的数目差值要比 $g_1<g_2<q$ 的情况大，因此攻击者可以通过测量 g_1 与 g_2 对应的执行时间差异来逼近 q 的值，可以看成是对 q 的二进制查找，BB-Attack 具体攻击过程如下。

（1）假设攻击者尝试恢复 $q=(q_0,q_1,\cdots,q_{511})_2$，而且首先获得了最高的前 k 位。为获取 q_k，攻击者构造 g 和 g_i，其中 $g=(q_0,q_1,\cdots,q_{k-1},0,0,\cdots,0)_2$，$g_i=(q_0,q_1,\cdots,q_{k-1},1,0,\cdots,0)_2$。注意这里的 q 有 2 种可能情况：$g<q<g_i$（当 $q_k=0$ 时）或者

$g < g_i < q$（当 $q_k = 1$ 时）。

(2) 令 $D()$ 函数表示计算输入密文的解密时间，测量获取解密时间 $t_1 = T(g) = D(u_g^d \bmod N)$ 和 $t_2 = T(g_i) = D(u_{g_i}^d \bmod N)$，为了保证计算过程中转换为蒙哥马利形式之后刚好是 g 和 g_i，令 $u_g = g \cdot R^{-1}(\bmod N)$ 和 $u_{gi} = g_i \cdot R^{-1}(\bmod N)$。如果 q_k 为 0，则 $g < q < g_i$，$|t_1 - t_2|$ 很大，否则 $|t_1 - t_2|$ 接近于 0。这样，通过观测 $|t_1 - t_2|$ 就可以推断出 q_k 是 0 或 1。

(3) 利用同样的方法获取 q 的其他位。

此外，Brumley 和 Boneh 发现[163]，根据密文 g 构造 g_i 时，要保证二者的差值与 q 相差较小（差值太大会降低对 q_k 的判断精度），在此引入"邻近值" n。主要在构造的 g 和 g_i 基础上，再构造两个序列数 $N_1(g;n) = \{g, g+1, \cdots, g+n-1\}$ 和 $N_2(g_i;n) = \{g_i, g_i+1, \cdots, g_i+n-1\}$，通过对两个序列数构造的 u_g 和 u_{gi} 进行解密操作，并对比 g 和 g_i 整个邻近值对应的计时差异。

如果 q_k 为 0，则随着邻近值的增大，$|t_1 - t_2|$ 的值越大[163]。引入"邻近值" n 后，能够克服滑动窗口算法初始化表阶段的模幂操作对计时信息采集产生的影响，提高分析的准确性。

定义 T_g 和 T_{gi} 分别表示 g 和 g_i 所有邻近值对应的解密时间总和，计算方法为

$$T_g = \sum_{i=0}^{n-1} D((g+i) * R^{-1}(\bmod N)) \qquad (4\text{-}10)$$

$$T_{gi} = \sum_{i=0}^{n-1} D((g_i+i) * R^{-1}(\bmod N)) \qquad (4\text{-}11)$$

式中，$D(*)$ 表示对密文"$*$"的解密时间。

攻击者可通过判断 $|T_g - T_{gi}|$ 与阈值大小关系来推测 q_k，其中阈值根据经验值确定。如果 $|T_g - T_{gi}|$ 大于阈值，则 q_k 为 0，否则为 1。重复执行上述步骤恢复 q 其余的位。恢复出 p 或 q 的一半以上高位后，可以应用 Coppersmith 算法[220]来因式分解模数 N。

3) Acııçmez-Attack

Acııçmez 和 Schindler 对 BB-Attack 算法进行了改进，实验结果表明在 1254 次蒙哥马利操作中大约只有 6 次可为 BB-Attack 提供有用的信息[165]，通过观测蒙哥马利乘法在表初始化阶段的计时信息，能够增加提供有用信息的乘法运算数量，进一步获取 RSA 模数中素数因子比特。为更加有效地区分出 q_k 值，依据对 g 和 g_i 执行解密时所产生的时间差异，进行了如下改进。

改进 1：将 BB-Attack 算法中的 R 更改为 sqrt(R)。

改进 2：用 $h = \lfloor \sqrt{g} \rfloor$ 和 $h_i = \lfloor \sqrt{g_i} \rfloor$ 替换 g 和 g_i，计算时间差异时不采用绝对值。

其他步骤与 BB-Attack 一样，该方法可比 BB-Attack 提高约 5.8 倍的执行效率。

4）基于 t 检验的计时分析

此外，攻击者还可利用 t 检验值替代 BB-Attack 中的 $|T_g-T_{gi}|$，作为 q_k 值判断的依据。根据 t 检验函数的特征，当两组样本差异很小时，t 值处于置信区间内，否则将处于置信区间外。

假设攻击者已经获取 q 的高 k 位，g 与 q 的最高 k 位值相同，长度与 q 相等，剩余位都为 0；g_i 除了第 $k+1$ 位为 1，其余位与 g 相同，恢复 q_k 的执行步骤如下。

（1）如果 q_k 为 1，则 $g < g_i < q$，否则 $g < q < g_i$。

（2）计算 R 和 R^{-1} 的值，并构造 u_g 和 u_{gi}，使得 $u_g \equiv g \cdot R^{-1} \pmod N$，$u_{gi} \equiv g_i \cdot R^{-1} \pmod N$，以确保 u_g 和 u_{gi} 的蒙哥马利形式刚好是 g 和 g_i。

（3）分别测量 u_g 和 u_{gi} 在邻近值大小为 n 时的解密时间集合，得到两组时间样本 $T=\{T_1,T_2,\cdots,T_n\}$ 和 $T'=\{T_1',T_2',\cdots,T_n'\}$，其中 $T_i = \text{DecryptTime}(u_g)$，$T_i' = \text{DecryptTime}(u_{gi})$。

（4）运用 t 检验函数计算 T 与 T_i' 的 t 值 t_k，如果 $g < q < g_i$，则 t_k 将处于置信区间之外，否则在置信区间之内，因此可将 t_k 作为 q_k 位值的指示器。同样攻击者可依据置信区间给出判断标准 Δt。如果 $t_k > \Delta t$，则 q_k 为 0，否则为 1。

算法 4-2 以获取 q_k 为例给出了基于 t 检验的计时分析算法。

算法 4-2 基于 t 检验的 RSA-CRT 计时分析算法

输入：q 的前 k 位已知，邻近值 n，R，t 函数判别阈值设为 THR，q 的位长度为 512。
输出：q 的第 k 位值 q_k。

1.　依据 q 的已知位构造 g 和 g_i，$g = (q_0,\cdots,q_{k-1},0,0,\cdots,0)_2$，$g_i = (q_0,\cdots,q_{k-1},1,0,\cdots,0)_2$。$R = 2^{512}$。
2.　for $i = 0$ to $n-1$ do
3.　　　$u_g \leftarrow g R^{-1} \bmod N$，$u_{gi} \leftarrow g_i R^{-1} \bmod N$　//因为使用蒙哥马利约简算法，在模
　　　　　　　　　　　　　　　　　　　　　//乘之前首先计算 $u_g R = g$ 和 $u_{gi}R = g_i$，
　　　　　　　　　　　　　　　　　　　　　//分别将 u_g 和 u_{g_i} 转换为蒙哥马利形
　　　　　　　　　　　　　　　　　　　　　//式表示。
4.　　　$T_1[i] \leftarrow \text{DecryTime}(u_g)$
5.　　　$T_2[i] \leftarrow \text{DecryTime}(u_{gi})$
6.　　　$g += 1$, $g_i += 1$
7.　　　$i ++$
8.　end for　//测量获得的两组时间样本 $T_1[0,\cdots,n-1]$ 和 $T_2[0,\cdots,n-1]$
9.　利用 t 值计算式 (2-37)，得到两组时间样本集的 t 函数值绝对值 $|t|$
10.　if $|t| \geqslant$ THR
11.　　　$q_k \leftarrow 0$
12.　else
13.　　　$q_k \leftarrow 1$
14.　返回 q_k

利用算法 4-2 同样的操作步骤，可获取 q 的其余位。

4.3.3 RSA 计时攻击实例

1. 针对一般 RSA 算法的计时攻击

1)实验环境

实验中以调用 OpenSSL 密码库函数实现的一般 RSA 算法作为攻击对象,利用 RDTSC 指令调用 CPU 上电时间戳测量 RSA 执行时间。一般 RSA 算法计时攻击实验环境如表 4-1 所示。

表 4-1　一般 RSA 算法计时攻击实验环境配置

配　置　项	具　体　参　数
操作系统	Windows XP Professional
密码库	OpenSSL 0.9.8a
编程工具	VC++ 6.0
CPU	AMD Athlon 64 3000+

2)不同密钥长度对应的 RSA 运算执行时间

对不同长度的 RSA 进行实验,表 4-2 中的数据为针对 OpenSSL 随机生成的不同长度 RSA 密钥所得到的总执行时间范围和 d_k 为 1 时多执行的乘法操作时间。

表 4-2　不同密钥长度对应的执行时间

密钥位长度	执行时间范围/(CPU 周期)	d_k 为 1 时多执行的乘法操作时间/(CPU 周期)
128	400000~415000	1400~1600
256	1700000~1810000	1900~2100
512	9450000~9500000	2400~2600
1024	56500000~58000000	2700~4300

由表 4-2 可以看出,密钥位越短,密钥位 0-1 引起的时间差异占总执行时间的比重越大,越能够体现出微小差异对差分统计结果的影响;密钥长度越长,更多密钥位值的不同对攻击总的执行时间影响较大,攻击噪声也变得较大。

3)基于差分计时攻击的密钥恢复

图 4-7 给出了某次攻击中密钥第 30~40 位对应的方差差值。

4)基于方差计时攻击的密钥恢复

通过对不同长度的密钥执行攻击,结果如表 4-3 所示。当 α =0.05 时,通过查找 F 分布表知:$F_{1-\alpha}(1,120)$ =3.92,$F_{1-\alpha}(1,60)$ =4.00,$F_{1-\alpha}(1,\infty)$ =4.00。那么有 3.92< $F_{1-\alpha}(1,98)$ <4.00。

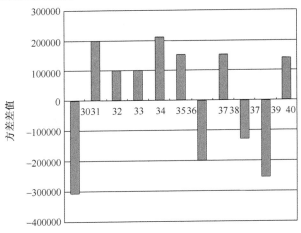

图 4-7 第 30～40 位的方差差值

图 4-7 中，横轴表示密钥位，纵轴表示猜测下一位为 1 时的测量时间方差值与猜测当前位为 0 时的测量时间方差值之差，即 4.3.2 节中 V_1-V_0 的值。由 4.3.2 节分析易知，方差差值为负对应的密钥位为 1，方差差值为正的对应为 0，从而可以得到第 30～40 位对应的密钥值为 $(10000010110)_2$。

表 4-3 针对不同长度的密钥执行攻击实验结果

密钥长度	已知密钥位长度	样 本 量	F 值	方 差 差 值	下一位密钥位
128	8	50	2.9658	−614304	1
128	9	50	12.1186	3450384	0
128	10	50	1.8517	−367126	1
128	11	50	1.4879	−339732	1
256	9	50	12.1299	524372	0
256	10	50	20.8808	−1352016	0
256	11	50	8.5176	324436	0
256	12	50	2.9684	−881176	1
512	9	50	6.5081	−503744	0
512	10	50	0.9132	−1508304	1
512	11	50	1.0848	294608	1
512	12	50	5.1179	−3650592	0
1024	9	70	32.4708	9704448	0
1024	10	70	18.1219	−1778688	1
1024	11	70	24.9735	−9389568	1
1024	12	70	28.0608	65137664	0

表 4-3 中，方差差值是指 4.3.2 节中 V_1-V_0 的值，下一位密钥位指已知密钥位后一位的真实值，即攻击实验中需要通过 F 值和方差差值推测的密钥位。带下划线的数据表示该数据推测出下一位密钥位与实际情况不符。

通过分析上述结果发现：密钥长度为 128、256 和 512 位时，采用 F 值作为检验标准攻击成功率较高，此时通过方差差值检验并不能够完全符合算法 4-1 的要求，密钥长度越长需要越大的样本量。当密钥长度为 1024 位时，F 值一直都较大，通过增加样本量可以发现方差差值分布符合算法 4-1 的判断要求，表明密钥位较长时，适合采用方差差值作为检验标准，也证明了额外误差比重越小越适合用方差差值作为密钥位判断的标准。

2. 针对 RSA-CRT 算法的计时攻击

BB-Attack 和 Schindler-Attack 的实验可分别参考文献[163]和[165]，这里仅介绍基于 t 检验的计时攻击实验。

1）实验环境

实验中以远程服务器中实现的 OpenSSL 0.9.8b 中 RSA 算法为攻击对象，所有的 RSA 密钥通过 OpenSSL 的密钥生成程序随机产生，并关闭 RSA 盲化操作功能。RSA-CRT 密码计时攻击实验配置如表 4-4 所示。

表 4-4　RSA-CRT 密码计时攻击实验配置

配　置　项	具　体　参　数
客户端操作系统	Linux Fedora 8
服务端操作系统	Linux Ubuntu 7.04
密码库	OpenSSL 0.9.8b
gcc 编译器	gcc v4.1.2
客户端主机 CPU	Intel Pentium M 1.6GHz
服务端主机 CPU	Intel P4 3.00GHz
内存	1GB

实验分为基础实验和攻击实验，其中基础实验主要用于确定重复解密样本量大小 s、邻近值大小 n 和检验新的统计方法——"取 1/3 均值法"的有效性，攻击实验则主要验证基于 t 检验计时攻击的效果。

基础实验中，为便于操作，将攻击端和解密服务端程序部署在同一主机上执行。多次请求对同一密文的解密操作并计时，分别计算其均值、中间值和 1/3 均值，分析这三种统计结果的波动情况，确定重复解密样本量大小 s。同时为了平衡成功率与执行效率，攻击者需选取合适的邻近值大小 n。

攻击实验中，以最常用的 1024 位的 RSA 密钥为攻击对象，按照算法 4-2 的执行步骤执行攻击。首先依据置信区间和先验结果事先确定判别阈值；然后设置执行参数（如 s、n），依据计时攻击模型与攻击算法的执行流程构造 g 和 g_i，分别向服务端发送解密请求并对其执行时间计时，分析采集的计时结果，以 t 值替代 $|T_g-T_{gi}|$，通过与判别阈值比较判断 q_k 的值为 1 或 0。

2）基础实验结果

为提高 RSA 解密时间的测量精度，文献[163]采取多次测量解密时间，再取中间值作为解密时间的表示，本节的攻击方案则采用 1/3 均值方法，不同时间预处理方法的方差波动结果如图 4-8 所示。

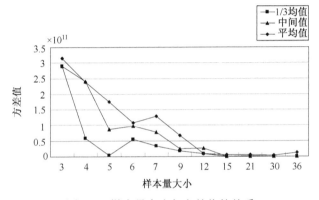

图 4-8 样本量大小与方差值的关系

图 4-8 显示了 1/3 均值、中间值和平均值三种方法下解密时间测量方差随样本量的变化情况，横坐标为样本量，纵坐标为测量结果的方差值。可以看出，1/3 均值法的测量结果波动最小，收敛性最好，即解密时间最稳定，可以认为最接近真实解密时间；取中间值法次之，而平均值法最差。

为平衡成功率与执行效率，实验中设置 $s = 7$，利用 1/3 均值方法主要选取中间 3 个时间数据的均值。

3）攻击实验结果

实验中设置 $s = 7$，$n = 300$。对于 1024 位的 RSA 密钥，实验条件下平均共需要 1075200 次解密请求，耗时 65min 完成一次完整攻击，获取 q 一半以上的位。假设已获取 q 的前 63 位，实验后给出了 BB-Attack 与基于 t 检验的攻击方案在获取其他 q_k 时的分析结果，分别如图 4-9 和图 4-10 所示。

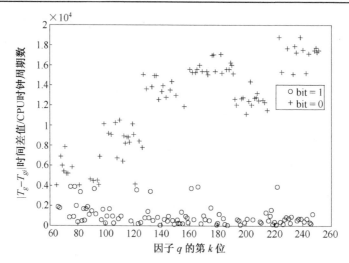

图 4-9　q 的第 64~256 位对应的 $|T_g-T_{gi}|$ 分布情况（BB-Attack）

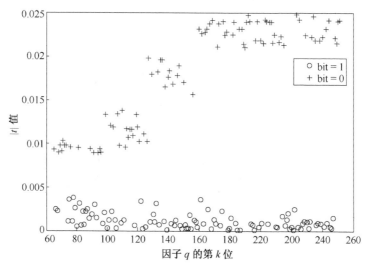

图 4-10　q 的第 64~256 位对应的 t 值分布情况（基于 t 检验的分析方法）

图 4-9 和图 4-10 分别显示了 RSA 模数 N 的因子 q 的位取值与对应的 $|T_g-T_{gi}|$ 差值和 $|t|$ 值的关系。图中"+"字图标表示该位值为 0，"○"图标表示该位值为 1。通过分析图 4-9 可知，如果以 $|T_g-T_{gi}|$ 作为 q_k 的判断依据，则在判断 q 前面第 64~120 位的 0-1 间隔很小，难以准确判断 q_k 的值；而依据图 4-10，若以 0.004 作为 t 值的判别阈值，则攻击者能够完整地恢复出 q 的最高 256 位，其 0-1 间隔大小约为 BB-Attack 中 0-1 间隔的两倍。

4.4 乘法运算计时分析

4.4.1 乘法运算时间差异

在密码算法执行 $GF(2^8)$ 上乘法运算时(如 AES 密码的列混淆操作实现时的 xtime 函数),对于一个输入字节 $x = (x_7, x_6, \cdots, x_0)_2$,首先对 x 执行左移 1 位操作,如果左移后最高位 $x_7 = 1$,则将左移结果和 0x1B 异或[221]。xtime 函数代码如算法 4-3 所示。

算法 4-3 xtime 函数

输入:字节 $x = (x_7, x_6, \cdots, x_0)_2$
输出:字节 $y = \text{xtime}(x)$

1. $y \leftarrow (x << 1) \oplus 0\text{xFF}$
2. if $x_7 = 1$
3. $y \leftarrow y \oplus 0\text{x1B}$
4. end if
5. return y

根据算法 4-3,如果 x 左移 1 位后最高位 $x_7 = 1$,则 xtime 函数需要多执行一个异或操作,对应时间较长;否则对应时间较短,这就为攻击者进行密钥恢复提供了入口。

4.4.2 计时信息分析方法

假设明文的一个字节用 p 来表示,密钥的一个字节用 k 来表示,攻击过程如下。

(1)通过选择明文方式,构造出用 p 和未知 k 计算出的中间状态 x,$x = f(p,k)$,f 为计算函数。

(2)攻击者穷举 k,首先按计算出所有明文对应的 x 值,并对所有 x 左移一位;然后,将最高位为 1 和 0 对应的明文 p 分别划为一个聚类,分别计算两个聚类对应的加密平均时间;最后,得出二者之差。

(3)对于正确的 k 猜测,若最高位为 1 对应的加密时间总是大于为 0 的加密时间,则对应的聚类平均加密时间差应该较大;对于错误的 k 猜测,x 左移一位后最高位对 p 的划分是随机的,则聚类平均加密时间差应该趋近于 0。

4.4.3 AES 计时攻击实例

1. AES 算法设计

高级加密标准[16](AES)作为 DES 的替代者,2001 年被美国国家标准与技术研究院(NIST)选用，其前身是 Rijmen 和 Daemen 提出的 Rijndael 算法。AES 分组密码算法设计读者可参见附录 C，在此仅给出本节相关的设计细节。128 位密钥长度的 AES 加密过程如图 4-11 所示。

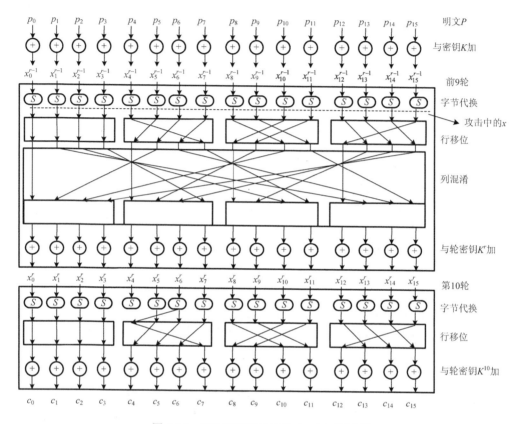

图 4-11　128 位密钥长度的 AES 加密过程

从图 4-11 可以看出，128 位密钥长度的 AES 加密前 9 轮每轮迭代包括轮密钥加、字节代换、行移位、列混淆 4 个操作，最后一轮取消了列混淆函数。虚线指示的是攻击关注的 AES 加密第一轮列混淆操作的输入。

2. 攻击基础实验

实验中，对 NIST 颁布的 FIPS - 197 上的 AES 进行攻击，AES 实现在一块 8051 单片机上，下面对 AES 第一轮攻击进行分析。

以攻击第一轮密钥的第一个字节为例，假设该密钥为 k，对应明文字节为 p，则攻击点应该是列混淆乘法操作的输入。根据 AES 算法设计，列混淆的输入即为行移位操作的输出，行移位操作输出只改变行移位的字节顺序，并不改变字节值，因此攻击关注的乘法操作的输入可用行移位输入,即字节代换输出代替,攻击点如图 4-11 所示。

令 $x = S[p \oplus k]$,S 代表一次查找 AES 的 S 盒操作。攻击中,在已知密钥字节 k 的情况下执行 6 组验证实验。对于每组实验,产生 1000 个随机明文,分别计算出 x 左移 1 位后的最高位为 0 和 1 时对应的聚类平均加密时间,12 个聚类的平均加密时间如图 4-12 所示。

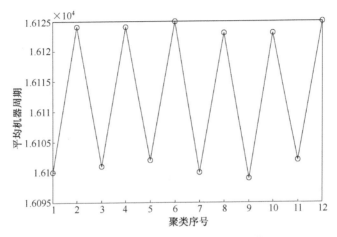

图 4-12 聚类平均加密所需机器周期

根据图 4-12,一次 AES 加密大约需要 16100 个机器周期,一次异或操作需要 24 个时钟周期,聚类序号为奇数的表示 x 左移 1 位后最高位为 0 的平均机器周期,聚类序号为偶数的表示 x 左移 1 位后最高位为 1 的平均机器周期。可以看出,最高位为 1 时对应明文的平均机器周期要比为 0 时多出大约 24 个机器周期。

3. 攻击实际实验

在前面验证出乘法运算时间差异基础上,对 AES 执行攻击实验,采集了 5000 条随机明文加密的执行时间。以恢复第一轮扩展密钥的第一个字节 k 为例,k 有 256 个候选值。对于每个候选值,利用明文和猜测的 k 值,先计算出 $x(x = S[p \oplus k])$ 左移 1 位的最高位值,然后利用其对明文样本进行聚类,并得到高位值为 1 和 0 时对应的聚类平均加密机器周期差。k 的 256 个猜测值对应的聚类平均加密机器周期差如图 4-13 所示。

利用同样的方法对其他密钥字节进行分析,可以恢复出 AES 加密第一轮的 128 位扩展密钥,即主密钥。

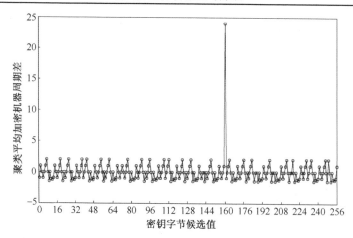

图 4-13　　不同密钥字节候选值对应聚类平均加密机器周期差

根据图 4-13,对于错误的密钥猜测,x 左移 1 位的最高位对应聚类的加密机器周期随机,两个聚类的加密机器周期之差趋近于 0;否则趋近于 24,正确的 k 值为 0xA0,与真实密钥一致。

4.5　注记与补充阅读

密码使用者在编写密码算法实现代码时一定要小心,注意每个密钥相关的操作执行时间是否存在差异,尽量使这种差异不存在或者缩小。除了本书中列举出来的利用模幂运算和乘法运算时间差异的计时分析,现实的密码系统中还存在大量的计时分析漏洞,典型漏洞如下。

(1)比较运算计时分析

此类计时分析主要利用密码系统在对认证信息(如认证口令、HMAC)进行验证时,逐一对每个字节的合法性进行校验,如果第一个字节是正确的,则继续对第二个字节进行校验,执行时间较长;否则直接返回错误信息,执行时间较短。攻击者可以对认证信息的每个字节进行穷举,并接入密码系统进行认证,利用计时分析的方法得到认证信息的每个字节,拼接起来恢复完整认证信息。2007 年 Arnezami 发现了一种针对 Xbox 360 的计时分析方法,在有限时间内恢复 HMAC 值[222]。2010年初,Lawson 指出 Google Keyczar 的 Django 签名存在计时分析漏洞,攻击者可通过有限次穷举恢复出 HMAC 值或认证口令[223]。

(2)加密协议计时分析

Canvel 等利用 CBC 模式加密方案填充方式实现缺陷,实现了针对 SSL/TLS 协议中的计时分析[141];Song 等提出了针对 SSH 网络协议的计时分析[224]。Cathalo 等给出了一种针对 GPS 认证方案的计时分析[225]。

此外，如何在远程环境下验证计时分析的可行性也是近年来的研究热点，在计时信息采集和预处理方面，Crosby 等对攻击者在局域网、因特网两种环境下的远程计时分析能力和限制进行了实验和分析，结果表明：攻击者通过对计时信息去噪，在局域网、因特网环境下可分别获得 100ns、15～100μs 的采集精度，在远程服务器上运行的密码算法应该考虑计时分析威胁[167]。Lawson 在 2010 年美国黑帽大会上指出影响计时分析的三个因素：一个好的采样点或攻击客户端配置、海量时间样本采集能力、海量数据的高级统计分析能力[168]；Brady 对 PHP 应用的纳秒级远程计时分析可行性也进行了系统的分析[169]。

第 5 章 功耗/电磁分析

功耗/电磁分析是一种利用密码设备运行时泄露的功耗/电磁辐射进行密钥分析的方法[32-33]。密码设备在运行时需要加解密，会产生功耗/电磁辐射信号，这些旁路信号同加解密操作或中间数据之间存在一定的相关性，结合密码算法设计可分析密码设备内部秘密信息甚至恢复密钥。

功耗和电磁旁路分析一直受到旁路分析研究者的广泛关注，1996 年，Kocher 等首先提出旁路攻击的思想[32]，此后逐渐出现多种旁路攻击方法，其中针对密码芯片的攻击以功耗分析和电磁分析为主。

功耗分析(Power Analysis，PA)主要通过分析密码设备运行时的功率消耗，来推导出密码设备进行的操作和在操作中涉及的秘密参量。研究者对功耗泄露采用了多种不同分析方法，Kocher 等介绍了简单功耗分析(Simple Power Analysis，SPA)和差分功耗分析(Differential Power Analysis，DPA)。Messerges 等描述了利用功耗分析针对智能卡进行实际攻击的结果[41]。Akkar 等给出由指令、操作数等产生的功耗泄露值，并提出了一个泄露模型[226]。Chari 等提出一种新的功耗分析攻击方法，称为模板分析[42]，该方法通过对噪声进行建模，最理想的情况下仅需 1 条功耗轨迹就可以获取秘密信息。

电磁分析(Electromagnetic Analysis，EMA)主要通过在密码芯片附近放置电磁探头，测量芯片在运算期间辐射的电磁信号，研究电磁场与内部运算之间的相关性而获取内部秘密参量。电磁分析最早由 Quisquater 和 Samyde 提出[33]，接着 Quisquater 等[227]和 Gandolfi 等[160]给出了在智能卡上的电磁分析的实验结果，并与功耗分析进行比较。IBM 公司 Watson 研究中心的 Agrawal 等发现电磁辐射由多重信号组成，每一种泄露都是有关底层计算的不同信息[161]。由于电磁辐射和功耗在与芯片内部运算的相关性上是一致的，所以大多数功耗分析的方法都可用于电磁分析。与功耗分析类似，电磁分析也有简单电磁分析(Simple Electromagnetic Analysis，SEMA)和差分电磁分析(Differential Electromagnetic Analysis，DEMA)，还可以同时应用多种旁路信息以提高攻击的效率。

功耗/电磁分析对象主要是各种嵌入式密码芯片(如微控制器、智能卡、FPGA、ASIC)，功耗和电磁辐射旁路信号的产生机理密切相关，两者的旁路分析方法基本相同，仅信号测量采集方法存在一定差异，因此本章将功耗和电磁辐射旁路分析放在一起进行介绍。

本章首先给出嵌入式密码芯片的功耗和电磁辐射旁路信号产生机理，以及这两种旁路信号与芯片内部数据的相关性；接着介绍两种旁路信号的采集平台和旁路信号预处理方法；然后分别以 RSA 公钥密码攻击为例介绍经典的简单分析方法，以 DES 分组密码算法为例介绍了相关性分析方法，以 RC4 序列密码攻击为例介绍模板分析方法。

5.1　功耗/电磁泄露

5.1.1　泄露机理

当前电子设备集成电路设计大都采用 MOSFET 实现，常见的电路设计逻辑类型包括静态互补 CMOS 逻辑、传输门逻辑和动态逻辑等，而其中静态互补 CMOS 逻辑是使用最广泛的一种逻辑类型。本节主要讨论静态互补 CMOS 逻辑的基本原理，并以反相器为例说明静态 CMOS 器件的功耗特征，如图 5-1 所示，CMOS 反相器由 PMOS 管和 NMOS 管组成，其输出端有负载电容 C_L。

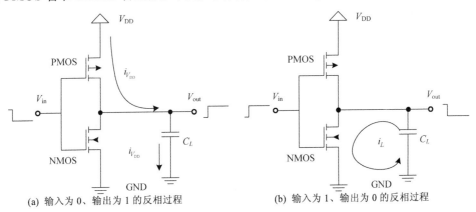

(a) 输入为 0、输出为 1 的反相过程　　　　　(b) 输入为 1、输出为 0 的反相过程

图 5-1　CMOS 反相器输出 0 到 1 和 1 到 0 翻转电路图

图 5-1(a)表示输入为 0、输出为 1 的反相过程，根据 MOS 管的导通特性，此时 PMOS 导通、NMOS 截止，负载电容 C_L 充电，消耗外部能量；图 5-1(b) 表示输入为 1、输出为 0 的反相过程，同理，此时 PMOS 截止，NMOS 导通，负载电容 C_L 放电，向外释放能量。

1. 功耗产生机理

CMOS 门电路总功耗可表示为

$$P_{\mathrm{avrg}} = \underbrace{P_{\mathrm{leakage}}}_{\mathrm{static}} + \underbrace{P_{\mathrm{chrg}} + P_{\mathrm{short\text{-}circuit}}}_{\mathrm{dynamic}} \tag{5-1}$$

式中，P_avrg 表示 CMOS 门电路平均功耗；P_chrg 表示充电功耗，$P_\text{short-circuit}$ 表示短路功耗，这两部分是动态功耗，约占整个功耗的 99%；P_leakage 为 CMOS 门从电源到地的漏电流导致的功耗，是静态功耗，约占整个功耗的 1%。

当 CMOS 门电路发生翻转的时候，动态功耗主要由两个方面导致。

1）负载电容

导线和 CMOS 扇出晶体管的门电极会形成负载电容 C_L。C_L 的大小取决于导线的长度和扇出晶体管的数量。该负载电容在每次从逻辑 0 翻转为逻辑 1 时会通过 PMOS 充电，在每次从逻辑 1 翻转为逻辑 0 时会通过 NMOS 放电。其中，充电功耗 P_chrg 约占整个 CMOS 门电路电流的 15%，计算方法为

$$P_\text{chrg} = \frac{1}{T}\int_0^T p_\text{chrg}(t)\mathrm{d}t = \alpha_{0\to1} \cdot f \cdot C_L \cdot V_\text{DD}^2 \tag{5-2}$$

式中，$p_\text{chrg}(t)$ 表示一个单元消耗的瞬时功耗；f 是时钟频率；V_DD 是充电电压；$\alpha_{0\to1}$ 表示在每个时钟周期发生 $0\to1$ 翻转的概率。

2）短路电流

实际上，电路的逻辑状态不会瞬时发生变换。在发生逻辑 1 到逻辑 0 的变换时，可能 PMOS 还没有截止的时候 NMOS 已经导通；而在发生逻辑 0 到逻辑 1 的变换时，NMOS 还没截止时 PMOS 也可能导通，尽管这种状态持续的时间非常短（这个时间记为 t_{sc}），但 PMOS 和 NMOS 同时导通产生的短路电流还是非常显著的（这个电流峰值记为 I_peak），约占整个 CMOS 门电路电流的 85%。由这部分电流导致的功耗为

$$P_\text{short-circuit} = \frac{1}{T}\int_0^T p_\text{short-circuit}(t)\mathrm{d}t = \alpha \cdot f \cdot V_\text{DD} \cdot I_\text{peak} \cdot t_\text{short-circuit} \tag{5-3}$$

式中，各符号同式 (5-2)，不同的是用 α 表示发生 $0\to1$ 翻转和 $1\to0$ 翻转的概率。

为了更形象地说明 CMOS 反相器工作时的功耗情形，在电路仿真软件 PSpice 9.2 上对反相器组成的电路进行了仿真实验。在 PSpice 9.2 中设计一个 PMOS 门和一个 NMOS 门组成的反相器，如图 5-2 所示。

其中，输入信号 V_1 和输出信号 V_2 的波形如图 5-3 所示。

在该输入信号的激励下，PMOS 和 NMOS 与电容 C_1 上流过的电流如图 5-4 和图 5-5 所示。

通过对 PMOS 和 NMOS 门构成的反相器电路的电流仿真，可得到静态 CMOS 反相器数据功耗相关性，即反相器发生 $0\to1$ 翻转和 $1\to0$ 翻转时，都从外界获取电流而且发生 $0\to1$ 翻转时，还需要对负载电容充电，功耗比发生 $1\to0$ 翻转时稍多，当反相器不发生翻转时对外不表现动态功耗。

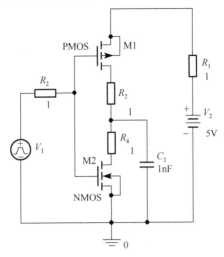

图 5-2 PSpice 9.2 中设计的 CMOS 反相器电路

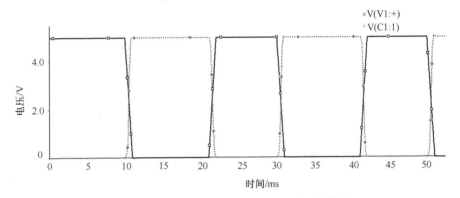

图 5-3 输入信号(实线)和输出信号(虚线)的波形

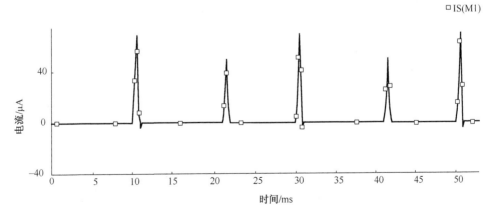

图 5-4 流过 PMOS 的电流

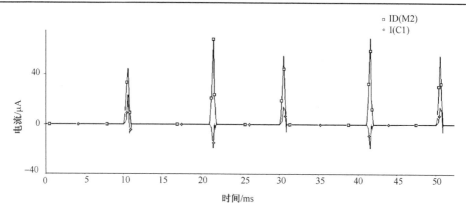

图 5-5　流过 NMOS 的电流和电容 C_1 的电流

从仿真结果可以看出，输入信号为由高电平(+5V)变为低电平(0V)时
(10ms 处)，PMOS 导通流过电流(图 5-4)，电源 V_2 通过电阻 R_1、PMOS
门和电阻 R_3 给电容 C_1 充电，此时 NMOS 管流过短路电流(图 5-5)。类似
地，当输入信号为由低电平(0V)变为高电平(+5V)时(20ms 处)，NMOS
管导通流过电流，电容 C_1 通过 NMOS 门和电阻 R_4 构成的回路放电(图 5-5)，
此时 PMOS 管流过短路电流(图 5-4)。

2. 电磁辐射产生机理

根据 Agrawal 等的描述[161]，电磁(EM)辐射是控制器、I/O、数据处理或芯片的
部分电流流动的结果。在电磁辐射中，由数据操作引发的电流携带了最容易构成安
全威胁的信息。

在 CMOS 设备中，理想情况下仅当设备逻辑状态发生改变时才会有电流流动。
另外，所有的数据处理都是由一个"时钟方波"控制的。每个时钟沿会触发一个短
暂的状态转换，此时在数据处理单元中会有对应的电流流动。状态转换事件是瞬时
完成的，转换完成之后在下一个时钟沿到达之前会形成一个稳定状态。在每个时钟
周期，状态转换和对应的电流都是由芯片逻辑状态中的少量位确定的，因此只需要
考虑每个时钟周期中的活动电流。这些位在文献[228]中被称为相关比特(relevant
bit)，组成了芯片的相关状态(relevant state)。这些电流从多种无意的途径产生了许
多泄露秘密的辐射。这些辐射携带着与电流相关的信息，因而与设备内部状态变换
也是相关的。

文献[226]中描述了芯片内部电流形成电磁辐射的模型，如图 5-6 所示。

由电流产生的磁场 $\boldsymbol{B}$ 可以根据毕奥-萨伐尔(Biot-Savart)定理描述为

$$\boldsymbol{B} = \int \mathrm{d}\boldsymbol{B} = \int \frac{\mu I \mathrm{d}\boldsymbol{l} \times \hat{\boldsymbol{r}}}{4\pi |\boldsymbol{r}|^2} \qquad (5\text{-}4)$$

式中，I 是导体上的电流；μ 为磁通系数；r 为电流与磁场间距离的向量（$\hat{r} = \dfrac{r}{|r|}$）。

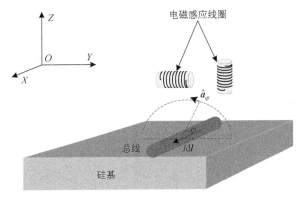

图 5-6　芯片内部电流形成电磁辐射示意图

图 5-6 中，XYZ 表示三维空间坐标，I 是导体上的电流，$\hat{a}_\varphi$ 是与导线方向相关的单位向量。

假定总线可以看成是一条无限长的导线，则可将式(5-4)表示为

$$B = \frac{\mu I}{2\pi d}\hat{a}_\varphi \tag{5-5}$$

式中，d 是磁场中某点与导线之间的距离。

式(5-5)表明，电流变化越大，产生的电磁场越强，说明电磁辐射与电流大小成正比。

5.1.2　泄露采集

1. 功耗和电磁辐射旁路信号采集配置

功耗和电磁辐射旁路信号的测量采集通常需要密码设备、电源、功耗或电磁探头、数字存储示波器和计算机等几个模块组成。

(1)密码设备是指被攻击的设备，通常可以与计算机通信，接收计算机发送的明文(或密文)，经加密(或解密)处理后向计算机返回密文(或明文)。

(2)电源用来为密码设备提供稳定的供电，一般采用稳压电源。

(3)功耗或电磁探头用来测量密码设备泄露的功耗或电磁辐射信号，一般与数字存储示波器相连。

(4)数字存储示波器用来记录功耗或电磁探头采集的功耗或电磁辐射旁路信号，探头采集的信号通常以电压的形式记录。

(5)计算机用来控制全部采集设备的配置，采集和存储功耗或电磁辐射旁路信号，并对旁路信号进行分析得到秘密信息。

密码设备功耗采集平台原理图如图 5-7 所示。

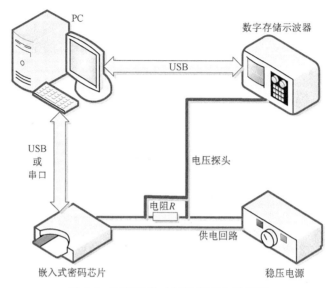

图 5-7　密码设备功耗采集平台原理图

图 5-7 中，功耗采集平台需要在芯片供电回路中串联一个小电阻，并使用差分探头连接电阻两端，采集密码执行功耗信号，最后将信号通过 USB 数据线传送给 PC 进行分析。

密码设备电磁采集平台原理图如图 5-8 所示。

2. 抽样采集

在抽样过程中，抽样频率 f_s 的大小与连续信号变化快慢具有一定的关系。奈奎斯特(Nyquist)从信号抽样前后的频谱关系出发，研究了抽样频率 f_s 的定量关系，得出了著名的奈奎斯特抽样定理。

定理 5-1　奈奎斯特抽样定理

设 $x_a(t)$ 是一个连续信号，即

$$X_a(\mathrm{j}\Omega) = 0, \quad |\Omega| > \Omega_h \tag{5-6}$$

要想使得 $x_a(t)$ 抽样后能够不失真地还原出原模拟信号，则抽样频率 f_s (或 Ω_s)必须大于等于两倍信号谱的最高频率 f_h (或 Ω_h)，即

$$f_s \geq 2f_h \quad \text{或} \quad \Omega_s \geq 2\Omega_h \tag{5-7}$$

可见，奈奎斯特抽样定理给出了最小的抽样频率，即 $f_s = 2f_h$，称为奈奎斯特率。而把抽样频率的一半($f_s / 2$)称为奈奎斯特频率或折叠频率。同时，抽样定理也给出

111

了最大的抽样间隔，即 $T = T_h / 2$。相应地，对连续正弦信号抽样时要求抽样频率大于正弦信号频率的两倍。否则抽样值将为零，显然不包含原信号的任何信息。例如，在对微控制器上功耗泄露采集的设置中，假设微控制器采用 12MHz 的晶振作为时钟，则建议示波器采样率至少为 24M 样本点/s。

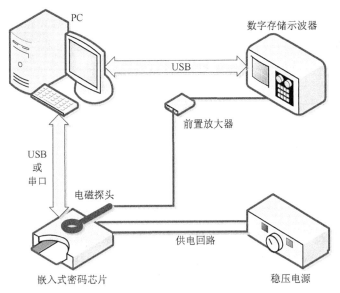

图 5-8　密码设备电磁采集平台原理图

图 5-8 中，电磁辐射旁路信号的采集与功耗旁路信号的采集不同之处在于不需要在密码芯片的供电回路中串联电阻，在确定密码芯片运算位置后，将电磁探头放于其表面附近，以非接触式采集电磁信号并传送给 PC 进行密钥分析即可。

5.1.3　泄露模型

根据前面的分析，CMOS 反相器的动态功耗与数据转换是相关的，而导致动态功耗的电流变化同样是芯片表面电磁辐射的产生原因，因此密码设备功耗和电磁辐射与处理的数据存在相关性，即处理不同的数据会有不同的功耗和电磁辐射[45, 227]。

在 CMOS 门电路一级，旁路泄露的大小取决于门电路的翻转行为。在寄存器一级，由于寄存器是由多个 CMOS 反相器组成的，所以在寄存器一级的旁路泄露大小表现为反相器的翻转次数。对于密码芯片，关注的应是比寄存器更高一级，即操作数一级的旁路信号量值模型，它表现为操作数的汉明重量或者汉明距离模型。

设 x 和 x' 分别表示静态 CMOS 反相器翻转前后二进制状态,则其数据变化与旁路信号量值之间的相关性如表 5-1 所示,该表中忽略了 1%的泄露电流,但并不影响模型构建。

表 5-1　静态 CMOS 反相器旁路信号与内部运算的相关性

输出逻辑状态变化 $x \rightarrow x'$	V_{DD} 到 GND 电流	电源电能消耗	电流动态变化产生的电磁辐射
$0 \rightarrow 0$	无	0	0
$0 \rightarrow 1$	有	$P_{chrg} + P_{short\text{-}circuit}$	$B_{chrg} + B_{short\text{-}circuit}$
$1 \rightarrow 0$	有	$P_{short\text{-}circuit}$	$B_{short\text{-}circuit}$
$1 \rightarrow 1$	无	0	0

相关性模型是联系旁路信号与芯片内部运算数据之间关系的纽带,经典模型包括汉明重量模型和汉明距离模型[45]两种。对于表 5-1 中列出的 $x \rightarrow x'$ 数据变化,功耗和电磁辐射旁路信号的量值与 x 和 x' 的汉明距离,即二者异或结果的汉明重量近似成比例。

$$L = a\mathrm{HD}(x,x') + b = a\mathrm{HW}(x \oplus x') + b \tag{5-8}$$

式中,x 为数据的二进制表示;L 为将 x 写入寄存器过程旁路泄露;$\mathrm{HW}(x)$ 为 x 的汉明重量;a 为旁路信号比例系数;b 包含 0→1 和 1→0 翻转时的旁路信号量值差异,以及与所处理数据不相关的旁路泄露和噪声。

上述模型可清晰地表述寄存器中 CMOS 反相器由状态翻转导致负载电容充放电,进而表现出的旁路信号与内部数据之间的相关性。

下面以 AT89C52 微控制器为例,验证旁路信号与所处理数据之间的相关性,设计了旁路信号数据相关性分析实验。

实验 5-1　微控制器寄存器赋值操作旁路信号分析实验

在 AT89C52 微控制器中执行往累加器 A 中赋值的语句如下:

```
MOV A, X;
```

其中源操作数 X 的汉明重量为 0~8 共 9 种不同的值(#00H,#01H,#03H,#07H,#0FH,#1FH,#3FH,#7FH,#FFH),同时采集赋值语句执行时的旁路信号(功耗和电磁辐射)轨迹,将上述指令各执行 100 遍,并对各种情况下的 100 条旁路信号轨迹求均值得到 9 种不同汉明重量下赋值语句对应旁路信号轨迹如图 5-9 所示。

值得注意的是,功耗轨迹上呈现操作数汉明重量相关的位置仅为正的波峰,而电磁辐射轨迹上相应的在正的波峰和负的波谷位置均出现类似的现象,这是因为功耗信号是通过串联电阻上的电压获得,消耗电流时为正值;而电磁辐射信号是由电流变化引起的,电流的增大和减小会引发互为相反方向的电磁场,进而导致电磁探头上出现相反电压。

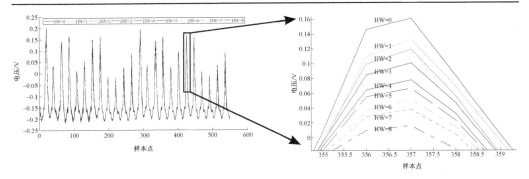

(a) 9条不同汉明重量操作数的赋值语句对应的功耗轨迹

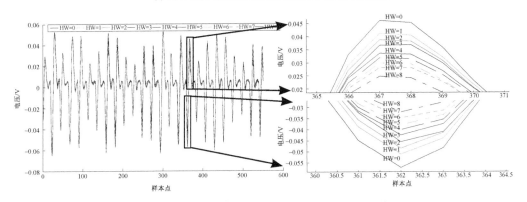

(b) 9条不同汉明重量操作数的赋值语句对应的电磁辐射轨迹

图 5-9 9 条不同汉明重量操作数的赋值语句对应的旁路信号轨迹

图 5-9 中，9 条功耗轨迹基本形状类似，9 条电磁辐射轨迹的基本形状也类似，在功耗轨迹和电磁辐射轨迹上与操作数相关的位置，轨迹的幅值和操作数的汉明重量呈现反比例的情形，即式(5-8)中的 a 为一个负值。

5.1.4 统计特性

确定旁路轨迹上信号的统计分布特性可有效提高旁路分析的准确度，为此，本节对旁路信号轨迹上样本点的统计分布特性进行分析。

为确定旁路信号轨迹上单个样本点的分布，利用实验 5-1 采集的旁路信号轨迹分析旁路信号的统计分布。为了显示旁路信号中噪声的分布，本节仅考虑相同操作的 10 条旁路信号轨迹，图 5-10(a) 和图 5-10(b) 分别显示的是相同赋值操作(MOV A, #01H)对应的 10 条功耗和电磁信号轨迹。两图中纵轴表示电压，单位为伏(V)；横轴表示采样点。

重复实验 5-1，对相同的赋值操作(MOV A, #01H)运行 1000 遍，并采集对应的旁路信号轨迹，分别从 1000 条功耗和电磁轨迹上取第 20 个采样点，以电压为横轴，样本量为纵轴，绘制直方图(图 5-11)。

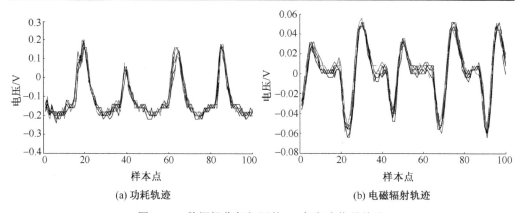

(a) 功耗轨迹

(b) 电磁辐射轨迹

图 5-10　数据操作都相同的 10 条旁路信号轨迹

图 5-10 中，因为执行相同的指令处理相同的数据，所以 10 条功耗轨迹形状类似，但在幅值上有细微差别，这种差别源于噪声。

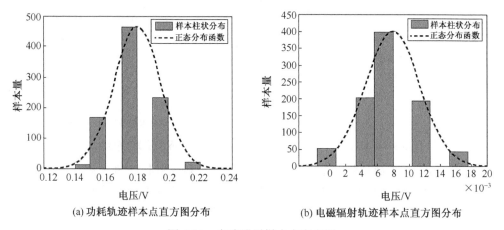

(a) 功耗轨迹样本点直方图分布

(b) 电磁辐射轨迹样本点直方图分布

图 5-11　旁路泄露样本点直方图

由图 5-11 可以看出，样本值的分布呈现跳跃区间，这是由于采用的示波器为 8 位量化精度，其模/数量化转换得到的信号量值不连续，但从图 5-11 中仍可看出，样本分布呈现类似正态分布的规律(图中虚线是正态分布函数的曲线)。

根据直方图的形状，可以推测旁路信号单个样本点基本服从正态分布，如图 5-11(a) 中绝大多数点集中在 180mV，只有少数点低于 140mV 或者高于 220mV，而图 5-11(b) 中绝大多数点集中在 8mV，只有少数点低于-2mV 或者高于 20mV。如果取其他时刻的点绘制直方图，则幅值位置(旁路信号的平均值)会发生变化，但仍趋于正态分布。

5.2 旁路信号预处理方法

5.2.1 信号对齐方法

在旁路分析中，若将旁路信号看成多维随机变量，则要求多个信号样本在同一个时刻的量值属于同一维随机变量，即信号在时间点上需要对齐，否则属于不同随机变量的样本会交错混淆，因此实施功耗、电磁分析时每条信号轨迹需要相对于某一加密运算过程精确对齐。但是，信号采集触发机制的不固定、设备时钟频率的不稳定、采用插入随机时间延迟(或一些伪指令)防护措施、环境噪声等各种因素的影响，导致在同一个采样集中各轨迹的时间线却不能对齐，影响了攻击成功率。信号对齐可以从两个方面开展，第一是基于模式匹配方法，第二是基于频域分析方法，如快速傅里叶变换(Fast Fourier Transform，FFT)方法。

1. 基于模式匹配的旁路信号对齐预处理方法

在现实攻击场景中，基于模式匹配的旁路信号对齐可通过两个步骤完成。

首先，攻击者采集 n 个样本对应的 n 条旁路信号轨迹，从第一条轨迹中选择一段特征明显的轨迹作为参考模式；然后，尝试在其他 $n-1$ 条轨迹中，利用最小二乘法、相关性系数(correlation coefficient)等模式匹配方法发现该模式，在确定该模式位置后，通过平移各条轨迹，使得该模式在各条轨迹的同一位置出现，进而实现信号对齐预处理。

1) 模式选择

合适的模式选择是轨迹对齐的最关键因素。然而，由于密码算法的不同操作在不同类型、不同型号设备中的信号泄露特征也各不相同，所以不存在选择最优模式的一般准则。选择恰当模式的最重要方法是对信号轨迹进行视觉检测，或者针对轨迹中的不同位置绘制直方图。模式选择应考虑如下特性。

(1) 独特性：选取模式对应的操作在整个密码算法中应该是唯一的，如选取特征尖峰或极小值。

(2) 数据无关性：旁路信号泄露大小取决于被处理的数据，不同样本的同一个操作对应的旁路泄露只有细微差别，因此用于对齐的模式最好不依赖于密码算法中可变的中间结果。在理想情况下，模式应该对应于跳转操作或仅依赖于密钥的操作。

(3) 简单性：选择模式如果过长，则该模式在很大概率下依赖于算法的多个中间结果，进而影响对齐效果。因此选择模式不宜过长，最好仅包括少许操作。

(4) 靠近分割函数[①]：模式应该尽量靠近旁路分析针对的分割函数起作用的时

---

① 分割函数在 5.5 节相关性分析时用到。

刻，这样当按照模式对齐以后，选择的被攻击中间值也被对齐，从而减小或消除随机插入空操作的影响。

2）模式匹配

攻击者在选定模式后，必须在其他每一条轨迹中寻找该模式。通常攻击者会将搜索限定于第一条轨迹中模式所处位置附近的区间，这样可有效提高匹配的准确性并节省时间开销。模式匹配流程如下。

假设设定模式对应轨迹用 U 来表示，有 m 个点，每个点用 U_i 来表示（$0 \le i < m$）。令 L 表示待对齐的轨迹（模式所处位置附近的区间），其中有 n 个点，每个点用 U_i 来表示（$0 \le i < n$）。具体的匹配算法如下。

（1）攻击者从轨迹上第一个点 L_0 开始选取 m 个连续的泄露点，构成待匹配轨迹 V，每个点用 V_i 来表示（$0 \le i < m$）。

（2）攻击者计算模板轨迹 U 和待匹配轨迹 V 之间的相关性系数，存储在 $1 \times (m-n)$ 矩阵 $R[]$ 中，得到 $R[0]$。

（3）攻击者从下一个泄露点开始，再次选取 m 个连续的泄露点，构成待匹配轨迹 V，计算 U 和 V 的相关性系数，得到 $R[1]$。

（4）执行步骤（1）～步骤（3），直至得到 $R[m-n-1]$。

（5）选取矩阵 R 中的最大值，假设为第 T 个元素。此时根据模板的不同，对轨迹的处理方法也不同。

2. 基于频域分析的旁路信号对齐预处理方法

密码系统在运算过程中插入了多次空操作导致的变化时延后，采集的时域旁路信号对于相同操作时间点不对齐，使得基于时域对齐的诸多旁路分析方法出现较大错误，甚至失效。

示波器采集的数据可看成能量有限信号，时域信号的能量等于频域信号的能量，即信号经傅里叶变换，其总能量保持不变，符合能量守恒定律。因此可将示波器采集的时域数据转换为频域数据，在此基础上进行后续的旁路分析攻击。

由于示波器采集的数据为有限长、离散数据，所以采用离散时域傅里叶变换（Discrete Time Fourier Transform, DTFT）。长度为 N 的有限长序列 $x(n)$（$0 \le n \le N-1$）的离散傅里叶变换 $X(k)$ 仍然是一个长度为 N（$0 \le k \le N-1$）的频域有限长序列，变换关系式为

$$X(k) = \text{DFT}[x(n)] = \sum_{n=0}^{N-1} x(n)W^{nk} \quad (0 \le k \le N-1) \tag{5-9}$$

式中，符号 $\text{DFT}[\cdot]$ 表示取离散傅里叶变换，$W = \mathrm{e}^{-\mathrm{j}\left(\frac{2\pi}{N}\right)}$。

快速傅里叶变换（FFT）是一种快速、通用地进行 DFT 的计算方法，故 FFT 也可

用式(5-9)描述。时域信号 $s_i[j]$ 的 FFT 为

$$S_i[k] = \text{FFT}[s_i[j]] = \sum_{j=0}^{N-1} s_i[j] W^{jk} \tag{5-10}$$

式中，$0 \leqslant k \leqslant N-1$，$0 \leqslant j \leqslant N-1$，$0 \leqslant i \leqslant M-1$。

根据 DFT 时移特性：若 $\text{DFT}[x(n)] = X(k)$，$y(n) = x(n-m)$，则

$$\text{DFT}[y(n)] = \text{DFT}[x(n-n_0)]$$

$$= \sum_{n_0}^{N-1+n_0} x(n-n_0) W^{nk} = \sum_{l=0}^{N-1} x(l) W^{(l+n_0)k} = W^{n_0 k} X(k) \tag{5-11}$$

式(5-11)表明信号 $x(n)$ 在时域中沿时间轴时移(延时) $-n_0$ 位，等效于在频域中其 DFT 乘以相移因子 $W^{n_0 k}$，即信号时移后，其幅度谱不变，只是相位谱产生附加变化。插入随机延时的 $s_i[j]$ 就是一组有不同时移的时域信号，进行 DFT，其频谱 $\text{DFT}[s_i[j]]$ 含有不同的相位因子 $W^{n_0 k}$，下面利用功率谱密度概念解决时域中时移对旁路攻击影响的问题。

若 $f(t)$ 是功率有限信号，从 $f(t)$ 中截取 $|t| \leqslant T/2$ 的一段，得到截尾函数 $f_T(t)$ 为

$$f_T(t) = \begin{cases} f(t), & |t| \leqslant T/2 \\ 0, & |t| > T/2 \end{cases} \tag{5-12}$$

令 $\text{fourier}[f_T(t)] = F_T(\omega)$，若极限 $P(\omega) = \lim\limits_{T \to \infty} \dfrac{|F_T(\omega)|^2}{T}$ 存在，则定义它为 $f(t)$ 的功率谱密度函数，记为 $P(\omega)$。功率谱表示单位频带内信号功率随频率的变化情况，它反映了信号功率在频域的分布。功率谱是频率 ω 的偶函数，它保留了频谱 $F_T(\omega)$ 的幅度信息而丢掉了相位信息，故凡是具有相同幅度谱(不论相位谱是否相同)的信号都有相同的功率谱。

在旁路信号分析中，可将示波器获取的信号视为时域随机信号，其 N 点采样 $s_i[j]$ 为一能量有限信号，取 $s_i[j]$ 的 FFT，得 $S_i[k]$($0 \leqslant i \leqslant M-1$，$0 \leqslant k \leqslant N-1$)。然后再取 $S_i[k]$ 模平方，并除以 N，作为对旁路信号真实功率谱的估计。

$$\hat{P}_i[k] = \frac{1}{N} |S_i[k]|^2 \tag{5-13}$$

式中，$\hat{P}_i[k]$ 为用周期图法估计出的功率谱。

5.2.2 有效点选取方法

旁路分析中，密码运算对应旁路轨迹上的 m 个观测点可看成 m 维特征向量，特征向量的每一维变量都是随机变量，它表示了样本集总体的一个特征。但正如前面分析的，旁路轨迹上有诸多和密钥数据相关的位置，但也有大量与密钥数据无关的

样本点，增加了计算的复杂性，浪费计算资源，因此应该选择那些对所研究问题有用的变量，即有效点(interesting points)。

特征提取方法的基本思想是：利用原有的特征构造一批新的特征，它们是原始特征的函数或变换，它们更具代表性，更能反映本质；同时新特征的维数少于原特征的维数，实现了特征空间的降维，却能保留原特征的主要信息。从高维样本中提取反映样本主要特征的低维空间最常用的是主成分分析(Principal Component Analysis，PCA)方法，但原始样本维数较大时主成分分析的运算开销过大，本节在讨论主成分分析的原理及其运算开销的同时，也介绍一种简化的基于累计均值差的旁路信号轨迹有效点选取方法。

1. 主成分分析

主成分分析是一种常用的线性映射方法，即用它构造的每个新特征都是原有特征的线性函数。线性变换相当于坐标系的平移和旋转变换。

下面以直观的例子来说明主成分分析的主要思想。假设有一个二维数据表，数据点的分布如图 5-12 所示。

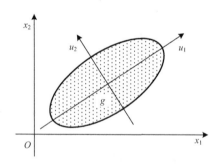

图 5-12　主成分分析示意图

图 5-12 中，数据点的分布呈椭圆形，g 表示椭圆的重心，u_1 和 u_2 分别表示椭圆的长轴和短轴。显然，沿 u_1 方向，数据的离差最大，所反映的数据样本总体的信息也最多，该方向称为样本总体的最大变异方向。如果将原点平移到 g，并且进行旋转变换，便得到一个正交坐标系 u_1gu_2。可以看出，若忽略 u_2 轴，将数据点在 u_1 轴上投影，则得到一个简化的一维数据样本点集。

降维处理的核心思想就是省略变异较小的变量方向。推广到 m 维的一般情形，原数据样本点集的特征向量为 $x=(x_1,\cdots,x_m)$，主成分分析实质上是通过坐标系的平移和旋转变换，使得新坐标系$(u_1,\cdots,u_m)$的原点与数据样本点集的中心重合，各坐标轴 u_j ($j=1,2,\cdots,m$) 之间相互正交，第一主轴 u_1 是样本总体的最大变异方向，第二

主轴 u_2 是样本总体的次大变异方向，依此类推。原数据样本点集在第一主轴 u_1 上的投影值，构成新数据点集第一个变量 y_1 称为第一主成分，依此类推有第 j 主成分 y_j $(j=1,2,\cdots,m)$。主成分分析结果为

$$\begin{cases} E(y_j) = 0, \quad j = 1, 2, \cdots, m \\ V(y_1) \geqslant V(y_2) \geqslant \cdots \geqslant V(y_m) \end{cases} \tag{5-14}$$

这样就构成了原数据点集的新的特征向量 $Y=(y_1,\cdots,y_m)$，它的各个变量 y_j 与 $y_k(j\neq k)$ 是不相关的（相关性系数为 0）。

利用主成分分析进行有效点选取的步骤如下。

(1) 原始数据预处理

对于 N 条可能的指令，执行每条指令各 n 次，并采集对应的旁路泄露轨迹，每条轨迹有 m 个点，即 $r_{i1},r_{i2},\cdots,r_{im}$ $(1 \leqslant i \leqslant n)$。这样，这 N 个指令对应的旁路泄露样本组成了如下 N 个矩阵。

$$\begin{bmatrix} r_{11}^{(1)} & r_{12}^{(1)} & \cdots & r_{1m}^{(1)} \\ r_{21}^{(1)} & r_{21}^{(1)} & \cdots & r_{2m}^{(1)} \\ \vdots & \vdots & & \vdots \\ r_{n1}^{(1)} & r_{n2}^{(1)} & \cdots & r_{nm}^{(1)} \end{bmatrix}, \begin{bmatrix} r_{11}^{(2)} & r_{12}^{(2)} & \cdots & r_{1m}^{(2)} \\ r_{21}^{(2)} & r_{21}^{(2)} & \cdots & r_{2m}^{(2)} \\ \vdots & \vdots & & \vdots \\ r_{n1}^{(2)} & r_{n2}^{(2)} & \cdots & r_{nm}^{(2)} \end{bmatrix}, \cdots, \begin{bmatrix} r_{11}^{(N)} & r_{12}^{(N)} & \cdots & r_{1m}^{(N)} \\ r_{21}^{(N)} & r_{21}^{(N)} & \cdots & r_{2m}^{(N)} \\ \vdots & \vdots & & \vdots \\ r_{n1}^{(N)} & r_{n2}^{(N)} & \cdots & r_{nm}^{(N)} \end{bmatrix} \tag{5-15}$$

其中第 j 个矩阵对应的均值向量可以计算为

$$\overline{T}^{(j)} = <\overline{r_1}^{(j)}, \overline{r_2}^{(j)}, \cdots, \overline{r_m}^{(j)}> = <\frac{1}{n}\sum_{i=1}^{n} r_{i1}^{(j)}, \frac{1}{n}\sum_{i=1}^{n} r_{i2}^{(j)}, \cdots, \frac{1}{n}\sum_{i=1}^{n} r_{im}^{(j)}> \tag{5-16}$$

每一条曲线减去均值向量得到的偏差矩阵 $N_{n\times m}$ 如式(5-17)，其每一列可以看成一组特征随机变量。

$$N_{n\times m} = [T_1 - \overline{T}, T_2 - \overline{T}, \cdots, T_m - \overline{T}]^{\mathrm{T}} \tag{5-17}$$

(2) 建立相关矩阵，求特征值与特征向量

根据偏差矩阵，求得每两列，即每两个随机变量之间的相关性系数 C_{ij} 为

$$C_{ij} = \frac{1}{m-1} N_i^{\mathrm{T}} N_j \tag{5-18}$$

式中，N_i 和 N_j 分别表示矩阵的第 i 列和第 j 列，所有的相关性系数构成一个相关性系数矩阵 $C_{m\times m}$，按从大到小的顺序排列其特征值 λ_i 和对应的特征向量 $\alpha_i (i=1,2,\cdots,m)$。

(3) 计算方差贡献率，选取主成分

计算主成分贡献率(即特征值的贡献率)，选择前 k 个最大特征值，使这 k 个主成分的累计贡献率达到一定值（一般要求大于 85%），即 $(\lambda_1 + \lambda_1 + \cdots + \lambda_k) / (\lambda_1 + \lambda_1 + \cdots + \lambda_m) \geqslant 85\%$，这时对应的 k 个向量仍保留原信号足够多的信息，用这 k

个主特征值对应的主特征向量构成 n 维状态空间中的 k 维特征子空间 $\boldsymbol{A}_{n \times k}$，一般情况下 k 远小于 m。

(4)建立主成分特征空间

根据公式 $\boldsymbol{Y}_{n \times k} = \boldsymbol{N}_{n \times m} \times \boldsymbol{A}_{m \times k}$ 计算出所需要的旁路信号特征主成分值，形成新的训练样本集和测试样本集，得到更能反映数据相关的旁路泄露信息。

2. 基于累计均值差的有效点选择

主成分分析方法将所有的样本点统一进行坐标变换，许多不反映密钥数据的成分在分析时也参与了运算，事实上在旁路信号轨迹中只需考虑和密钥相关的点就可以进行密钥分析。

对两个不同密钥值 k_1 和 k_2 参与的运算对应的旁路泄露轨迹，分别多次采集后求均值得到均值轨迹 $\overline{\boldsymbol{T}}_1$ 和 $\overline{\boldsymbol{T}}_2$，二者的均值差绝对值轨迹 $d_{12} = \left| \overline{\boldsymbol{T}}_1 - \overline{\boldsymbol{T}}_2 \right|$ 上幅度较大的位置即为两个不同密钥在旁路信号轨迹上能区别开的位置。

将上述思想推广到多个密钥的情形，可以给出如下有效点选择方法。将密钥 k_i 参与的运算执行 n 次，并获取对应的 n 条旁路信号轨迹，设每条轨迹有 m 个采样点，即 $r_{i1}, r_{i2}, \cdots, r_{im} (1 \leqslant i \leqslant n)$。这样，该密钥参与的运算对应旁路信号轨迹组成了一个矩阵 $\boldsymbol{T}_{n \times m}^{(i)}$，对应的旁路信号均值向量计算为

$$
\begin{aligned}
\overline{\boldsymbol{T}}^{(i)} &= < \overline{r_1}^{(i)}, \overline{r_2}^{(i)}, \cdots, \overline{r_m}^{(i)} > \\
&= < \frac{1}{n} \sum_{l=1}^{n} r_{l1}^{(i)}, \frac{1}{n} \sum_{l=1}^{n} r_{l2}^{(i)}, \cdots, \frac{1}{n} \sum_{l=1}^{n} r_{lm}^{(i)} >
\end{aligned} \tag{5-19}
$$

对任意两个不同密钥 k_i 和 k_j 对应的旁路信号均值轨迹 $\overline{\boldsymbol{T}}^{(i)}$ 和 $\overline{\boldsymbol{T}}^{(j)}$，计算绝对均值差 d_{ij} 为

$$
\begin{aligned}
d_{ij} &= \left| \overline{\boldsymbol{T}}^{(i)} - \overline{\boldsymbol{T}}^{(j)} \right| \\
&= \left| < \frac{1}{n} \sum_{l=1}^{n} r_{l1}^{(i)}, \frac{1}{n} \sum_{l=1}^{n} r_{l2}^{(i)}, \cdots, \frac{1}{n} \sum_{l=1}^{n} r_{lm}^{(i)} > - < \frac{1}{n} \sum_{l=1}^{n} r_{l1}^{(j)}, \frac{1}{n} \sum_{l=1}^{n} r_{l2}^{(j)}, \cdots, \frac{1}{n} \sum_{l=1}^{n} r_{lm}^{(j)} > \right|
\end{aligned} \tag{5-20}
$$

密钥空间中所有 W 个不同密钥对应旁路信号绝对均值差的累计为

$$
D = \sum_{i=1}^{W-1} \sum_{j=i+1}^{W} d_{ij} \tag{5-21}
$$

在实验中，信号采样率较高时，D 中一个时钟周期内可能有多个点的累计均值差较大，为了使有效点更好地反映整个旁路信号轨迹的特征，在选取有效点时尽可能不在同一个时钟周期内。按上述要求选出 D 中较大的 c 个值，其对应的 c 个样本点的位置可以作为模板有效点的索引。

5.3　基于功耗/电磁旁路信号的密钥恢复问题描述

将基于功耗/电磁旁路信号的密码芯片密钥恢复问题表述为：对于密码芯片 C，密码算法 E，算法 E 的密钥空间 $K = \{k_1, k_2, \cdots, k_v\}$，在 C 上执行密钥为 k_0 的密码算法 $E(k_0)$，对输入明文集合 $P = \{p_1, p_2, \cdots, p_m\}$，得到对应的密文输出集合为 $C = \{c_1, c_2, \cdots, c_m\}$，用测量装置 M 采集对应每个明文输入算法 $E(p_i, k_0)$ 执行过程对应的旁路信号轨迹集合 $T = \{T_1, T_2, \cdots, T_m\}$，其中每条旁路信号轨迹 T_i 由 n 个采样点组成 $T_i = \{t_{i1}, t_{i2}, \cdots, t_{in}\}$，即旁路信号轨迹可表示为

$$T = \begin{bmatrix} t_{11} & t_{12} & \cdots & t_{1n} \\ t_{21} & t_{22} & \cdots & t_{2n} \\ \vdots & \vdots & & \vdots \\ t_{m1} & t_{m2} & \cdots & t_{mn} \end{bmatrix} \tag{5-22}$$

试问如何根据明文集合 P 或密文集合 C 与旁路信号集合 T 确定 k_0？

通过前面的分析，C 上执行操作对应的旁路信号与数据存在相关性，可以用汉明重量(或汉明距离)模型 H 表示。模型 H 与数据 k_0 和 p_i 有关系，在 k_0 未知的情况下，对密钥空间 K 中所有的密钥 k_g 均建立模型，即算法 $E(p_i, k_g)$ 在执行过程中与 p_i 和 k_g 相关的旁路信号模型可表示为 $H_{ig}(1 \leq i \leq m, 1 \leq g \leq v)$，则对应明文集合 P 和密钥空间 K 的旁路信号模型量值也可得到一个集合为

$$H = \begin{bmatrix} H_{11} & H_{12} & \cdots & H_{1v} \\ H_{21} & H_{22} & \cdots & H_{2v} \\ \vdots & \vdots & & \vdots \\ H_{m1} & H_{m2} & \cdots & H_{mv} \end{bmatrix} \tag{5-23}$$

则基于旁路分析的密钥恢复过程就是通过一个旁路区分器 D 区分哪个密钥 k_g 可能是真实密钥，或者说对假设的密钥 k_g，用区分器 D 进行检验，以判断哪个密钥 k_g 与真实密钥 k_0 更接近，用数学方式表达为

$$\hat{k} = \arg\max_{k_g \in K}[D(T, H, P, C \,|\, c_i = E(p_i, k_0), T_i \xleftarrow[\text{measure}]{} E(p_i, k_0), H_{ig} \xleftarrow[\text{model}]{} E(p_i, k_g))] \tag{5-24}$$

5.4　简　单　分　析

5.4.1　简单功耗分析方法

简单功耗分析(SPA)本质上是通过功耗轨迹(对密码在运算时的功耗情况进行采样所获取的曲线)进行猜测，密码在一个特定时间执行了什么特定的指令，以及指

令中涉及的秘密参量代表什么[32]。因此,攻击者需要掌握密码算法实现的技术细节以便进行攻击。

在执行算法时,电路在不同时期处于不同的状态,如存数据、取数据、算术或逻辑运算等。假设将电路的运行时间分成对应于不同电路状态的时间段,那么在每个时间段中电路功耗不尽相同。功耗分析就是通过对一定时间范围内的电路功耗进行分析,区分电路的不同状态,从而识别算法实现的技术细节。例如,RSA密码算法中的平方乘运算就可以通过直接观察功耗/电磁辐射波形来进行区别。这是因为电路在处理这些操作时产生的功耗会在一些时段出现非常大的差别,在高精度的测量下,电路执行的每一条指令都是可以通过简单功耗分析方法观察出来的。

简单功耗分析步骤可描述如下。

(1)运行一个加密或解密过程,监控和记录该过程中整个设备的功耗信息,表现为一组电压值或电流值。

(2)根据整个设备的功耗信息,直接推测和计算加解密过程中所使用的秘密信息(如私钥或随机数)的部分或全部比特,如果攻击者知道密码实现过程中使用了哪些操作,且知道使用各操作的执行条件(一般根据秘密信息的某一比特或某几比特确定),则能很轻易地作出对秘密信息中比特值的判断。

5.4.2　RSA 简单分析攻击实例

在简单功耗分析中,RSA 在计算 $m^d \bmod N$ 的平方乘算法中(RSA 公钥密码算法设计规范参见附录 A),当密钥位为 1 时,就需要在平方操作之后再执行一次乘法操作。这样一来,不同的密钥位会导致不同的算法执行路径,不同的算法执行路径又会在功耗轨迹上产生不同的波形。因而监测 RSA 模幂运算的一个完整过程,从功耗轨迹上不同的波形就可以推出算法中具体的执行路径,从而也就可以推出各个密钥位的具体值,这样就重构了密钥。

1. 分析算法

简单功耗分析通过直接观察获取的功耗轨迹,功耗大小直接取决于密码芯片输入指令、处理数据和运行算法的不同。对于不同的操作指令,密码芯片的功耗具有显著变化。通过绘制功耗轨迹图,再根据密码芯片运行原理来分析,即可确定密码设备及其所采用的加密算法的主要特征细节。对于输入密文为 M,采用私钥(d, N)进行解密的 RSA 二进制模幂运算简单功耗分析,其主要步骤如下。

(1)令 d_i 为 RSA 私钥 d 的第 i 位。

(2)采集 $M^d \bmod N$ 运算的功耗轨迹,按密钥位数划分轨迹区域。

(3)若第 i 位轨迹区域内出现单一尖峰,则推断 $d_i = 0$。

(4)若第 i 位轨迹区域内出现尖峰和其他的规律性现象(由于芯片的区别,执行乘法操作获得的轨迹略有不同)并存,则推断 d_i=1。

(5)返回推断得到的 d。

2. 攻击实例

根据 5.4.1 节提出的简单功耗分析方法,对于 AT89C52 微控制器的 RSA 加密算法进行了简单功耗攻击实验。

目标微控制器运行 RSA 加密程序,其中密钥预先存储在微控制器的内存中。微控制器与电源之间串联一个电阻 R,并利用数字存储示波器测量电阻 R 上的压降的变化。电阻 R 上的压降变化代表了整个微控制器电路板的功耗变化,从而完成了对微控制器功耗的采集工作。数字示波器采集的功耗数据会通过接口反馈到与示波器相连的计算机上。

示波器的采样率设置为 100M 次/s,采样长度为 1M 个点,考虑微控制器的计算能力,p、q 选择为 16 位以内的素数,分别为 p=79,q=73,N 为不大于 32 位的整数,实验中预设的密钥为 d=1649,其二进制表示为 $(11001110001)_2$。图 5-13 是实验中测得的 RSA 从左至右"平方-乘法"模幂算法的功耗轨迹。

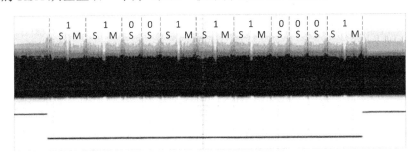

图 5-13 "平方-乘法"模幂运算的功耗轨迹

图 5-13 中可以明显地区分出算法执行平方-乘法操作时,密钥位为'1'和'0'的情况。图中波形的每一次波动代表程序执行了一个跳转,对应于平方-乘法操作,当密钥位为 0 时,程序不进行乘法操作,而当密钥位为 1 时,波形中出现两次操作,即平方操作和乘法操作。

根据以上分析,可以从功耗轨迹上直接读出密钥的二进制序列为 $(11001110001)_2$,该序列与真实值相符,攻击成功。

5.5 相关性分析

本节介绍的相关性分析(CA)包括均值差分分析方法和线性相关性系数分析方法,这两种方法是最流行的功耗分析方法。与简单分析不同,相关性分析利用统计方法提取部分秘密信息与旁路泄露轨迹中某个特定位置之间的相关性，需要大量的旁路泄露轨迹。

5.5.1 相关性分析方法

相关性分析针对部分密钥位(一个二进制密钥位或是多个二进制密钥位)参与的运算过程，考虑旁路信号与部分中间计算结果汉明重量(或者汉明距离，根据实际芯片而定)的线性相关性，计算猜测密钥得到中间结果汉明距离与实测旁路信号之间的线性相关性，如果在某个位置的相关性最强，那么可以判断该位置猜测密钥为正确值。Mangard 等在文献[50]中给出了相关性分析的一般步骤，如图 5-14 所示。

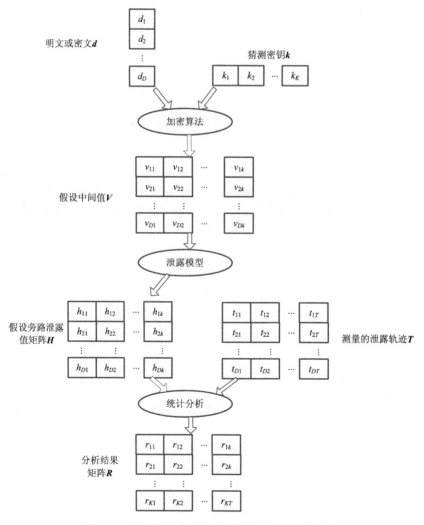

图 5-14　相关性分析分析步骤(3)～步骤(5)的示意

(1)选择被攻击芯片执行密码运算的中间结果。该中间结果是一个选择函数 $f(d,k)$，其中 d 是已知非常量值(如明文或密文)，k 是部分密钥位，满足该条件的中间值可用于恢复 k。

(2)测量加密芯片的功耗或电磁泄露。攻击者记录每一次运行密码算法时对应的 d，同时将这些已知的数据值记为向量 $d = (d_1, \cdots, d_D)'$，其中 d_i 代表在第 i 次密码运算中的明文或密文。对应于数据块 d_i 的功耗或电磁轨迹记为 $t_i' = (t_{i,1}, \cdots, t_{i,T})$，其中 T 表示轨迹长度。这些旁路信号轨迹可以记为 $D \times T$ 阶的矩阵 T。

(3)猜测部分密钥 k，并根据猜测密钥计算步骤(1)选择的中间值。将可能的密钥猜测记为向量 $k = (k_1, \cdots, k_K)$，其中 K 表示 k 的所有可能取值的数量。在分析过程中，将这个向量的元素通常称为密钥假设(key hypotheses)。给定数据向量 d 和密钥假设 k，对所有 D 次加密运算和 K 个密钥假设可以计算出假设中间值 $f(d,k)$。

$$v_{i,j} = f(d_i, k_i) \qquad i = 1, \cdots, D; j = 1, \cdots, K \qquad (5\text{-}25)$$

V 的第 j 列包含根据密钥假设 k_j 计算出的中间结果。在 D 次加解密过程中 V 的每一列包含着设备所计算的中间结果。密码运算过程中实际使用的值是 K 的一个元素。将这个元素记为 k_{ck}，表示密钥，分析的目标就是找出在 D 次密码运算过程中 V 的哪一列被处理了，进而获取 k_{ck}。

(4)将假设中间值 V 与假设旁路泄露值矩阵 H 对应。这里要用到前面介绍的数据泄露与操作数之间的关系模型，来模拟设备处理每一个假设中间值 $v_{i,j}$ 的泄露，以此得出一个假设泄露值 $h_{i,j}$。

(5)将假设泄露值与实际泄露轨迹进行统计分析。将矩阵 H 的每一列 h_j 与矩阵 T 的每一列 t_j 相比较，即攻击者要将每一个假设密钥的假设泄露与每一个位置的实际泄露轨迹进行相关性分析。分析的结果是一个 $K \times T$ 阶的矩阵 R，其中元素 $r_{i,j}$ 值越大，h_j 与 t_j 之间的相关性越大，因此攻击者可以通过查找矩阵 R 中的最大值找出正确密钥。

5.5.2　相关性系数计算方法

1. 差分功耗分析中使用的均值差相关性分析方法

Kocher 等通过计算密码设备处理大量的 0 和 1 对应的功耗均值之间的差来测量相关性，这是最早的旁路分析方法之一[32]。均值差方法的基本思想是，基于如下的观测来确定 H 和 T 的列之间的关系：攻击者建立一个二元矩阵 H，进行如下假定，即特定中间结果导致的功耗与所有其他值导致的功耗不同。可以假设 H 中的每个元素是一个 d_i 与 k_j 的分割函数 $h_{ij} = f(d_i, k_j)$，函数 f 根据中间结果的功耗模型给出 0 或 1 两种不同函数值(例如，汉明重量大于某个值则函数取 1，小于等于某个值则函数取

0)。为了检查一个密钥猜测 k_i 正确与否，攻击者可以根据 h_i 的值为 0 还是 1，将矩阵 T 划分为两个行子集，即两个功耗轨迹集合。第一个集合中包含 T 中的某些行，这些行的索引值对应于向量 h_i 中元素 1 的索引值。第二个集合中包含 T 中所有剩下的行。随后，分别计算两个集合的行平均值。向量 m'_{0i} 表示第一个集合中行的均值，向量 m'_{1i} 表示第二个集合中行的均值。

如果 m'_{0i} 和 m'_{1i} 在某个时间点上产生一个明显差别，那么密钥猜测 k_i 就是正确的。m'_{0i} 和 m'_{1i} 之间的差显示在 h_i 和 T 的一些列之间存在相关性。与前面的分析方法一样，这个差精确地发生在对应于 h_i 的中间值被处理的时刻，在所有其他时刻向量之间的差基本上等于 0。在密钥猜测错误的时候，在所有时刻 m'_{0i} 和 m'_{1i} 之间的差几乎等于 0。基于均值差方法攻击的结果是一个矩阵 R，R 的每一行对应于一个密钥猜测的均值向量 m'_{0i} 和 m'_{1i} 之间的差。

$$r_{ij} = \frac{\sum_{m=1}^{D} F(d_m, k_i) \cdot t_{mj}}{\sum_{m=1}^{D} F(d_m, k_i)} - \frac{\sum_{m=1}^{D} (1 - F(d_m, k_i)) \cdot t_{mj}}{\sum_{m=1}^{D} (1 - F(d_m, k_i))} \tag{5-26}$$

式中，r_{ij} 表示用第 i 个猜测密钥，旁路信号轨迹上第 j 个点位置，所对应功耗模型和测量旁路信号值之间的均值差分结果。

2. 相关功耗分析中使用的 Pearson 相关性系数分析方法

相关性系数又称为 Pearson 相关性系数，相关性系数没有单位，其值为 $-1 \leqslant r \leqslant 1$。$r$ 值为正表示正相关，r 值为负表示负相关，r 的绝对值等于 1 为完全相关，$r=0$ 为不相关。相关性系数的详细计算可参考第 2 章的式 (2-28)。

这里 Pearson 相关性系数用于确定 h_i 列与 t_j 列 $(i = 1, \cdots, K; \quad j = 1, \cdots, T)$ 之间的线性关系，结果就是矩阵 R 中的估计的相关性系数。对于每一个 $r_{i,j}$ 值的估计是基于 h_i 列与 t_j 列的 D 个元素。

5.5.3　DES 相关性分析攻击实例

下面给出针对微控制器上 DES 的相关性分析攻击实例，DES 密码算法的设计规范见附录 D。攻击中，利用示波器和电磁探头采集了 DES 加密芯片的电磁泄露，对相同的数据分别采用均值差相关性分析方法和 Pearson 相关性系数分析方法进行分析。

1. 攻击点的选取

选择最后一轮的 S 盒查表操作作为攻击点 (图 5-15)。

按照图 5-15 中的方法选取攻击点是因为进入最后 1 轮 (第 16 轮) 迭代的 L_{15} 和 R_{15} 都可以由密文经初始置换得到，而整个轮迭代运算过程中唯一未知的就是第 16

轮的轮子密钥 K_{16}，而且轮迭代运算中 8 个 S 盒的查表运算是互不相关的 8 个独立运算，每个 S 盒的查表运算用到了 6 位相关密文和 6 位密钥。

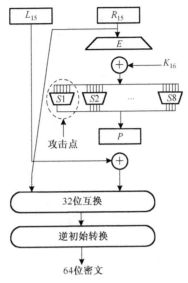

图 5-15 针对 DES 的攻击点选取

图 5-15 中，L_{15} 和 R_{15} 分别表示第 16 轮的左 32 位输入和右 32 位输入，K_{16} 表示第 16 轮子密钥，P 表示置换运算，$S1,S2,\cdots,S8$ 表示 8 个不同的查找 S 盒运算，E 表示扩展置换运算。图中给出了选择第 16 轮迭代运算中的 $S1$ 盒作为攻击点的情况，对剩余的 7 个 S 盒进行攻击可依照此例，最终得到第 16 轮的轮子密钥。

2. 均值差相关性分析法实验

(1) 选择函数 $f(d,k_i)$ 设计为根据输入的密文 d 和计算 DES 密码算法进入第 16 轮运算的 L_{15} 中的某个位作为中间值，该中间值对应进入一个 S 盒的 6 位密钥。

(2) 随机生成多个 64 位明文发送给目标 DES 密码芯片进行加密，记录芯片返回的密文，采集芯片运算时对应的功耗旁路信号轨迹。

(3) 根据步骤(1)选择的 f 函数，计算每个密文对应中间结果值。

(4) 映射中间结果为功耗模型。因为此处选择的中间结果为运算过程中的某个位，可以直接将该位的汉明重量作为功耗模型结果。

(5) 用均值差分公式计算每个猜测密钥(6 位密钥，共有 64 种可能)对应的差分结果矩阵。

根据上述步骤,利用 40000 个明文样本和对应的功耗轨迹可成功恢复 DES 密钥,结果如图 5-16 所示。

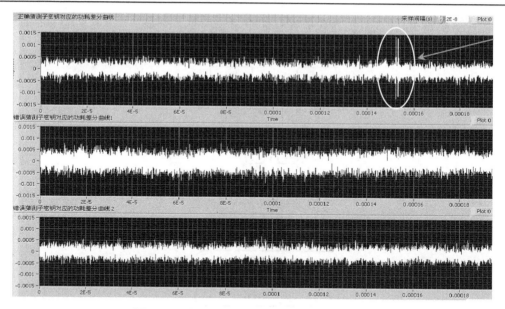

图 5-16　针对 DES 的均值差分功耗分析结果

图 5-16 对应的是 DES 第 16 轮 48 位扩展密钥中的 6 位子密钥均值差分曲线，第一条曲线对应正确猜测密钥，第二第三条对应错误猜测密钥，易见，正确密钥对应的差分曲线出现明显的尖峰，而错误密钥对应的差分曲线则比较平缓。

3. Pearson 相关性系数分析法实验

(1) 选择中间结果。选择 DES 最后一轮，8 个 S 盒操作的 6 位输入作为中间结果。

(2) 测量电磁辐射。共进行 5000 次密码运算，并对加密最后一轮的电磁辐射进行采样，获得 5000 条电磁辐射轨迹。由于每条电磁辐射轨迹采样率为 2.5×10^9 样本点/s，采样时间为 400ns，所以每条轨迹采样点数量为 1000。所得到的 5000×1000 电磁辐射矩阵为

$$
T = \begin{bmatrix}
102.2 & 104.3 & \cdots & 102.5 & 103 \\
103.1 & 102.5 & \cdots & 103.8 & 102.9 \\
\vdots & \vdots & & \vdots & \vdots \\
105 & 101.4 & \cdots & 100.3 & 106.7 \\
102.3 & 100.2 & \cdots & 106.2 & 104.9
\end{bmatrix}
$$

其中，T 中元素单位为 mV。

(3) 计算假设中间值。需要计算假设中间值 V。$V_{i,j} = d_i \oplus k_j$，其中，$i=1,2,3,\cdots,5000$，$j=1,2,\cdots,2^6$，密钥猜测 $k_j = 0,1,\cdots,63$，得到 5000×64 的假设中间值矩阵为

$$V = \begin{bmatrix} 15 & 21 & \cdots & 4 & 50 \\ 26 & 37 & \cdots & 24 & 44 \\ \vdots & \vdots & & \vdots & \vdots \\ 13 & 49 & \cdots & 7 & 29 \\ 34 & 51 & \cdots & 43 & 20 \end{bmatrix}$$

(4) 将矩阵 V 对应于假设功率矩阵 H。选择汉明重量模型，$h_{i,j} = \mathrm{HW}(v_{i,j})$，得到 5000×64 阶矩阵为

$$H = \begin{bmatrix} 4 & 3 & \cdots & 1 & 3 \\ 3 & 3 & \cdots & 2 & 3 \\ \vdots & \vdots & & \vdots & \vdots \\ 3 & 3 & \cdots & 3 & 4 \\ 2 & 4 & \cdots & 4 & 2 \end{bmatrix}$$

(5) 计算矩阵 H 的每一列与矩阵 T 的每一列的相关性，得到 64×1000 阶相关性矩阵为

$$R = \begin{bmatrix} 0.06 & 0.05 & \cdots & 0.004 & 0.02 \\ \vdots & \vdots & \vdots & \vdots & \vdots \\ 0.01 & \cdots & 0.61 & \cdots & 0.08 \\ \vdots & \vdots & \vdots & \vdots & \vdots \\ 0.03 & -0.005 & \cdots & -0.06 & 0.09 \end{bmatrix}$$

可以看出矩阵中最大的值为 0.61，经查证该值位于矩阵第 52 行，第 583 列，结果足够分辨得到正确的密钥。该值对应的行下标 (52) 表示猜测密钥的索引值，列下标 (583) 表示该中间值被处理的时刻。实验中所用的 $K_{16}^1 = 51$，与实验结果相符。

5.6 模 板 分 析

本节介绍模板分析方法，该方法与简单分析方法类似，都是通过已知的旁路泄露特征来推断未知的旁路泄露信号对应的秘密信息，所不同的是简单分析是利用旁路泄露轨迹上与密钥相关性较强、较为明显的特征直接进行秘密信息解读，而模板分析是通过对旁路泄露轨迹中随机变量统计特性进行建模，用判别分析的方法获取旁路泄露轨迹中隐藏的秘密信息。

5.6.1 模板分析方法

1. 密码芯片旁路信号噪声模型

考虑一个密码芯片 C，其上执行密钥为 K 的加密（或者解密）算法 $A(K)$，可以

通过对算法在密码芯片上实现的详细分析，找到部分子密钥块 $k^{①}$ 参与的中间运算 $O(k)$。在 C 执行 $A(K)$ 的同时，用测量设置 M 采集旁路信号(功耗、电磁辐射)轨迹，则旁路信号轨迹上 $O(k)$ 执行时刻 t 的值 $r(t)$ 可以建模成两部分：①与密钥中的子密钥块 k 参与的运算 $O(k)$ 相关的旁路信号均值部分 $l(t;O(k))$，②旁路信号噪声部分 $n(t;O(k);C;M)$。

根据文献[50]中的描述，噪声一般包含四个部分：外部噪声、内部噪声、量化噪声和算法噪声，这四种噪声的来源和性质如下。

(1)外部噪声：来自外部设备和耦合产生的干扰，例如，附件电子设备的电源线等，这些噪声可通过滤波、屏蔽和合适的测量设置来消除。

(2)内部噪声：芯片内部载流子的随机运动导致的噪声，这部分噪声对于各个芯片可能是不同的，但相比其他部分来说，该部分噪声非常小，可以忽略不计。

(3)量化噪声：在将模拟信号进行离散量化采样并存储的时候引入的噪声，这部分噪声与测量装备和设置 M 相关，可以通过提高测量设备的采样精度来降低这部分噪声。

(4)算法噪声：芯片中 t 时刻进行的所有与 $O(k)$ 无关的操作导致的旁路信号统称为算法噪声，这部分噪声可以通过大样本求均值的方法消除。

将噪声部分合并成一个，写成

$$r(t;C;O(k);M) = l(t;O(k)) + n(t;O(k);M;C) \qquad (5\text{-}27)$$

则在时刻 t 由运算 $O(k)$ 导致的从芯片 C 泄露的旁路信号可以建模成一个以 $l(t;O(k))$ 为均值的随机变量。

2. 基于旁路模板的密钥恢复问题定义

定义 5-1　基于模板分析的密钥恢复问题

对于被攻击的密码芯片 C_x 中执行的密钥为 K_x，输入为 p 的加解密算法 $A(p,K_x)$，算法中有子密钥块 k_x 参与的中间运算 $O(k_x)$(其中子密钥块 k_x 的二进制长度为 l)，用测量设置 M 采集包含运算 $O(k_x)$ 的旁路泄露信号轨迹 $T^{(x)} = (r_1^{(x)}, r_2^{(x)}, \cdots, r_m^{(x)})$ (m 是旁路信号轨迹上的采样点数)。给定一个与被攻击密码芯片 C_x 相同的可控密码芯片 C_0，在 C_0 上用上述子密钥块的 2^l 个不同值对相同的输入 p 执行运算 $O(k_i)$，其中 $i=1,2,\cdots,2^l$，用同样的测量设置 M 采集对应每个不同子密钥块的旁路信号轨迹为 $T^{(i)} = (r_1^{(i)}, r_2^{(i)}, \cdots, r_m^{(i)})$，则如何根据 C_x 和 C_0 上泄露的旁路信号轨迹确定 k_x？

换句话说，考虑具有 m 个属性的 2^l 类总体 $G_i (i=1,2,\cdots,2^l)$，每类总体已知 n 个训练样本为

---

① 这里子密钥块 k 可能是密钥 K 的一部分，如对 AES 的 8 位子密钥块进行的攻击；也可能是密钥 K 经过复杂变换生成的子密钥的一部分，如对 DES 第 16 轮进入第 1 个 Sbox 的 6 位子密钥进行的攻击。

$$\begin{bmatrix} r_{11}^{(1)} & r_{12}^{(1)} & \cdots & r_{1m}^{(1)} \\ r_{21}^{(1)} & r_{21}^{(1)} & \cdots & r_{2m}^{(1)} \\ \vdots & \vdots & & \vdots \\ r_{n1}^{(1)} & r_{n2}^{(1)} & \cdots & r_{nm}^{(1)} \end{bmatrix}, \begin{bmatrix} r_{11}^{(2)} & r_{12}^{(2)} & \cdots & r_{1m}^{(2)} \\ r_{21}^{(2)} & r_{21}^{(2)} & \cdots & r_{2m}^{(2)} \\ \vdots & \vdots & & \vdots \\ r_{n1}^{(2)} & r_{n2}^{(2)} & \cdots & r_{nm}^{(2)} \end{bmatrix}, \cdots, \begin{bmatrix} r_{11}^{(2^l)} & r_{12}^{(2^l)} & \cdots & r_{1m}^{(2^l)} \\ r_{21}^{(2^l)} & r_{21}^{(2^l)} & \cdots & r_{2m}^{(2^l)} \\ \vdots & \vdots & & \vdots \\ r_{n1}^{(2^l)} & r_{n2}^{(2^l)} & \cdots & r_{nm}^{(2^l)} \end{bmatrix} \tag{5-28}$$

基于旁路模板分析的密钥恢复问题就是要问对于未知样本 $\boldsymbol{T}^{(x)} = (r_1^{(x)}, r_2^{(x)}, \cdots, r_m^{(x)})$，如何判别其类别。由于各个时刻从芯片泄露的旁路信号量值可以看成一个随机变量，所以上述基于旁路模板分析的密钥恢复问题就可以看成是根据不同总体的统计特征来推断新样本归属的问题，即统计学中的判别分析问题。

3. 攻击步骤

根据定义 5-1，基于模板分析的密钥恢复包括模板构建和模板匹配两个阶段。本节给出如下基于模板分析密钥恢复的一般步骤。这里一个基本假设就是攻击者可以获取和被攻击密码芯片 C_x 相同的可控芯片 C_0，获取芯片 C_0 之后可按照如下方式获取密码芯片 C_x 中密钥 K_x。

(1)通过对密码算法在芯片上实现的具体分析，根据密钥 K_x 在密码运算中参与的操作，尽可能把密钥 K_x 分为互不相关的多个子密钥块，对其中的部分子密钥块 k_x 参与的操作 $O(k_x)$，执行如下的步骤。

(2)对 k_x，在芯片 C_0 上用 2^l 个所有可能的值 $k_i (i=1,2,\cdots,2^l)$ 对相同的输入 p 执行运算 $O(k_i)$，并用相同的测量设置 M 采集旁路信号 $\boldsymbol{T}^{(i)} = (r_1^{(i)}, r_2^{(i)}, \cdots, r_m^{(i)})$。

(3)在芯片 C_x 执行输入为 p 的运算 $A(p, K_x)$ 时用测量设置 M 采集旁路泄露信号轨迹 $\boldsymbol{T}^{(x)} = (r_1^{(x)}, r_2^{(x)}, \cdots, r_m^{(x)})$。

(4)运用判别分析的方法判断样本 r 属于 2^l 个总体中的哪一个，进而推断密钥 k_x。

(5)选择其他的子密钥块，重复步骤(2)构建对应新子密钥块的旁路信号模板，重复步骤(4)推断新的子密钥块，将所有获得的子密钥块根据步骤(1)中的分析过程逆向推导得到密钥 K_x。如果 K_x 中还存在未恢复的密钥位，则可视情况用穷举搜索的方法恢复。

在实际攻击中，攻击者可根据需要先用 C_0 构建模板，也可先从 C_x 上获取待匹配的旁路信号轨迹，即上面的步骤(2)和步骤(3)可交换执行顺序，只要采集旁路信号轨迹时保持相同的测量设置。

5.6.2 常用判别分析方法

常用的判别分析方法有距离判别、Fisher 判别和 Bayes 判别[229]。

针对密码芯片旁路信号正态分布和所有可能的密钥值等概率出现的特点，Chari

等介绍了一种模板分析方法[42]，该方法实际上是 Bayes 判别在正态分布随机变量和等先验概率条件下的特例，即基于极大似然函数的模板判别。

根据定义 5-1 和文献[42]中的描述，基于极大似然函数的模板判别方法包括模板构建和模板匹配两个阶段。

1)模板构建阶段

模板由均值向量和协方差矩阵构成。假设子密钥块长度是 l 位，则为所有可能的子密钥块构建 2^l 个模板。用每个子密钥对同一个明文 p 加密 n 次，并获取对应的 n 条旁路信号轨迹，每条轨迹有 m 个采样点，即 $t_{i1}, t_{i2}, \cdots, t_{im} (1 \leqslant i \leqslant n)$。这样，旁路轨迹样本组成了一个矩阵 $T_{n \times m}$，且对应的均值轨迹可表示为

$$\overline{t} = <\overline{t_1}, \overline{t_2}, \cdots, \overline{t_m}> = <\frac{1}{n}\sum_{i=1}^{n} t_{i1}, \frac{1}{n}\sum_{i=1}^{n} t_{i2}, \cdots, \frac{1}{n}\sum_{i=1}^{n} t_{im}> \tag{5-29}$$

因为所有的轨迹都对应相同的运算过程，存在的噪声可以用样本与样本均值作差的方法求得。对子密钥块的一个可能取值的所有样本曲线，对应的噪声矩阵 $N_{n \times m}$ 为

$$N_{n \times m} = \begin{bmatrix} t_{11} - \overline{t_1} & t_{12} - \overline{t_2} & \cdots & t_{1m} - \overline{t_m} \\ t_{21} - \overline{t_1} & t_{22} - \overline{t_2} & \cdots & t_{2m} - \overline{t_m} \\ \vdots & \vdots & & \vdots \\ t_{n1} - \overline{t_1} & t_{n2} - \overline{t_2} & \cdots & t_{nm} - \overline{t_m} \end{bmatrix} \tag{5-30}$$

矩阵中的每一行组成了一条旁路信号轨迹的噪声向量，而矩阵的每一列是一个反映该时间点噪声幅值的随机变量。

两个随机变量 N_u 和 N_v 之间的协方差为

$$\text{cov}(N_u, N_v) = \frac{1}{n-1}\sum_{k=1}^{n}(t_{ku} - \overline{t_u})(t_{kv} - \overline{t_v}) \tag{5-31}$$

为了描述两个以上随机变量之间的协方差，就需要一个协方差矩阵。噪声信号的协方差矩阵定义为

$$C_{m \times m} = \begin{bmatrix} \text{cov}(N_1, N_1) & \text{cov}(N_1, N_2) & \cdots & \text{cov}(N_1, N_m) \\ \text{cov}(N_2, N_1) & \text{cov}(N_2, N_2) & \cdots & \text{cov}(N_2, N_m) \\ \vdots & \vdots & & \vdots \\ \text{cov}(N_m, N_1) & \text{cov}(N_m, N_2) & \cdots & \text{cov}(N_m, N_m) \end{bmatrix} \tag{5-32}$$

因此，一个可能的子密钥的模板可以定义为一个 2 元组：$T = <\overline{t}, C>$。为了创建这样一个模板，需要采集大量的旁路信号轨迹样本。

2)模板匹配阶段

一旦通过一个可控的芯片完成了所有模板的构建，就可以用在被攻击的芯片上对模板构建阶段中用到明文 p 进行加密，并用相同的测量设置采集对应的旁

路信号轨迹 t' ，并将其与先前构建好的模板进行比较。t' 与模板 $<\overline{t},C>$ 匹配的概率为

$$p(t';<\overline{t},C>) = \frac{1}{\sqrt{(2\pi)^m |C|}} \exp\left(-\frac{1}{2}(t'-\overline{t})^{\mathrm{T}} C^{-1}(t'-\overline{t})\right)$$ (5-33)

根据极大似然法则，概率最大的就是匹配最好的模板，其对应的也就应该是最可能的正确密钥。

5.6.3　RC4 模板分析攻击实例

本节对 AT89C52 微控制器上实现的 RC4 加密算法进行密钥恢复攻击实验。

RC4 加密算法包含两个部分（设计规范见附录 K）：一个称为 KSA（key scheduling algorithm）的密钥扩展算法和一个称为 PRGA（pseudo random generation algorithm）的伪随机数产生算法，这两个算法需要用到一个 256 单元的密钥存储块 Key 和一个 256 单元的 S 盒 State，所用的原始密钥 K 被重复填入 Key 中，直到 Key 被填满。RC4 中的 KSA 是攻击的目标所在，从上述算法（附录 K）可以看到，密钥 Key 在扩展的每一轮中都被用到，因而在密钥扩展的过程中泄露的旁路信息将包含和密钥相关的成分。为便于分析，本节的实验在 AT89C52 微控制器上实现了一个密钥长度为 8 位的 RC4 加密算法，对密钥扩展第一轮进行分析就可以获取这 8 位密钥。

1．有效点选取

以 RC4 密钥扩展为例，图 5-17 所示为 RC4 密钥扩展时对应的一条电磁辐射轨迹。

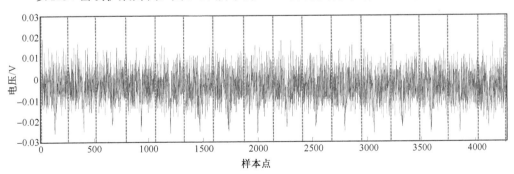

图 5-17　RC4 密钥扩展操作时的电磁曲线

从图 5-17 中可以清楚地看到对应密钥扩展循环的重复特征。

图 5-18 是 100 条密钥相同的样本曲线两两作差取绝对值后的累加和。

图 5-19 是 100 条密钥不同的样本曲线两两作差取绝对值后的累加和。

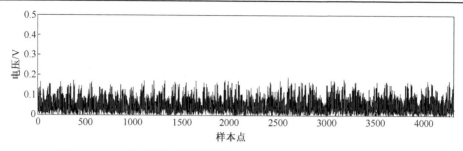

图 5-18　100 条密钥相同的样本曲线两两作差取绝对值后的累加和

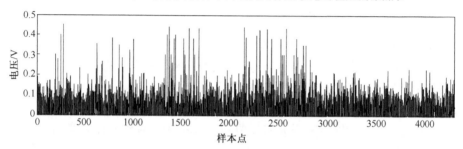

图 5-19　100 条密钥不同的样本曲线两两作差取绝对值后的累加和

可以看出，图 5-18 中曲线幅值都一致较小，而图 5-19 中曲线出现了多处尖峰。这正是不同密钥在这些样本点处产生的电磁辐射有较大差异造成的，即说明尖峰处是电磁曲线和密钥相关的部分，可以选取这些点作为有效点进行模板构建和匹配。

2. 采用频域分析方法解决插入随机时延导致的时域旁路信号不对齐问题

为了达到使密钥相关操作在每轮运算过程中都出现在不同时刻的目的，可以在密钥扩展算法中加入随机多个不影响结果的操作，以达到产生随机时延的目的。插入随机多个空操作 nop() 的 RC4 密钥扩展 KSA 算法如算法 5-1 所示。

算法 5-1　M-KSA

输入：密钥 Key[256]
输出：S 盒 State[256]
1.　　for $(i = 0; i < 256; i++)$
2.　　　　State[i]=i
3.　　j=0
4.　　for $(i = 0; i < 256; i++)$ {
5.　　　　for $(i=0; i<$rand$(); i++)$
6.　　　　　　nop();//插入随机多个空操作
7.　　　　$j = j +$ Key[i] $+$ State[i]

8.　　　　swap(State[*i*], State[*j*])

9.　　}

取算法 5-1 运行过程中第一轮进行分析,图 5-20 是 100 条密钥不同的时域样本曲线两两作差取绝对值后的累加和。

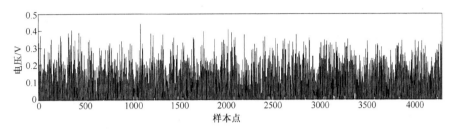

图 5-20　100 条密钥不同的时域样本曲线两两作差取绝对值后的累加和

可以看到,图 5-20 中曲线幅值较为一致,没有像图 5-19 曲线中那样出现多处尖峰,反而得到图 5-18 类似的结果,只是幅值要大一些,这正是插入随机时延引起密钥相关成分出现在每条曲线不同位置导致的。

对上述插入随机时延后的旁路信号轨迹进行 FFT,图 5-21 是 100 条时域样本曲线进行 FFT 并求功率谱之后两两作差的累加和。

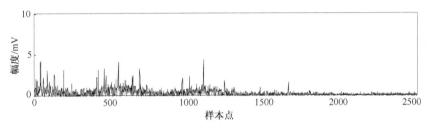

图 5-21　100 条密钥不同的频域样本曲线两两作差后的累加和

图 5-21 中,由于功率谱是频率的偶函数,所以只需要取一半的样本点(2500 个)。

与图 5-21 对比可以看出,时域中时间偏移导致样本数据相关性无法显现,但在频域中依然可以清晰地找出变化与密钥相关的位置,因此可以在频域上进行模板分析实现密钥恢复。

3.　实验结果和分析

为得到 RC4 密钥扩展算法插入随机时延前后的旁路模板攻击对比结果,在插入随机时延前后分别进行两次模板攻击实验。针对未插入随机时延的 RC4 算法的攻击实施步骤如下。

(1)在 AT89C52 微控制器上实现 RC4 算法,用所有可能的 8 位原始密钥(共 256

个)分别进行 10^3 次密钥扩展，与此同时用数字存储示波器采集线圈上的感应电压信号(轨迹长度为 5000 点)并送入 PC 存储成 256 个样本矩阵 $t^i_{1000 \times 5000}$，用 MATLAB 编写的程序将电磁曲线变换成频域信号并求功率谱曲线(由于是偶函数，只需要取 2500 个样本点)，同样存储成 256 个样本矩阵 $f^i_{1000 \times 2500}$ ($i=1,2,\cdots,256$)。

(2)采用累计绝对均值差方法从旁路信号轨迹样本中提取和密钥相关的有效点的方法。分别将对应不同密钥的时域信号样本求均值 $\overline{t}^i_{1 \times 5000} = \dfrac{1}{1000} \sum\limits_{l=1}^{1000} t^i_{l \times 5000}$，将这 256 个均值曲线两两作差求绝对值后累加，得到差值曲线 $\Delta \overline{t}_{1 \times 5000} = \sum\limits_{k=1}^{256} \sum\limits_{l=1}^{k-1} \left| \overline{t}^k_{1 \times 5000} - \overline{t}^l_{1 \times 5000} \right|$，从该差值曲线中选取幅值最大的 28 个点[①]，以其列坐标为索引从矩阵 $t^i_{1000 \times 5000}$ 中抽取 28 列得到新的样本矩阵 $t^i_{1000 \times 28}$，用同样的方法得到样本矩阵 $f^i_{1000 \times 28}$，这两个矩阵包含了与密钥相关的信息。

(3)根据 5.6.1 节和 5.6.2 节描述的原理，分别利用得到的样本矩阵 $t^i_{1000 \times 28}$ 和 $f^i_{1000 \times 28}$ 构建对应各个已知密钥的时域电磁模板 $T = <\overline{t}, C>$ 和频域电磁模板 $F = <\overline{f}, C>$。其中，f 为所有样本的均值功率谱曲线。

(4)用同样的方法获取对应任意密钥 k' 的一条电磁曲线，根据步骤(2)得到的列坐标抽取出样本 $t'_{1 \times 28}$ 和 $f'_{1 \times 28}$，根据式(5-33)分别计算该时域样本和频域样本与模板的匹配概率。

针对插入随机时延的 RC4 算法的攻击实验需要先在微控制器中实现算法 5-1，该算法在密钥扩展过程中插入了多个随机空操作，以达到密钥相关操作的时间点随机化的目的。之后重复步骤(1)~步骤(4)的过程，得到插入随机时延后的时域和频域模板匹配结果。

这里选取 4 个密钥匹配情况进行对比得到结果，如表 5-2 和表 5-3 所示。表中每一行是将最左列的真实密钥与 4 个猜测密钥进行匹配的结果。从表 5-2 可以看出，在未插入随机时延之前，时域和频域模板匹配都能得到较好的结果。

表 5-2　针对未插入随机时延的 RC4 密码芯片电磁模板分析部分结果

匹配密钥 原始密钥	时域模板匹配结果				频域模板匹配结果			
	00000000	10010001	10111101	11111111	00000000	10010001	10111101	11111111
00000000	**0.85**	0.64	0.23	0.08	**0.79**	0.46	0.33	0.01
10010001	0.15	**0.79**	0.18	0.11	0.25	**0.65**	0.18	0.15
10111101	0.18	0.24	**0.85**	0.15	0.20	0.33	**0.70**	0.26
11111111	0.03	0.12	0.34	**0.89**	0.02	0.21	0.45	**0.77**

[①] 实验表明，28 个有效点足以表征与密钥相关的旁路信息。

从表 5-3 可以看出，在插入随机时延之后，时域模板匹配得到的结果无法分辨正确密钥，而频域模板匹配结果几乎不受随机时延的影响。

表 5-3 针对插入随机时延的 RC4 密码芯片电磁模板分析结果

匹配密钥 原始密钥	时域模板匹配结果				频域模板匹配结果			
	00000000	10010001	10111101	11111111	00000000	10010001	10111101	11111111
00000000	**0.24**	0.25	0.32	0.03	**0.72**	0.31	0.18	0.09
10010001	0.23	**0.43**	0.43	0.12	0.33	**0.77**	0.24	0.07
10111101	0.08	0.16	**0.33**	0.20	0.17	0.25	**0.80**	0.34
11111111	0.02	0.12	0.27	**0.69**	0.12	0.15	0.33	**0.79**

5.7 注记与补充阅读

功耗和电磁旁路分析自从提出以来就一直受到密码分析学者的广泛关注，除了书中介绍的典型分析方法，目前在该方面研究主要集中在以下五个方面。

(1) 新的功耗/电磁分析方法，特别是随机模型分析、互信息分析、代数旁路分析。Akkar 等给出了由指令、操作数等产生的功耗泄露模型[230]；Standaert 等基于信息熵理论对怎么样、什么时候、为什么要使用互信息旁路分析等问题进行了研究[193]；Moradi 等对相关功耗分析同互信息旁路分析进行了比较[231]；Regazzoni 等提出了一种抗 DPA 攻击的处理器设计流程[232]；Renauld 等对 AES 代数旁路分析进行了研究，使用一条曲线采样成功破解 AES 密钥[233]；Schindler 等提出了随机模型分析方法，只需要为 1 个或有限的候选值搭建模板，对被攻击密码设备进行采样并进行模板匹配分析密钥[46]。

(2) 功耗/电磁分析评估方法，特别是功耗/电磁分析评估框架、不同旁路分析方法评估。在功耗/电磁分析评估框架方面，Micali 等提出了物理可观测密码学的概念，定义了一个物理图灵机对旁路泄露进行分析[74]；Standaert 等在文献[74]基础上提出了一种统一的旁路密钥恢复攻击分析框架，较好地回答了如何比较两种不同的密码实现和不同攻击者的攻击能力的问题[192]；之后，Whitnall 等[72]、Peeters 等[234]、Huss 等[235]在此基础上又分别进行了研究。在不同旁路分析方法评估方面，研究者对差分旁路分析、模板旁路分析、多变量旁路攻击、组合旁路攻击、不同旁路分析区分器等方法进行了评估[236-250]。

(3) 功耗/电磁分析防御措施，在功耗/电磁旁路分析防御方面，主要有随机时延、掩码、双轨逻辑等策略。Oswald 等基于随机加减链算法提出了椭圆曲线抗功耗分析的一些防御措施[251]；Akkar 等给出了 DES 和 AES 抗功耗分析掩码算法实现[252]；Joye 等[253]和 Liardet 等[254]给出了 ECC 抗功耗分析的一些防御措施；Tiri 等基于灵敏放大器逻辑提出了抗 DPA 的门电路设计[255]；Akkar 等提出了抗高阶 DPA 的一种独特掩码方法，对 DES 进行了应用[256]。

　　(4)对采用了功耗/电磁防御措施的密码实现进行攻击。针对密码设备的防护措施，研究者提出了高阶旁路分析、频域旁路分析等策略。Schramm 等将差分分析和差分功耗分析结合起来，基于选择明文条件，给出了一种 AES 碰撞 DPA[257]；Agrawal 等提出了单比特模板攻击和加强的模板差分功耗攻击，并对掩码 DES 和 AES 进行了攻击[258]；Oswald 等对未掩码和各种掩码的 AES 实现进行了一阶和二阶模板攻击，结果表明一阶模板攻击最为有效，掩码并不能有效防御模板攻击[259]；Coron 等[260]指出 Schramm 提出的方案中掩码实现[261]并不能抗阶数大于等于 3 的 DPA 攻击，使用 3 阶 DPA 成功攻破其掩码实现，并指出抗高阶 DPA 的密码实现仍然是一个未解决的难题；Biryukov 等[262]提出了不可能碰撞差分功耗分析和多集合划分碰撞差分功耗分析两种攻击，均成功攻破 Schramm[261]方案中的掩码实现，建议将 AES 掩码扩展至全轮。Moradi 等提出了一种增强的碰撞功耗分析攻击，对 Canright 等[263]AES S 盒掩码实现成功进行了攻击[61]。

　　(5)将功耗/电磁分析应用于其他信息安全领域，如硬件木马检测、旁路数字水印、芯片逆向工程等。Agrawal 等指出，根据木马电路工作时一定会在泄露的物理特征中有所体现的原理，利用不含硬件木马的芯片旁路泄露搭建指纹，然后对待测芯片提取出运行时的旁路泄露，并与指纹对比以检测木马电路的存在[264]；Mangard 等给出了针对 MOV 指令和 AES 密钥扩展的模板分析结果[50]；后续研究者使用功耗模板分析的方法对 Java 卡[49]、微控制器[178]的代码进行了逆向工程研究。

　　需要说明的是，Mangard 等在 2007 年撰写了第一本关于功耗分析攻击的专著 *Power Analysis Attacks*[50]，2010 年中国科学院冯登国等翻译并出版了该书的中译本《能量分析攻击》[265]，对功耗/电磁分析希望有更多了解的读者可以参阅该书。

第 6 章　Cache 分析

为提高在处理器等平台上的软件实现效率，密码算法实现过程中常使用一些大的查找表来替代执行某些固定输入和输出运算，如公钥密码算法模幂运算中的预先计算过程、对称密码算法中查找 S 盒的过程。在查表过程中，密码算法需要大量访问处理器中的高速缓存 Cache 部件，由于目标数据或指令是否在 Cache 中会分别导致 Cache 命中与 Cache 失效，二者存在较大的旁路泄露差异，如执行时间、功耗(电磁辐射)等。利用 Cache 部件产生的旁路泄露进行的密钥分析称为 Cache 旁路分析，简称 Cache 分析。

Cache 分析主要针对各种密码算法在计算机处理器、嵌入式微处理器上的软件实现，利用的旁路泄露包括时间、功耗、电磁等多种信息。基于时间泄露的 Cache 分析主要针对处理器、嵌入式微处理器中的密码算法实现，时间信息可在本地甚至远程环境下采集，在网络环境下也有望实现密钥恢复。基于功耗、电磁的 Cache 分析主要针对嵌入式微处理器中的密码实现，可利用示波器、电磁接收机等设备采集密码算法的执行功耗/电磁和时间二维信息，推断出密码算法查找 S 盒的 Cache 访问命中和失效的事件序列。这种攻击中，几十个样本采集分析可获取密钥，可大大降低第 5 章功耗、电磁旁路分析所需样本量，甚至可攻破某些抗功耗/电磁旁路分析的密码算法实现。

在 Cache 分析研究方面主要进展如下，Kelsey 等[34]在 1998 年率先提出了 Cache 命中和失效旁路泄露差异可用于密码分析的思想；2002 年 Page[35]等在仿真 Cache 环境下首次实现了 DES 密钥分析；2003 年 Tsunoo 等在真实环境下对 DES、AES、Camellia 进行了 Cache 计时分析[266-268]；2005 年 Bernstein[142]首次在远程环境下对 AES 进行了 Cache 计时分析；2005 年 Bertoni 等[269]首次在仿真环境下实现了 AES 密码 Cache 功耗分析；Percival[48]等在 2005 年首次提出了针对 RSA 密码的数据 Cache 计时分析方法；Acıiçmez 等[270]在 2007 年提出了针对 RSA 公钥密码的指令 Cache 计时分析。近年来，Cache 分析研究得到了极大的发展，并广泛应用到一切实现于"Cache-Memory"层次存储结构上软件形式的密码算法，危害服务器、桌面和嵌入式等各种主流计算机系统。当前，主流的密码算法(无论 AES、Camellia、SMS4 等对称密码算法，还是 RSA、ECC 等非对称密码算法)，均遭到 Cache 分析的严重威胁，并且这种威胁将随着密码算法和 Cache 部件的广泛应用和发展继续加强。

随着 Cache 分析技术的发展，目前公布的 Cache 访问泄露有密码执行时间、查表访问 Cache 组地址、Cache 访问命中和失效序列三种，基于此进行的 Cache 分析分别称为时序驱动 Cache 分析[271-280]、访问驱动 Cache 分析[146, 170-171, 281-284]、踪迹驱动 Cache 分析[285-290]三种，相关研究一般围绕这三种分析方法开展。本章首先给出

Cache 工作原理、泄露信息分析和采集方法，然后重点介绍 3 种典型的 Cache 分析方法，并分别以 AES 密码算法为例给出 Cache 攻击实例。

6.1　Cache 访问泄露

6.1.1　Cache 工作原理

高速缓存 Cache 是位于 CPU 与主存之间的小容量超高速的静态存储器(Static Random Access Memory，SRAM)，用于解决 CPU 与主存之间速度不匹配的问题。根据用途不同，Cache 包括数据 Cache 和指令 Cache 两种；根据部署位置不同，Cache 可划分为 L1 Cache、L2 Cache 等多种。Cache 与主存结构如图 6-1 所示。

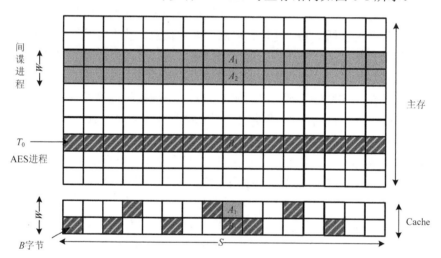

图 6-1　Cache 与主存结构

图 6-1 中，每个小块为一个基本存储单元，在 Cache 中称为一个 Cache 行，共 B 字节，每个 Cache 行由 δ 个 Cache 元素组成；每列为一个 Cache 组，共 S 个 Cache 组；每组由 W 个 Cache 行组成，这样 Cache 大小为 $S×W×B$ 字节。

Cache 的工作原理[291-292]如图 6-2 所示。

CPU 读取主存中一个字 A 时，需要执行下列步骤。

1) 地址转换

首先将 A 的地址放入主存地址寄存器中，然后通过主存-Cache 地址变换部件把主存地址中块号 B 变换成 Cache 的块号 b 放入 Cache 地址寄存器中，并且把主存地址中的块内地址 W 直接作为 Cache 的块内地址 w 装入地址寄存器中。

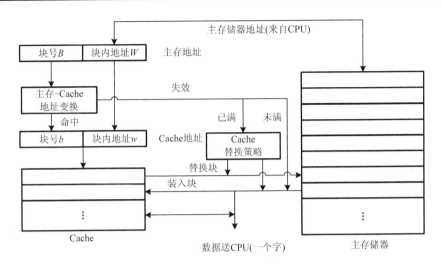

图 6-2 Cache 的工作原理

2）数据读取

Cache 控制逻辑依据地址判断 A 当前是否在 Cache 中，如果是则地址变换成功，称为 Cache 命中，就用所得到的 Cache 地址访问 Cache，并从 Cache 中取出数据 A 直接送往 CPU；如果 A 当前没有在 Cache 中，则变换不成功，产生 Cache 失效，并且用主存地址访问主存，从主存中读出 A 送往 CPU，同时把包括 A 在内的一整块数据都从主存中读出来，装载到 Cache 中。这时，如果 Cache 已经填满，则要采用某种替换算法把不常用的一块数据先调入主存中原来存放它的地方，以便留出空间来存放新调入的块。由于程序具有局部性特点，所以每次块失效时都把一整块数据（由多个字组成）调入 Cache 中，这样能够有效提高 Cache 访问的命中率。

由于主存地址和 Cache 地址之间需要进行地址转换，所以将存放在主存中的程序按照某种规则装载到 Cache 中，并建立主存地址与 Cache 地址之间的对应关系，这种关系称为地址映像。根据映像方式不同，可将 Cache 分为直接映像 Cache、全映像 Cache 和组映像 Cache 三种。

组映像又称为组相联方式，是目前在 Cache 中用得比较多的一种地址映像和变换方式。这时 Cache 地址为 a 的内存块只能被映射到 Cache 组 $[a/B] \bmod S$ 中，多进程在主存中的数据可能被映射到同一 Cache 组中。如图 6-1 所示，间谍进程的 A_1、A_2 数据块和 AES 进程的 B_1 数据块可以被映射到相同的 Cache 组中。

6.1.2 Cache 命中与失效

在 Cache 工作过程中，同一条访问存储器的指令在目标数据当前是否在 Cache

中时，其导致的 Cache 命中和 Cache 失效对应的旁路泄露存在差异，典型的表现即为执行时间和执行功耗(电磁辐射)差异。

1. Cache 访问时间差异

图 6-3 为 Athlon 64 3000+ 1.81GHz 处理器中密码算法执行过程中访问 L1 Cache 命中和 Cache 失效的执行时钟周期差异。

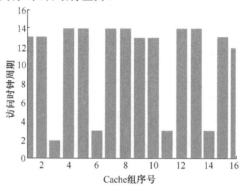

图 6-3　Cache 访问命中和失效时钟周期

图 6-3 中，横轴表示 16 个连续的 Cache 组序号，纵轴表示访问每个 Cache 组所需的时钟周期。如果数据访问发生 Cache 命中，则大致需要 2 ~ 4 个时钟周期；而 Cache 失效需要访问 L2 Cache 甚至主存，则需要 12 ~ 14 个时钟周期。

2. Cache 访问功耗(电磁辐射)差异

图 6-4 为 ARM7 处理器下的 AES 第一轮前 3 次查表 Cache 命中和失效对应的功耗曲线。

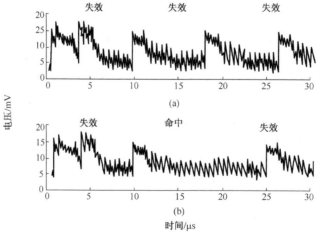

图 6-4　Cache 命中和 Cache 失效对应的功耗曲线

从图 6-4 可以看出，Cache 命中和 Cache 失效对应的功耗特征存在一定差异，Cache 命中比 Cache 失效的功耗要小。图 6-4(a) 中 3 次 Cache 访问均发生 Cache 失效，图 6-4(b) 中第二次 Cache 访问发生 Cache 命中。

在采集 Cache 访问计时信息或功耗 (电磁辐射) 信息后，应用一定的方法对其进行分析，可有望实现密钥破解。

6.1.3　命中与失效泄露分析

由 6.1.2 节可知，根据采集信息不同可将 Cache 分析分为基于时间和基于功耗 (电磁) 两大类。对于 PC 处理器中的密码实现，功耗 (电磁) 信息的精确采集十分困难，一般通过计时的方式来实现 Cache 访问泄露采集；而对于某些嵌入式处理器中的密码实现，则一般通过功耗 (电磁) 方式进行攻击。攻击者一般可得到密码算法运行整体执行时间、密码算法访问 Cache 组地址、密码算法访问 Cache 踪迹三种信息。

1. 密码算法运行整体执行时间

利用密码算法运行整体执行时间的攻击又称为时序驱动 Cache 分析[142, 226-280] (Time Driven Cache Analysis，TIDCA)。信息采集阶段，攻击者只需要采集从发送明文到接收密文的时间差；信息分析阶段，通过分析密码运行时某个操作执行时间同加解密整体执行时间的关系，结合某个密码操作同密钥的相关性进行密码破解。对于对称密码算法，此类攻击一般针对的是 S 盒查表操作的执行时间差异。

根据对 S 盒查表操作的关注点不同，可将其分为两类。

1) Cache 碰撞计时分析 (Cache Collision Timing Analysis，CCTA)[266-273]

主要利用加密不同次查找同一个表 Cache 访问命中和失效的时间差异，经分析分别恢复两个相关密钥块的异或结果。

2) Cache 计时模板分析 (Cache Timing Template Analysis，CTTA)[142, 274-280]

利用加密查找同一个表不同索引的执行时间差异，搭建时间模板，然后开展密钥分析，攻击利用的时间差异主要是由 CPU 架构、操作系统等天然条件造成的，很难从根本上消除。

2. 密码算法访问 Cache 组地址

现代主流处理器中的 Cache 结构大都采用组相联方式，不同进程的数据有可能被映射到同一 Cache 组中，共享 Cache 存储空间。恶意进程可通过对私有数据 Cache 访问的时间差异来监测其他进程访问的 Cache 组地址。基于此进行的 Cache 分析又称为访问驱动 Cache 分析[146, 170-171, 281-284] (Access Driven Cache Analysis，ADCA)。

　　攻击者可设计一个间谍进程 SP，并为之分配一个同 Cache 大小相同的数组，在密码进程 CP 执行前访问数组并清空 Cache；然后触发 CP 加密，并在一次加密（或加密某个操作）完成后对该数组进行二次 Cache 访问。SP 通过二次 Cache 访问的命中和失效时间差异，预测 CP 一次加密（或加密某个操作）访问的 Cache 组地址集合。图 6-3 为 SP 二次对同一个 AES 的 T_4 表对应 16 个 Cache 组，位于相同区域的数组数据访问时，得到的 16 次 Cache 访问的时钟周期。可以看出，第 3、6、11、14 个 Cache 组对应的时钟周期为 3，比较小，说明 CP 执行过程中没有访问过这些 Cache 组，没有将 SP 的数组数据驱逐出来，导致 SP 二次访问时发生 Cache 命中。反之说明 CP 访问过该 Cache 组，导致 SP 二次访问时发生 Cache 失效。

　　需要说明的是，由于 Cache 应用了内容保护机制，所以攻击者无法读取密码算法查表访问 Cache 组的内容，但是通过上面方式可获取密码算法查表访问 Cache 组的地址，并转化为查表索引，结合明文或密文信息进行密钥恢复。

　　3. 密码算法访问 Cache 踪迹

　　密码算法在执行过程中，由于多次对同一个 S 盒查表访问 Cache，一个 Cache 行对应多个查表元素，首次查表 Cache 访问往往会发生 Cache 失效，将整个主存块对应的多个元素加载到 Cache 中。第二次查同一个查找表时，根据第二次查表索引对应的元素是否已经被加载到 Cache 中，可能会发生 Cache 命中和失效两种现象。通过采集密码算法加密时每次查表的命中和失效信息，也可以进行密钥分析，此类 Cache 分析又称为踪迹驱动 Cache 分析[145,285-290]（Trace Driven Cache Analysis，TRDCA）。踪迹驱动 Cache 分析又可分为下面两种。

　　1）基于命中/失效踪迹的对称密码 Cache 分析
　　对于对称密码算法实现，在运行过程中要进行多次查表，每次查表执行时间仅为几个到几十个时钟周期，通过软件计时手段很难采集到某次查表的精确执行时间，预测 Cache 命中/失效信息，一般通过功耗或电磁泄露采集手段进行，如图 6-4 所示。攻击者可通过功耗或电磁泄露采集手段推断出密码算法每次查表访问的 Cache 命中和失效序列，根据第 n 次 Cache 访问的命中和失效信息，推断出第 n 次 Cache 访问的查表索引是否被前面 $n-1$ 次查找过，在此基础上可结合明密文进行密钥恢复。

　　2）基于平方/乘法操作序列的公钥密码 Cache 分析
　　对于公钥密码算法，由于其算法执行时间较分组密码算法要长，多达上千万个时钟周期。首先攻击者可以基于前面的访问驱动方式，设计一个间谍进程同密码进程在处理器上同步执行，其次在密码进程执行模幂运算的前后采集 Cache 访问情况的快照，得到 Cache 访问踪迹信息；然后基于模式识别等方法分析 Cache 访问踪迹恢复出公钥密码平方和乘法的操作序列；最后推导出公钥密码的幂指数和私钥。

6.1.4　Cache 命中与失效采集

通过功耗、电磁旁路泄露采集 Cache 命中和失效的方法读者可参考本书 5.1.2 节相关内容。时序驱动 Cache 计时信息的采集方法可参考本书 4.1.2 节的方法使用 RDTSC 指令调用 CPU 上电时间戳来实现。

在访问驱动 Cache 分析和基于平方和乘法操作序列的公钥密码 Cache 分析中，攻击者需要采集密码运行过程中访问的 Cache 组地址；间谍进程需要对其私有数据的二次 Cache 访问事件进行高精度计时，并预测每个 Cache 行访问确切发生的是 Cache 命中还是 Cache 失效。

图 6-5 给出了 Athlon 64 3000+ 1.81GHz 处理器中直接使用 RDTSC 指令对 Cache 命中和失效对应的时钟周期统计。

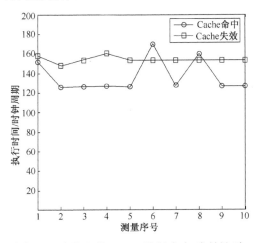

图 6-5　未处理前 Cache 访问命中/失效计时

图 6-5 中，横轴表示 10 次测量序号，纵轴表示每次 Cache 访问的执行时间（单位为时钟周期）。可以看出，RDTSC 指令计时方法的纳秒级计时精度虽然非常高，但测量时间抖动较大，在某些情况下（图 6-5 中第 6 次、第 8 次测量），测量的 Cache 命中事件的执行时间比 Cache 失效还要大，因此需要进行去噪预处理。

通过大量的实验，发现计时噪声主要来自两个方面：一是 RDTSC 指令执行并不稳定造成的，二是执行 RDTSC 指令自身消耗的时钟周期（几十到几百个时钟周期，具体值同 CPU 配置有很大关系）引起的。

为解决第一个问题，攻击者需要在计时前将 RDTSC 指令进行预热；为解决第二个问题，攻击者需要在得到连续两次调用 RDTSC 指令时间差基础上再减去执行一次 RDTSC 指令的执行时间，这样的计时结果比较精确。计时的关键代码如下：

```
int i=0;
int sum=0;
long ncheck=0;
    __int64 start_time, end_time, time_diff;
for(i=0;i<1000;i++)//对 RDTSC 指令进行预热
{
    start_time=GetCycleCount();
}
for(i=0;i<1000;i++)//计算 RDTSC 指令执行平均时钟周期
{
    start_time=GetCycleCount();
    end_time=GetCycleCount();
    ncheck+=end_time-start_time;
}

    ncheck = ncheck/1000;
    /*开始对测试代码进行计时*/
start_time=GetCycleCount();//代码执行之前调用 RDTSC
Do something              //执行要进行计时的代码
end_time=GetCycleCount();  //代码执行之后再次调用 RDTSC
time_diff= end_time - start_time-ncheck;
                          //两次调用之差减去 RDTSC 执行时钟周期
```

图 6-6 为执行预处理算法后 10 次 Cache 命中和失效的执行时钟周期图。

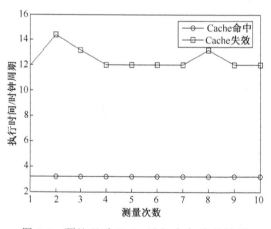

图 6-6　预处理后 Cache 访问命中/失效计时

图 6-6 中，应用本节高精度计时方法，Cache 访问发生命中时需要 3 个时钟周期，而 Cache 失效时需要 12~14 个时钟周期，10 次测量结果十分稳定，且 Cache 命中和失效事件均能被明显地区分出来。

6.2　时序驱动 Cache 分析

6.2.1　基本原理

时序驱动 Cache 分析的基本假设主要包括以下几个方面。

(1)密码算法查找表时不同索引对应的执行时间存在差异。

(2)攻击者能够触发密码算法对多个明密文执行加解密,并且能够测量密码执行加解密的整体执行时间, 在此期间密钥保持不变。

(3)攻击者在加解密前能够清空 Cache 内容,确保每次加密时间采集前 Cache 的初始状态相同(密码算法的查找表内容均未加载到 Cache 中)。

(4)计时去噪后得到密码算法不同查找表索引对应的加解密整体执行时间差异, 这些差异能够体现单次查表不同索引的执行时间差异。

时序驱动 Cache 分析的具体分析步骤如下。

(1)攻击者生成一定的输入,向密码服务器发送密码服务请求(加解密请求),并利用计时器采集系统当前的时间戳 T_1。

(2)密码服务器执行密码服务请求, 将结果发送给请求方, 即攻击者。

(3)攻击者收到密码服务结果后,利用计时器采集系统的当前时间戳 T_2,利用 $T_2 - T_1$ 近似得到密码服务的执行时间。

(4)攻击者预测部分密钥字节值,推断由明文字节同部分密钥字节计算得到的查表索引对应的多次加解密的执行时间特征,并判断该特征是否同实际加解密平均执行时间特征一致,如果一致则说明密钥字节推测正确,否则说明推测错误。

(5)攻击者推断出多个密钥字节值,直至能够恢复出主密钥信息。

需要说明的是, 时序驱动 Cache 分析包括 Cache 碰撞计时分析、Cache 计时模板分析两种方法。二者在执行过程中的主要区别在于步骤(4)中分析利用的加解密执行时间特征不同。Cache 碰撞计时分析主要利用加密查同一个表时的 Cache 访问命中和失效对加密整体执行时间差异的影响来进行密钥分析,而 Cache 计时模板分析主要利用密码查找 S 盒不同索引执行时间对整体执行时间的影响进行密钥分析。

6.2.2　Cache 碰撞计时分析方法

在 Cache 碰撞计时分析中, 攻击者首先得到对多个明文样本加密的整体执行时间,然后将时间按照两次查找同一个表相关明文的两块(每块 m 位)异或值划分为 2^m 个聚类,并计算每个聚类的平均执行时间,绘制一条曲线,平均执行时间最短聚类对应的就是这两次查表相关的两个密钥字节的异或值,因为此时第二次查表总会发生 Cache 命中,使得平均执行时间较小。

　　下面以密码算法加密两次查找同一个表为例介绍 Cache 碰撞计时分析方法，如图 6-7 所示。

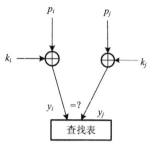

图 6-7　密码算法两次查表操作

　　图 6-7 中，p_i 和 p_j 为明文的两个字节，k_i 和 k_j 为两次查表相关的密钥字节，y_i 和 y_j 为两次查同一个表的索引。

　　对于两次查表操作，首先按照 $p_i \oplus p_j$ 值将大量样本的加密时间形成 256 个聚类，计算每个聚类的平均加密时间。如果两次查找 T_0 表的索引相同，则第二次查 T_0 表总会发生 Cache 命中，且满足以下条件

$$p_i \oplus k_i = p_j \oplus k_j \tag{6-1}$$

　　此时，$p_i \oplus p_j$ 值对应的聚类样本加密时间较短，否则加密时间较长。也就是说，加密时间较短的聚类对应的即为 $p_i \oplus p_j$ 的值，也就是 $k_i \oplus k_j$ 的值，即

$$k_i \oplus k_j = p_i \oplus p_j \tag{6-2}$$

　　需要说明的是，CPU 和 Cache 之间的数据交换是以字为单位，而 Cache 与主存之间的数据交换是以 Cache 行为单位，行的大小从 Pentium III 的 32 字节到更先进的 Pentium 4 的 64 字节或 AMD Athlon 处理器的 128 字节不等。令一个 Cache 行包括 δ 个查找表元素，则该 Cache 行中不同查找表元素的低 $\log_2(\delta)$ 位是不同的。以式(6-1)为例，如果两次查表操作 y_i 和 y_j 第二次发生 Cache 命中，则 y_i 和 y_j 的高 $8-\log_2(\delta)$ 位是相等的(因为第一次查找 y_i 时，已经把包括 y_j 在内的 δ 个查找表元素都加载到 Cache 中了)，记为 $\langle y_i\rangle=\langle y_j\rangle$。

　　根据式(6-1)和式(6-2)，如果查找表在 Cache 中对齐分布(如 Linux 系统中)，则攻击者可以获取 $k_i \oplus k_j$ 的高 $8-\log_2(\delta)$ 位，即 $\langle k_i \oplus k_j\rangle$；如果不对齐分布(如 Windows 系统中)，则攻击者可以获取 $k_i \oplus k_j$ 的 8 位值。

6.2.3　Cache 计时模板分析方法

　　Bernstein[142]率先提出了 Cache 计时模板分析的思想，指出密码加密查表操作时，不同查找表索引对应的平均加密执行时间不尽相同，可构造一条模板曲线；对于不同密钥，结合明文计算出的多个查表索引聚类平均加密时间构造的计时模板曲

线也是相同的。Bernstein 在远程环境下实现对 AES 加密第一轮的密钥恢复，随后研究者对 Bernstein 的分析方法进行了再现[274]、扩展和分析[275]。

Bernstein 提出的模板分析方法需要攻击者获取一个同目标密码服务器相同的模板服务器搭建模板，本书称该方法为 Cache 计时外部模板分析；也提出了一种不依赖于模板服务器的 Cache 计时模板分析方法，本书称为 Cache 计时内部模板分析。下面分别对这两种 Cache 计时模板分析方法进行介绍。

1. Cache 计时外部模板分析

Cache 计时外部模板分析模型如图 6-8 所示。

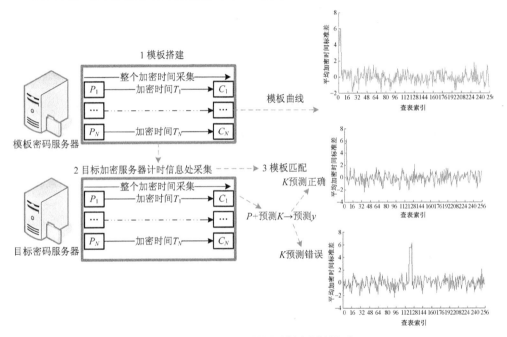

图 6-8　Cache 计时外部模板分析模型

根据图 6-8，在 Cache 计时外部模板分析中，攻击者首先搭建一台同目标密码服务器一样的配置环境，在已知密钥下采集对大量样本加密的整体执行时间，计算出根据每个查表索引值划分得到的 2^m 个聚类（查表索引为 m 位，现实情况下常为一个字节，即 8 位）的平均加密时间标准差（某聚类平均时间和所有 2^m 个聚类的平均时间之差），得到一条模板曲线；然后在目标密码服务器环境下，采集未知密钥时对大量样本的加密时间，通过预测每个密钥字节值，计算每个查表索引对应 2^m 个聚类的平均加密时间标准差，得到一条曲线；通过计算这两条曲线的匹配度可知，正确密钥字节对应的匹配度较高，否则较低。

Cache 计时外部模板分析主要由模板搭建、目标设备 Cache 计时信息采集、模板匹配三个步骤组成。不失一般性，下面以对分组密码加密第一轮使用明文 P 和密钥 K 异或值查表分析为例进行介绍。

1）模板搭建

攻击者能够掌控一台同目标密码服务器一样配置的模板密码服务器，并能对其使用已知密钥进行加密操作。

(1) 对掌控模板密码服务器使用已知密钥 K^T 采集 N 个随机明文样本加密时间，并存储到数组 $TM[i]$ $(1 \leqslant i \leqslant N)$ 中。

(2) 对于第一轮加密过程中的 m 次（假如 $m=16$）查表操作对应的明文、密钥块（假如每块为一个字节），根据 16 个索引 $p_i \oplus k_i$ $(1 \leqslant i \leqslant N)$ 的候选值，将 $TM[i]$ 划分为 256 个聚类，并计算每个聚类的平均加密时间标准差 $TMC[i][j]$ $(0 \leqslant i \leqslant 15, 0 \leqslant j \leqslant 255)$。

2）目标设备 Cache 计时信息采集

(1) 对目标服务器使用未知密钥 K 采集 N 个随机明文加密时间 $T[i]$ $(1 \leqslant i \leqslant N)$。

(2) 对于第一轮加密中 m 次查表操作对应的明文、密钥块，以第 i 次查表操作为例，首先预测 k_i 的 256 个候选值，对于 k_i 的第 j 个候选值，计算 N 个明文样本对应值 $q=p_i \oplus k_i$，将 $T[i]$ 划分为 256 个聚类，并计算平均加密时间标准差 $TC[i][j][q]$ $(0 \leqslant i \leqslant 15, 0 \leqslant j \leqslant 255, 0 \leqslant q \leqslant 255)$。

3）模板匹配

(1) 以分析密钥 k_i 为例。假设 $i=0$，$k_i=0$，利用一定的匹配方法计算匹配向量 $X = TC[0][0][q]$ 与计时模板向量 $Y = TMC[0][q]$ 的相关性，典型的匹配方法有 Bernstein 攻击[142]中的逐点乘积求和、Pearson 相关性系数等，为将匹配系数进行归一化处理，本节采用 Pearson 相关性系数方法计算模板匹配度。匹配度计算后，可得到 k_i 的 256 个候选值对应的相关性系数向量 $R[0][j]$ $(0 \leqslant j \leqslant 255)$。

(2) 将向量 $R[0][j]$ $(0 \leqslant j \leqslant 255)$ 按大小进行排序，最大 $R[i]$ 对应的 i 即为正确 k_i。

(3) 参考上面步骤通过模板匹配获取所有 k_i，通过进一步分析获取初始密钥 K。

需要说明的是，上面攻击适用于利用密文和加密时间对最后一轮密钥的分析。

2. Cache 计时内部模板分析

在实际环境中，模板密码服务器和目标密码服务器的环境配置常存在较大差异。在 Windows 环境下对 OpenSSL 0.9.8a 中的 AES 第一轮执行了 Cache 计时外部模板分析，开展了两类实验。一是模板服务器和目标服务器在同一台处理器上，二是二者在相同配置的不同处理器上，结果如图 6-9 所示。

总地来说，Cache 计时外部模板分析属于"两步分析"，攻击者需要掌控一个同目标密码服务器一样配置的密码设备，并能够对已知密钥执行加密操作。本节则尝试去除该条件，构造一种新的"一步分析"，其主要思想是攻击者直接采集目标服务器加密时间，然后利用不同次查找同一个 S 盒对应的加密平均时间搭建内部计时模板，通过模板匹配恢复密钥。

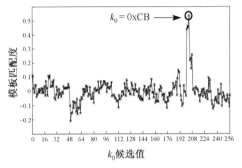

(a) 同一处理器密钥字节模板匹配度

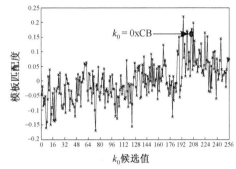

(b) 不同处理器密钥字节模板匹配度

图 6-9　不同 PC 上执行 Cache 计时外部模板分析结果

从图 6-9 看出，在同一台处理器攻击中，正确密钥字节 $k_0=0xCB$ 的匹配度最高(图 6-9(a))，攻击效果十分好；在不同处理器攻击中，$k_0=0xCB$ 对应的匹配度不一定最高(图 6-9(b))，这主要由于搭建模板的密码服务器上的运行环境很难同目标密码服务器完全一致。

Cache 计时内部模板分析一般由目标设备加密时间信息采集、内部模板构建、模板匹配三个步骤组成。不失一般性，下面仍以对分组密码加密第一轮使用明文 P 和密钥 K 的异或值两次查表(两次查表索引为 y_i, y_j)分析为例(图 6-7)进行介绍。

目标设备加密时间采集过程不再赘述。分组密码两次查找同一个 S 盒时，根据其索引 y_i, y_j 划分的 256 个聚类平均加密时间标准差的分布特征应该基本相似，如图 6-10(a)和图 6-10(b)所示。

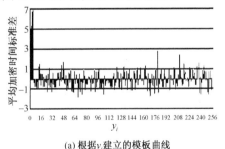

(a) 根据 y_i 建立的模板曲线

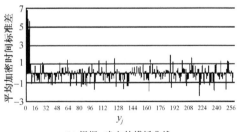

(b) 根据 y_j 建立的模板曲线

图 6-10　Cache 计时内部模板分析原理示意

图 6-10 中，横轴表示查表索引的 256 个候选值，纵轴表示候选值对应聚类的平均加密时间标准差。可以看出，根据不同查表索引构建的平均加密时间标准差曲线十分接近，可以基于该特征进行密钥分析。

　　攻击者采集目标密码服务器使用未知密钥的加密时间后，由于密钥未知，无法根据查找表索引 y 将所有样本加密时间划分为 256 个聚类，而只能根据每次查表对应的明文字节进行聚类划分。

　　具体的内部模板构建、模板匹配方法如下。

　　(1) 首先按照 p_i 值进行聚类划分，得到 256 个聚类平均时间标准差，绘制一条模板曲线，如图 6-11 所示。

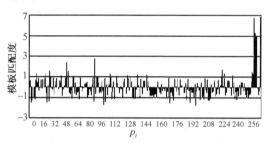

图 6-11　根据 p_i 建立的模板曲线

　　图 6-11 中，横轴表示明文字节 p_i 的 256 个候选值，纵轴表示候选值对应的聚类平均时间标准差。可以看出，根据 p_i 构建的平均加密时间标准差曲线，与根据 y_i 构建的平均加密时间标准差曲线相比，图 6-11 像是图 6-10 经过变换后的一条曲线。

　　(2) 通过预测 $k_i \oplus k_j$ 值，针对每个预测值得到 $k_i \oplus k_j \oplus p_j$ 值对应的 256 个聚类(根据 p_j 划分)的平均时间标准差。

　　(3) 如果 $k_i \oplus k_j$ 预测正确，则 $k_i \oplus k_j = p_i \oplus p_j$。由 $k_i \oplus k_j \oplus p_j$ 所划分的 256 个聚类平均时间标准差曲线(图 6-12)和 p_i 值划分的模板曲线(图 6-11)应该最匹配，计算得到的两条曲线间的 Pearson 相关性系数值最大。

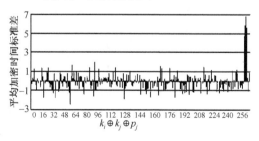

图 6-12　根据正确 $k_i \oplus k_j \oplus p_j$ 建立的预测曲线

　　图 6-12 中，横轴表示根据预测的 $k_i \oplus k_j$ 计算出的 $k_i \oplus k_j \oplus p_j$ 的 256 个候选值，纵轴表示该候选值对应的聚类平均时间标准差。可以看出，该曲线同图 6-11 十分接近，$k_i \oplus k_j$ 很可能猜测正确。

反之，如果 $k_i \oplus k_j$ 预测错误，由 $k_i \oplus k_j \oplus p_j$ 得到的预测曲线(图 6-13)同模板曲线 (图 6-11)差别较大，则得到的 Pearson 相关性系数值较小。

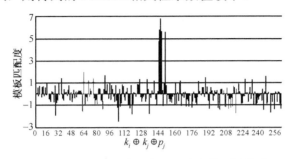

图 6-13　根据错误 $k_i \oplus k_j \oplus p_j$ 建立的预测曲线

图 6-13 中，根据 $k_i \oplus k_j \oplus p_j$ 构建的预测曲线同图 6-11 差异较大，$k_i \oplus k_j$ 可能猜测错误。

需要说明的是，基于 Cache 计时内部模板分析方法，可以恢复出查同一种 S 盒对应不同密钥字节的异或值，并不能直接恢复某个密钥字节的值。同样，上面的分析模型适用于利用密文和加密时间对最后一轮不同扩展密钥字节异或值进行分析。

6.2.4　AES 时序驱动攻击实例

下面以对 OpenSSL 密码库中的 AES 密钥恢复为例，给出三种 Cache 计时分析方法的攻击实例。

1. Cache 碰撞计时攻击实例

为提高 AES 密码算法的软件实现速度，OpenSSL 0.9.8a 中 AES 在每一轮中，除了与轮密钥异或，将字节代换、行移位、列混淆三个操作合并为 16 次查表操作。整个加密过程由 160 次查表和 176 次异或操作组成，执行效率非常高，前 9 轮分别对 T_0, T_1, T_2, T_3 表执行 4 次查表操作，最后一轮仅对 T_4 表执行 16 次查表操作。下面分别给出已知明文下对 AES 加密第一轮和已知密文下对最后一轮分别进行密钥恢复的实验过程和结果。

1)AES 第一轮攻击

AES 第一轮加密的 16 次查表操作索引可表示为

$$p_i \oplus k_i = y_i \quad (0 \leqslant i < 16) \tag{6-3}$$

式中，p_i, k_i, y_i 分别为第 i 次查表相关的明文字节、密钥字节和索引字节。

AES 加密第一轮分别查找 4 次 T_0, T_1, T_2, T_3 表，共查表 16 次，以分析 T_0 表相关的密钥为例。假设 y_i 和 y_j 是两次查找相同表的操作，首先按照 $p_i \oplus p_j$ 值将大量样本的加密时间形成 256 个聚类，计算每个聚类的平均加密时间。如果两次查找 T_0 表索引相同，则第二次查 T_0 表总会发生 Cache 命中，此时 $k_i \oplus k_j = p_i \oplus p_j$，可恢复查找 T_0

表相关的任意 4 个密钥字节的异或结果。图 6-14 给出了 OpenSSL 0.9.8a 中 AES 第一轮分析可获取的密钥字节异或值。

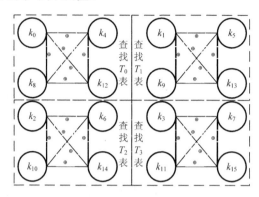

图 6-14　AES 第一轮 Cache 碰撞计时分析可恢复的密钥信息

根据图 6-14，对于查找 T_0 表分析可分别恢复 $k_0 \oplus k_4$, $k_0 \oplus k_8$, $k_0 \oplus k_{12}$, $k_4 \oplus k_8$, $k_4 \oplus k_{12}$, $k_8 \oplus k_{12}$ 共 6 组值。通过穷举 k_0 的 256 个候选值，可以分别得到对应的 k_0, k_4, k_8, k_{12} 候选值，这样可将 k_0, k_4, k_8, k_{12} 的密钥搜索空间由 2^{32} 降低到 2^8，相当于恢复出 24 位密钥。同样对于查找 T_1, T_2, T_3 表均可分别恢复 6 组值，第一轮分析共计恢复出 24 个 $k_i \oplus k_j (0 \leqslant i, j \leqslant 15, i\%4=j\%4)$ 值，并将 AES 的密钥搜索空间降低到 2^{32}。

根据图 6-14，理想情况下第一轮攻击可获取 96 位 AES 密钥，但当考虑到 Cache 访问的局部性原理时，实际可获取 $12 \times (8 - \log_2(\delta))$ 位密钥，其中，δ 表示每个 Cache 行中可存储查找表元素的个数。

图 6-15 为 Athlon 64 3000+ 1.81GHz 处理器下(Cache 行大小 64 字节，每个 Cache 行 16 个查找表元素，$\delta=16$) 200 万样本时，OpenSSL 0.9.8a 中 AES 第一轮前两次查找 T_0 表根据 $p_0 \oplus p_4$ 值划分的 256 个聚类的平均加密时间。

2) AES 最后一轮分析

OpenSSL 0.9.8a 中 AES 加密最后一轮仅使用了 T_4 表，16 次查表索引 y_i 为

$$T_4[y_i^9] \oplus k_i^{10} = c_i \ (0 \leqslant i < 16) \ \Rightarrow y_i^9 = T_4^{-1}[c_i \oplus k_i^{10}] \tag{6-4}$$

式中，c_i, k_i^{10}, y_i^9 分别为第 i 次查表相关的密文字节、密钥字节和索引字节。

假设 y_i^9 和 y_j^9 是 AES 最后一轮两次查找 T_4 表的操作，首先按照 $c_i \oplus c_j$ 值将大量样本的加密时间划分为 256 个聚类，计算每个聚类的平均加密时间。如果两次查表索引相同，$T_4^{-1}[c_i \oplus k_i^{10}] = T_4^{-1}[c_j \oplus k_j^{10}]$，第二次查 T_4 表总会发生 Cache 命中，则可恢复 $k_i^{10} \oplus k_j^{10}$ 值。图 6-16 给出了 OpenSSL 0.9.8a 中 AES 最后一轮分析可获取的密钥字节异或值。

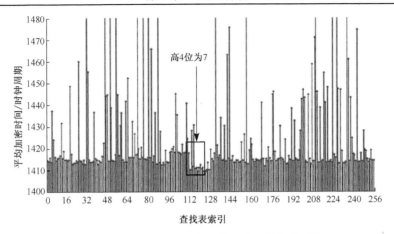

图 6-15　$p_0 \oplus p_4$ 的 256 个聚类对应平均加密时间

图 6-15 中，横轴表示 $p_0 \oplus p_4$ 的 256 个候选值，纵轴表示每个候选值对应聚类的平均加密时间(单位为时钟周期)。可以看出，当 $p_0 \oplus p_4$ 的高 4 位值($8 - \log_2(\delta) = 8 - \log_2(16) = 4$)为 7 时，对应平均加密时间较短(1412.4 个时钟周期)，而真实的 $k_0 \oplus k_4$ 值即为 0x78。这样，根据 $p_0 \oplus p_4$ 划分聚类分析可以恢复出 $k_0 \oplus k_4$ 的高 4 位值。

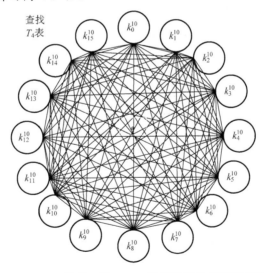

图 6-16　AES 最后一轮 Cache 碰撞计时分析可恢复密钥

根据图 6-16，OpenSSL 0.9.8a 中 AES 最后一轮分析可恢复 $k_i^{10} \oplus k_j^{10}$ ($0 \leq i < j \leq 15$)，共计恢复 120 组值。通过穷举 k_0^{10} 的 256 个候选值，可以恢复 K^{10} 的其他 15 个密钥字节。最后一轮分析后，可将 K^{10} 的密钥搜索空间由 2^{128} 降低到 2^8。

需要说明的是，与第一轮分析关注 $k_i \oplus k_j = p_i \oplus p_j$ 不同，最后一轮主要关注 $T_4^{-1}[c_i \oplus k_i^{10}] = T_4^{-1}[c_j \oplus k_j^{10}]$，最后一轮查表索引是逆 T_4 表结果，引入了雪崩效应，使得在考虑 Cache 访问局部性原理时仍能够恢复 $k_i^{10} \oplus k_j^{10}$ 的完整字节。攻击完成后，可将 AES 主密钥搜索空间降低到 2^8。

2. Cache 计时外部模板攻击实例

实验中，对 OpenSSL 0.9.8a 中 AES 实现分别进行第一轮和最后一轮 Cache 计时外部模板攻击。

1) AES 加密第一轮攻击

攻击中，应用 6.2.3 节 Cache 计时外部模板分析方法，通过采集已知密钥的 AES 密码服务器加密时间构建模板，并采集未知密钥的目标密码服务器加密时间，预测每个密钥字节 k_i，并计算每个索引字节对应的平均加密时间标准差，与模板进行匹配，利用 Pearson 相关性系数计算匹配度，匹配度最大值对应的即为正确密钥字节。

外部模板攻击实验中，样本量设定为 2^{21}，执行了 10 次攻击。16 个正确密钥字节在 256 个候选值模板匹配度集合中排序如表 6-1 所示(匹配度越高，序号越小)。

表 6-1　10 次 OpenSSL 0.9.8a 中 AES 第一轮 Cache 计时外部模板攻击结果

序号	k_0	k_1	k_2	k_3	k_4	k_5	k_6	k_7	k_8	k_9	k_{10}	k_{11}	k_{12}	k_{13}	k_{14}	k_{15}
1	1	52	155	1	1	10	188	1	1	6	51	1	2	170	2	1
2	1	14	82	1	1	35	230	1	1	19	40	1	3	187	31	1
3	1	201	91	1	1	14	26	1	1	151	33	1	1	11	66	1
4	1	3	142	1	·13	150	1	1	2	88	139	1	1	89	13	1
5	1	229	65	1	1	138	1	1	2	224	16	1	1	116	44	1
6	1	135	100	1	1	12	9	1	1	129	81	1	1	133	16	1
7	1	188	33	1	1	2	27	1	1	7	21	1	1	205	175	1
8	1	176	195	1	1	32	127	1	1	250	78	1	1	127	4	1
9	1	39	68	1	1	136	1	1	1	99	23	1	1	57	50	2
10	1	11	50	1	1	11	113	1	1	4	52	1	1	43	13	1

由表 6-1 可以看出，T_0 和 T_3 表对应的 8 个密钥字节恢复效果较好，而 T_1 和 T_2 表对应字节恢复效果较差。图 6-17(a)、图 6-17(b) 分别为猜测 k_0=0xE0 和 k_0=0x98 时，预测查 T_0 表索引聚类和模板聚类对应平均加密时间标准差曲线。

图 6-18 为 k_0 的 256 个候选值匹配曲线。

实验中发现，外部模板分析后有些密钥字节的恢复效果比较好，如第 k_0, k_3, k_4, k_7, k_8, k_{11}, k_{12}, k_{15} 字节，峰值比较明显，有些密钥字节(如 k_1)的恢复效果则较差(图 6-19)。

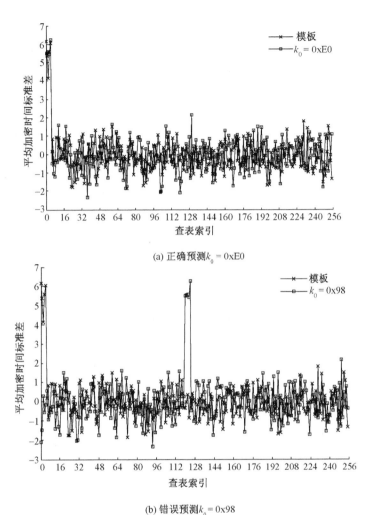

图 6-17　查 T_0 表索引值 256 聚类对应平均加密时间标准差

图 6-17 中，横坐标表示查表索引的 256 个候选值，纵坐标表示平均加密时间标准差。可以看出，k_0=0xE0 时，两条曲线十分接近(图 6-17(a))，该猜测值很可能正确；k_0=0x98 时，两条曲线差异较大(图 6-17(b))，该猜测值很可能错误；而正确密钥等于 0xE0，说明图 6-17(a)对应的 k_0 猜测正确。

有趣的是，对于某些密钥字节，匹配曲线出现了多个有规则的峰值。k_5，k_{14} 的匹配曲线如图 6-20(a)和图 6-20(b)所示。

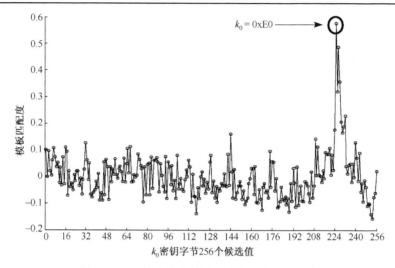

图 6-18　k_0 候选值模板匹配度（正确 k_0=0xE0）

图 6-18 中，横坐标表示 k_0 的 256 个候选值，纵坐标表示每个候选值对应的模板匹配度。可以看出，k_0=0xE0 对应匹配度较大，匹配曲线出现峰值。考虑到程序局部性原理时，k_0 的高 4 位为 E 时，匹配度均相对较高。

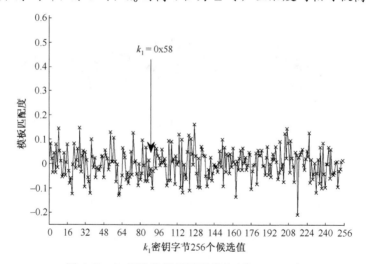

图 6-19　k_1 候选值模板匹配度（正确 k_1=0x58）

图 6-19 中，密钥匹配曲线相对比较平缓，正确的 k_1 候选值对应的匹配度较低，没有出现类似图 6-18 中的明显尖峰。此时，攻击者可判定 k_1 字节恢复失败，然后在离线分析阶段通过穷举的方法来恢复 k_1。

在 Windows 环境下使用 2^{21} 样本时，应用 Cache 计时外部模板攻击方法可恢复

OpenSSL 0.9.8a 中 AES 的 70 位密钥。进一步降低密钥搜索空间可通过下面两个途径获得：一是加大攻击样本量，二是对 AES 加密第二轮进行进一步模板分析。

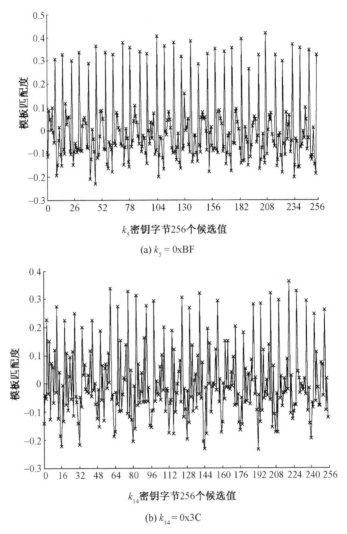

(a) k_5 = 0xBF

(b) k_{14} = 0x3C

图 6-20　AES 加密第一轮密钥字节候选值模板匹配度

图 6-20 中，k_5 和 k_{14} 的模板匹配曲线分别出现了 32 个峰值，其对应密钥字节的低 2～4 位相同，因此攻击者可恢复 k_5 的低 2～4 位(3 位密钥)和 k_{14} 的低 2～4 位(3 位密钥)。

2) AES 加密最后一轮攻击

最后一轮攻击中，应用 6.2.3 节 Cache 计时外部模板分析方法，通过采集已知密钥的密码服务器上加密时间构建模板，并采集未知密钥的密码服务器加密时间；然后预测每个密钥字节 k_i^{10}，并计算最后一轮每次查表索引字节对应的平均加密时间标准差，与模板进行匹配，匹配度最大的即为正确密钥字节值。

实验中样本量大小设定为 2^{20}，攻击均能在有限复杂度内恢复完整密钥，10 次攻击密钥字节模板匹配度排序如表 6-2 所示。可以看出，最后一轮攻击大部分正确密钥字节对应的排序要高于第一轮攻击，攻击效果更好。

表 6-2　10 次 OpenSSL 0.9.8a 中 AES 最后一轮 Cache 计时外部模板攻击结果

序号	k_0^{10}	k_1^{10}	k_2^{10}	k_3^{10}	k_4^{10}	k_5^{10}	k_6^{10}	k_7^{10}	k_8^{10}	k_9^{10}	k_{10}^{10}	k_{11}^{10}	k_{12}^{10}	k_{13}^{10}	k_{14}^{10}	k_{15}^{10}
1	1	12	2	1	1	1	1	1	1	1	1	1	12	1	1	9
2	1	1	2	1	1	1	1	1	1	1	1	1	1	1	1	1
3	1	30	1	2	1	1	1	1	1	1	1	1	2	1	1	1
4	2	149	1	1	1	1	1	1	1	1	1	1	1	2	1	2
5	1	4	2	94	1	1	1	1	1	1	1	1	2	1	1	1
6	1	65	2	1	1	1	1	1	1	1	1	1	1	1	1	1
7	1	3	1	2	1	1	1	1	1	1	1	1	1	1	1	1
8	1	2	1	1	1	1	1	1	1	1	1	1	1	1	2	1
9	1	124	46	1	1	1	1	1	1	1	1	1	5	22	1	1
10	2	60	16	1	1	2	1	1	1	1	1	1	1	1	1	1

图 6-21 为 k_0^{10} 的 256 个候选值匹配曲线。

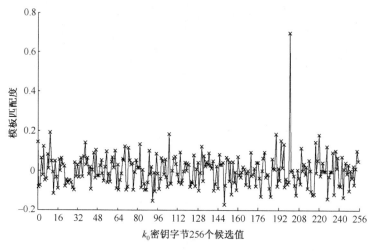

图 6-21　k_0^{10} 候选值模板匹配度（正确 k_0^{10}=0xC9）

通过将最后一轮分析（图 6-21）和第一轮分析（图 6-18）进行比较可以看出，最后一轮分析中正确密钥字节的候选值对应的匹配度相对较大，匹配曲线中正确密钥的尖峰十分明显。

究其原因，认为主要有两个方面。

(1)只有最后一轮对 T_4 表执行了 16 次查表操作，整体加密时间受每次查 T_4 表操作时间影响比较明显，而第一轮攻击关注的是加密整体时间受第一轮查 T_0,T_1,T_2,T_3 四个表的影响，由于加密其他轮也要多次查找这四个表，所以对整体加密时间的影响较大。

(2)实验中每个 Cache 行包含 $\delta=16$ 个查表元素。考虑到程序的局部性原理，第一轮攻击中，与正确密钥高 4 位相同的 16 个密钥字节的查表时间对整体时间影响大致相同，故第一轮理论上一般可获取每个密钥字节的高 4 位；而最后一轮攻击中，由于 S 盒的雪崩扩散作用，与正确密钥高 4 位相同的 16 个密钥字节的查表时间对整体时间的影响也有很大区别，所以正确密钥字节对应的匹配曲线峰值最为明显。

实验中，k_1^{10} 的猜测结果不是很理想，没有出现明显的峰值，匹配度普遍比较低，如图 6-22 所示。

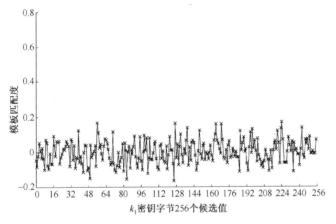

图 6-22　k_1^{10} 候选值模板匹配度(正确 k_1^{10} =0xB6)

图 6-22 中，密钥匹配曲线相对比较平缓，没有明显峰值，攻击者可判定 k_1^{10} 恢复失败，然后在离线分析阶段通过穷举的方法来恢复 k_1^{10}。

3)远程攻击

Bernstein[142]攻击中，远程的目标密码服务器负责执行密码计时操作，攻击实际上为本地攻击。前面的攻击实验中，本书将攻击端和目标密码服务器程序放在一个进程中进行高精度计时。此外，本书还将攻击端、模板密码服务器和目标密码服务器分别部署在不同的计算机上，在两种远程环境下对 Windows 中 OpenSSL 0.9.8a 库中 AES 最后一轮也进行了外部模板攻击实验。

(1)第一种攻击环境与 Bernstein[142]攻击类似，密码服务器在收到攻击端发送的明文后，将准确的加密时间同密文一起反馈给攻击端，攻击端再利用 6.2.3 节介绍的方法分析密钥。与 Bernstein 攻击每次发送 400(800)字节明文不同的是，攻击端向加密服务端仅发送 16 个字节明文。由于计时采集不在攻击端进行，所以攻击可称为伪远程攻击。一次 AES 最后一轮攻击实验中，AES 最后一轮 16 个密钥字节的本地攻击和伪远程攻击结果如图 6-23 所示。

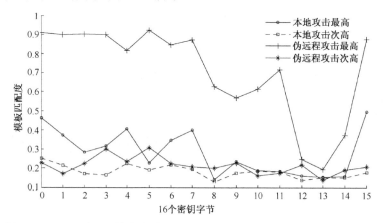

图 6-23　AES 最后一轮本地攻击、伪远程攻击的最高和次高模板匹配度

图 6-23 中，横轴表示 AES 最后一轮的 16 个密钥字节，纵轴表示对每个密钥字节进行密钥分析时的最高和次高密钥匹配度。可以看出，伪远程攻击的最高模板匹配度与次高模板匹配度之间的差距相比本地攻击更大，攻击效果十分明显。主要原因可能是在伪远程攻击中，服务端接收明文和发送密文、加密时间需要大量的访问 Cache，可起到间接的清空 Cache 作用，清空 Cache 效果更好。

(2)第二种攻击环境中，攻击端负责采集从发送明文到接收到密文之间的时间，这是实际攻击中常见的场景。AES 最后一轮进行外部模板攻击时(伪远程攻击和真实攻击)，模板服务器和目标服务器上构建的模板曲线如图 6-24 所示。

结果说明，Cache 计时模板攻击在远程环境下的可行性不强，网络传输时延甚至其抖动掩盖了加密查找表不同索引的时间差异。

3. Cache 计时内部模板攻击实例

实验中，对 OpenSSL 0.9.8a 中 AES 实现分别进行了第一轮和最后一轮 Cache 计时内部模板攻击。

1)AES 加密第一轮攻击

对 OpenSSL 0.9.8a 中的 AES 进行了第一轮内部模板攻击实验，样本量大小为 2^{20}，10 次攻击各个相关密钥字节的模板匹配度排序如表 6-3 所示。

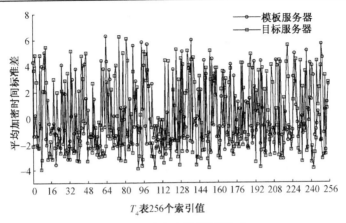

(a) 伪远程攻击(密码服务端计时)

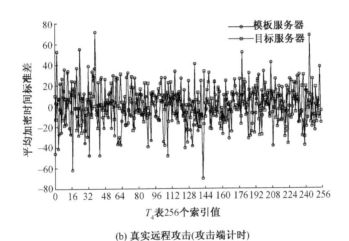

(b) 真实远程攻击(攻击端计时)

图 6-24　AES 最后一轮查 T_4 表索引对应平均加密时间标准差

图 6-24(a)表明，伪远程攻击时，模板服务器和目标服务器查 T_4 表的 256 个索引值加密平均时间标准差基本接近，时间抖动非常小(–4 ~ 6 个时钟周期)，使得正确的密钥字节猜测值的模板匹配度很高。图 6-24(b)表明，真实远程攻击时，由于网络传输时延和收发明密文处理时延的存在，攻击者采集的模板服务器上 AES 最后一轮查 T_4 表的 256 个索引值的加密平均时间和标准差(–60 ~ 60 个时钟周期)同目标服务器差别很大，时间抖动很大，正确的密钥字节猜测值的模板匹配度很低。

实验发现：正确的 $k_4 \oplus k_0$, $k_8 \oplus k_0$, $k_8 \oplus k_4$, $k_{11} \oplus k_7$, $k_{12} \oplus k_0$, $k_{12} \oplus k_4$, $k_{12} \oplus k_8$, $k_{15} \oplus k_3$ 字节对应匹配度最高。图 6-25 给出了 3 次攻击中 256 个 $k_4 \oplus k_0$ 候选值的匹配度。

表 6-3　AES 第一轮 10 次 Cache 计时内部模板攻击结果

序号	1	2	3	4	5	6	7	8	9	10
$k_4 \oplus k_0$	1	1	1	1	1	1	1	1	1	1
$k_5 \oplus k_1$	97	70	139	79	121	78	208	22	144	67
$k_6 \oplus k_2$	25	38	6	65	30	79	15	40	60	45
$k_7 \oplus k_3$	146	157	79	84	67	139	95	126	104	92
$k_8 \oplus k_0$	1	1	1	1	1	1	1	1	1	1
$k_8 \oplus k_4$	2	1	1	1	1	1	1	1	1	1
$k_9 \oplus k_1$	220	98	227	194	205	101	170	22	200	58
$k_9 \oplus k_5$	79	81	74	106	25	27	67	9	67	101
$k_{10} \oplus k_2$	124	35	135	16	197	12	109	49	113	17
$k_{10} \oplus k_6$	69	28	15	58	49	9	93	11	9	10
$k_{11} \oplus k_3$	254	250	255	252	250	248	253	248	250	246
$k_{11} \oplus k_7$	1	1	1	1	1	1	1	1	1	1
$K_{12} \oplus k_0$	2	1	1	1	2	1	1	2	1	1
$k_{12} \oplus k_4$	3	2	1	3	2	1	3	1	2	2
$k_{12} \oplus k_8$	2	1	1	2	1	1	1	3	1	1
$k_{13} \oplus k_1$	19	151	42	59	30	106	97	140	37	32
$k_{13} \oplus k_5$	197	95	206	69	56	105	134	95	164	85
$k_{13} \oplus k_9$	218	57	140	99	169	101	131	73	234	104
$k_{14} \oplus k_2$	61	108	36	147	28	69	22	87	35	79
$k_{14} \oplus k_6$	72	152	20	111	48	60	133	75	91	67
$k_{14} \oplus k_{10}$	31	50	54	27	46	26	6	51	16	46
$k_{15} \oplus k_3$	4	5	3	3	3	4	4	1	6	2
$k_{15} \oplus k_7$	230	256	246	255	230	255	237	256	251	255
$k_{15} \oplus k_{11}$	256	255	254	254	255	254	256	255	256	255

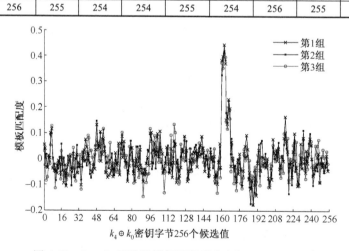

图 6-25　$k_4 \oplus k_0$ 候选值模板匹配度（正确 $k_4 \oplus k_0$=0xA2）

从图 6-25 可以看出，在 3 组攻击中，$k_4 \oplus k_0 = 0\mathrm{xA2}$ 对应的模板匹配度均为最高，攻击效果明显。

与外部模板攻击类似，对于某些密钥字节(如 $k_{11} \oplus k_3$, $k_{15} \oplus k_{11}$ 字节)恢复，正确的密钥字节对应匹配度是最小的。图 6-26 给出了 3 次攻击中 $k_{15} \oplus k_{11}$ 候选值的匹配度。

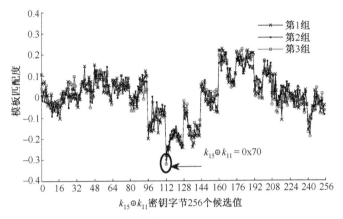

图 6-26　$k_{15} \oplus k_{11}$ 候选值模板匹配度(正确 $k_{15} \oplus k_{11}$=0x70)

从图 6-26 可以看出，在 3 组攻击中，当 $k_{15} \oplus k_{11}$ 猜测值为 0x70 时，对应的模板匹配度均为最低，而 $k_{15} \oplus k_{11}$ 的正确值即为 0x70，因此基于该发现也可恢复 $k_{15} \oplus k_{11}$。

Windows 环境下，应用本节攻击使用 2^{21} 样本可恢复 OpenSSL 0.9.8a 中 AES 的 48 位密钥。为进一步降低密钥搜索空间，可通过加大攻击样本量或对 AES 加密的第二轮进行分析。

2) AES 加密最后一轮攻击

AES 最后一轮 Cache 计时内部模板攻击中，2^{19} 个样本下，120 个正确的 $k_i^{10} \oplus k_j^{10}$ 密钥字节的匹配度排名如图 6-27 所示。

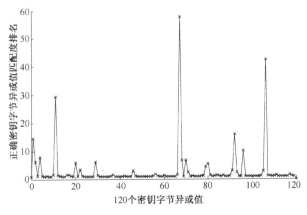

图 6-27　正确 $k_i^{10} \oplus k_j^{10}$ 匹配度排名

从图 6-27 可以看出，最后一轮攻击后，110 个左右的 $k_i^{10} \oplus k_j^{10}$ 的正确猜测对应排名均为第 1，经分析可恢复 AES 最后一轮扩展密钥的 120 位，最后经暴力破解恢复完整密钥。

6.3　访问驱动 Cache 分析

6.3.1　基本原理

访问驱动 Cache 分析的基本假设包括以下几个方面。

(1)攻击者可以将一个间谍进程部署在密码服务器上。

(2)攻击者能够触发密码算法执行多次加解密，并且在加解密前后分别触发间谍进程启动。

(3)间谍进程在密码执行前可以通过访问自身数据清空 Cache。

(4)攻击者可以通过高精度计时手段区别出间谍进程每次访问自身数据是发生 Cache 命中还是 Cache 失效。

(5)攻击者知道查找表在 Cache 中的分布特性，并可以定位密码进程查找表在 Cache 中的区域。

访问驱动 Cache 分析方法由 Percival[48]等在 2005 年提出，其认为多线程间共享 Cache 提供了一个线程间数据泄露的隐通道，为恶意线程通过访问私有数据 Cache 命中和失效现象、监视密码线程 Cache 访问地址提供了入口，使得恶意线程能够窃取密钥，并在支持超线程技术的 Intel 处理器上实现了 RSA 密码 Cache 分析。2006 年，Osvik 等[146-147]借鉴 Percival[48]思想，将分析对象转向分组密码，实现了 Athlon 64 处理器上多例针对 AES 的访问驱动 Cache 计时分析；2007 年，Neve 等[148]将分析对象转向 OpenSSL 0.9.8a 密码库中 AES 最后一轮，成功获取 AES 主密钥。

访问驱动 Cache 分析中，攻击者需要在密码服务器部署间谍进程 SP，为 SP 分配与 L1 数据 Cache 大小相等的数组 A。攻击者并不需要为 SP 赋予高级权限，能够令 SP 和密码进程 CP 并发执行，并执行正常数据访问即可。攻击原理如图 6-28 所示。

具体分析步骤如下。

(1)加解密前，攻击者启动 SP 每隔一个 Cache 行访问 1 个数组元素，并清空 Cache。

(2)触发 CP 执行密码加解密操作，不可避免地要将 SP 的数据从 Cache 中替换出。

(3)在 CP 执行部分或者全部查表操作后，启动 SP 再次对数组 A 中的数据进行二次访问，并测量每个数组元素的访问时间；时间较长则发生 Cache 失效，表示该数组元素地址映射的 Cache 组被 CP 访问过；否则发生 Cache 命中，表示该 Cache 组未被 CP 访问过。

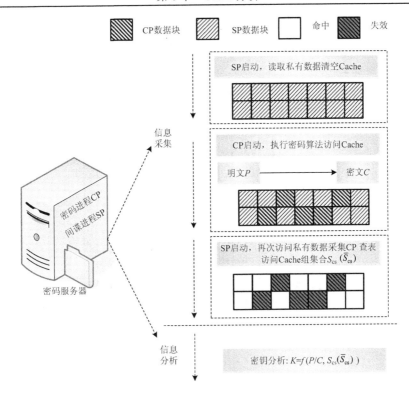

图 6-28　访问驱动 Cache 分析原理

从图 6-28 可以看出，SP 需要在加密前能够清空 Cache，并在加密前后分别启动，采集对每个 Cache 组的访问时间。

（4）反复执行步骤（1）～步骤（3），攻击者可得到 CP 多次加密查表访问可能的 Cache 组地址集合 S_{cs} 或不可能的 Cache 组地址集合 $\overline{S}_{cs}$，并转化为查表索引；结合 P/C 和密钥扩展，基于"直接分析"或"排除分析"策略进行密钥破解。

在访问驱动 Cache 分析中，为了能够采集密码算法查表访问的 Cache 组地址，攻击者需要能够定位出密码算法查找表对应 Cache 中的位置，同时能够将每个 Cache 组地址映射到查表索引中。下面分别给出查找表在 Cache 中的分布特性分析和查找表在 Cache 中的定位方法。

6.3.2　查找表在 Cache 中分布分析

现有访问驱动 Cache 分析大都针对密码算法在 Linux 操作系统中的实现，此时查找表在 Cache 中是对齐分布的。以 AES 的 1KB 大小查找表为例，S 盒的 256 个元素构成了 16 行 16 列的存储矩阵，每个元素 4 个字节，每个查表行 16 个元素。对于 Athlon 3000+ 处理器，每个 Cache 行大小为 64 个字节，定义 u 为查找表的第一个元素对应某个 Cache 行元素的索引($0 \leqslant u < 16$)。

如果查找表在 Cache 中对齐分布，$u=0$，则一个 AES 查找表会恰好对应 16 个 Cache 行，如图 6-29 所示。

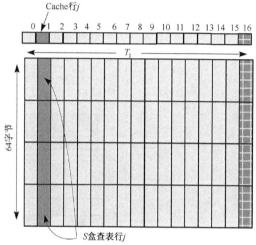

图 6-29　查找表在 Cache 中对齐分布时

图 6-29 中，AES 查找表对应实心部分矩形框，全部填充到 Cache 后可占据第 0 ~ 15 共 16 个 Cache 行。这样，AES 查找表的第 j 行(每个查找表行 16 个元素)恰好对应查找表映射的第 j 个 Cache 行。

但是在某些实验环境中，特别是 Windows 系统环境中，发现密码算法的查找表在 Cache 中通常是不对齐分布的($u \neq 0$)，如图 6-30 所示。

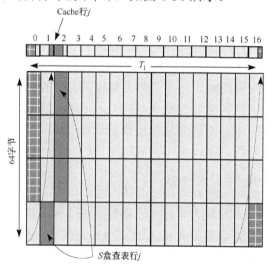

图 6-30　查找表 Cache 中的不对齐分布时

图 6-30 中，AES 查找表的第一个元素被映射到第 0 个 Cache 行的第 12 个元素 (u=12)。整个查找表占据第 0 个 Cache 行的后 4 个元素、第 1～15 个 Cache 行的全部 16 个元素、第 16 个 Cache 行的前 12 个元素，即 AES 查找表元素被填充了 17 个 Cache 行。

6.3.3　查找表在 Cache 中地址定位方法

为采集密码进程加密过程中访问过的 Cache 组，攻击者需要定位查找表在 Cache 中的存储位置。对于 OpenSSL 0.9.8a 密码库中 AES 实现，采用了 5 个 1KB 大小的查找表 T_0, T_1, T_2, T_3, T_4，在查找表 Cache 对齐的情况下，将占据 80 个连续 Cache 组。

定位方法为首先在加密前使用间谍进程清空 Cache，然后触发加密，最后二次启动间谍进程并采集每个 Cache 组访问时间。对 10～12 个随机明文样本执行上述步骤，并计算每个 Cache 组的平均访问时钟周期。多样本采集时，可确保 5 个查找表所对应的 80～81 个 Cache 组在加密过程中都被访问过，对其的平均访问时钟周期必然远大于对其他部分访问发生"Cache 命中"的时钟周期。

图 6-31 为 Athlon 64 3000+ 1.81GHz 处理器中对多 AES 加密样本得到的所有 Cache 组平均访问时钟周期采样。

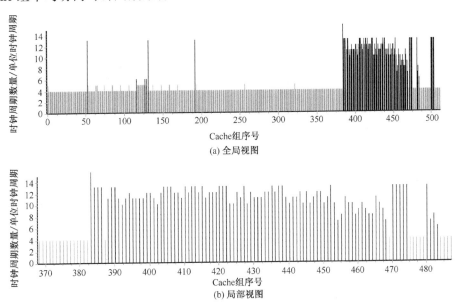

图 6-31　Cache 组访问时钟周期特征

从图 6-31 可以看出，存在连续的 81 个 Cache 组（第 388～468 个 Cache 组）访问对应的时钟周期较大，恰好对应不对齐时 5 个查找表存储所需的 81 个 Cache 组。

经综合分析可得出以下两个推断。

1)查找表在 Cache 中存在不对齐分布现象

如果查找表在 Cache 组对齐分布,则 5 个 AES 查找表应恰好存储在 80 个 Cache 组,反之应为 81 个 Cache 组。经过实验,图 6-31(b)中 388 为 T_0 表映射起始 Cache 组,468 为 T_4 表映射结束 Cache 组,连续 81 个 Cache 组访问时钟周期比较长,验证了查找表在 Cache 中"不对齐分布"特性的存在。

2)操作系统进程带来的噪声相对较小

从图 6-31(a)还可以看出,AES 进程运行时,操作系统进程也对 Cache 进行了相应的访问,带来一定的噪声干扰,但系统进程一般访问固定 Cache 组的数据,访问 Cache 组区域很小(388~468 以外访问时钟周期较长的 Cache 组)。AES 的查找表在 Cache 中占据连续的 80~81 个 Cache 组,较易定位。

这里需要说明的是,密码查找表在不同处理器运行时,对应 Cache 组地址定位难度不同。对于 Cache 相联度较大的处理器,如 Intel 处理器(L1 Cache 大小 32KB,8 路组相联,共有 4KB,64 个 Cache 组),AES 的 5 个查找表自身就占据了所有的 Cache 组并产生交错,使得查找表对应起始 Cache 组地址定位较为困难。当然,如果地址定位较难时,则攻击者还可穷举有限的 Cache 组起始位置。对于错误的起始位置猜测得到的密钥字节候选值集合常为空,正确的起始位置分析得到的密钥字节候选值常仅有 1 个。

6.3.4　Cache 访问地址分析方法

下面以分组密码为例,给出基于查表 Cache 访问地址泄露的密钥分析方法,查表过程中常满足以下条件

$$\alpha \cdot \beta = \gamma \tag{6-5}$$

式中,α 表示明/密文或中间状态一部分,常为 1 个字节;β 表示密钥相关变量;γ 表示查表结果或索引;"$\cdot$"表示查表 α 和 β 之间逻辑操作,常为异或操作。式(6-5)可转换为

$$\beta = \alpha \cdot \gamma \tag{6-6}$$

攻击者通过访问驱动方式采集 Cache 计时信息,可获取到密码算法实现过程中访问过和未访问过的 Cache 组地址集合,并转换为查表索引或结果 γ。由于 α 通常已知,根据式(6-6)不难预测 β 候选值,进而计算出密钥 K,分析过程通常采用下列策略。

1. 排除分析:分析密码查表中未访问过的 Cache 组集合

通过分析 Cache 组集合和查表索引的映射关系,未访问过的 Cache 组集合可转

化为 γ，即不可能的查表索引或结果，结合 α 和式(6-6)，可得到一组 β 的不可能候选值，多个样本排除分析后可获取正确的 β 值，然后推断出密钥 K。需要说明的是，以上是 Neve 等[148]对 AES 最后一轮分析时密钥"排除分析"策略的抽象化表述。

2. 直接分析：分析密码查表中可能访问的 Cache 组集合

下面首先给出 Neve 等[148]提出的直接分析策略，然后给出本书提出的改进策略。

1）Neve 等提出的直接分析策略

Neve 等[148]对 AES 最后一轮分析时，还提出了直接分析的策略，具体步骤如下。

(1)划分聚类：随机生成 n 个样本，根据 α 值不同将加密样本划分为 256 个聚类。

(2)寻找每个聚类共同的访问 Cache 组：在每个聚类中，由于 α 值相同，攻击的 β 值也相同，所以对应的查表索引或者查表结果 γ 也应该是相同的。以 α_1、α_2 两个聚类分析为例，在攻击者采集的聚类样本加密查找 Cache 组集合中，必然有一个共同 Cache 组，只要 n 足够大，该共同 Cache 组必然被找到，进而得到 γ_1、γ_2 的若干候选值。

(3)密钥分析：对于 α_1、α_2 两个不同聚类，应满足以下条件，如

$$\begin{cases} \beta = \alpha_1 \cdot \gamma_1 \\ \beta = \alpha_2 \cdot \gamma_2 \end{cases} \tag{6-7}$$

并可转化为

$$\alpha_1 \cdot \gamma_1 = \alpha_2 \cdot \gamma_2 \tag{6-8}$$

将 α_1、α_2 值与 γ_1、γ_2 的若干候选值代入式(6-7)，可缩小 γ_1、γ_2 的联合搜索范围，代入式(6-8)得到 β 的有限候选值，通过对所有聚类进行分析，直至得到唯一的 β 值。

2）改进的直接分析策略

Neve 等在分析时，忽视了如下现象，即在得到 γ_1、γ_2 的若干候选值后，由于 α_1、α_2 值已知，可直接将其带入式(6-7)中得到 β 候选值，然后求交集即可求解密钥信息。为此，下面给出一种改进的直接分析方法。

(1)为每个 β 的候选值设置一个计数器，产生随机样本进行加密，并采集加密访问 Cache 组集合。

(2)将间谍进程采集得到加密可能访问的 Cache 组集合转化为可能的 γ 候选值集合，根据式(6-6)得到 β 的多个候选值，并为每个 β 候选值对应计数器加 1，由于加密密钥是唯一的，正确的 β 值每次都能够被预测到，对 n 个样本进行预测后，出现次数为 n 的 β 值即为正确密钥字节，经进一步分析推断出密钥 K。

改进方法将对每个样本采集的 Cache 组信息都进行充分应用，将多样本得到的密钥值计算出交集，不需要划分聚类，分析效率比 Neve 等[148]的方法更高。

　　下面以恢复分组密码某轮扩展密钥为例,给出访问驱动 Cache 分析所需样本量。假定某密码加密需要查某查找表 T 共 b 次,令 m 为 T 表在对齐情况下对应 Cache 组个数,$p(b)$ 为查 T 表 b 次访问某 Cache 组的概率,$P(b)$ 为在 $p(b)$ 概率下对应访问过的 Cache 元素个数。同样有 $p_n(b)$ 为查找 T 表 b 次没有访问某 Cache 组的概率,$P_n(b)$ 为在 $p_n(b)$ 概率下对应未访问过的 Cache 元素个数。对于一次查表操作

$$p(1) = 1/m, \quad p_n(1) = 1 - 1/m \tag{6-9}$$

一次密码加密查找 T 表 b 次均未访问某一 Cache 组概率为

$$p_n(b) = (1 - 1/m)^b \tag{6-10}$$

b 次查找 T 表没有访问的平均 Cache 组个数为

$$E(P_n(b)) = m(1 - 1/m)^b \tag{6-11}$$

b 次查找 T 表访问过的平均 Cache 组个数为

$$E(P(b)) = m(1 - (1 - 1/m)^b) \tag{6-12}$$

　　在实际攻击中,系统进程和其他用户进程也会访问 Cache,这给攻击带来一定干扰。同时,在远程环境下网络发包、拆包也需要多次访问 Cache,从而加剧干扰,因此所能采集的查表访问 Cache 组一般会多于理论值。同样,未访问 Cache 组集合就会相应减少。

　　为此引入噪声变量 u,表示在信息采集中由于其他进程、网络发包、拆包等噪声所访问的 Cache 组数和 Cache 组总数的比。此时,攻击所能采集的加密查找 T 表未访问的平均 Cache 组数将降低到原来的 $1-u$ 倍。将噪声变量 u 引入式(6-11),进一步得

$$E(P_n(b)) = m(1-u)(1 - 1/m)^b \tag{6-13}$$

同样,得到一次加密查找 T 表访问的平均 Cache 组数目为

$$E(P(b)) = m(1 - (1-u)(1 - 1/m)^b) \tag{6-14}$$

应用排除分析策略,由式(6-13)可知平均每个样本可以排除的 β 数目为

$$S = E(P_n(b)) \times \beta \tag{6-15}$$

令 V_i 代表 β 字节的候选值集合,经过对 N 个样本进行排除分析,V_i 元素数量平均值为

$$N_{V_i} = 256(1 - S/256)^N = 256(1 - m\delta(1-u)(1 - 1/m)^b/256)^N \tag{6-16}$$

　　由于正确的 β 字节值是不可能被排除的,所以 $N_{V_i} \geqslant 1$。只需要计算 N 多大时,N_{V_i} 值趋近于 1,也就得到 Cache 分析大致所需的样本量。

6.3.5　AES 访问驱动攻击实例

下面以 AES 密码为例给出访问驱动 Cache 攻击的实验配置、密钥分析方法和实验结果。

1. 实验配置

攻击实验分为本地攻击和远程攻击两种。

本地攻击实验中，在本地环境下调用 OpenSSL 密码库中的 AES，并在加密前后触发间谍进程采集其执行过程中访问的 Cache 组地址。实验配置如表 6-4 所示。

表 6-4　本地攻击实验配置

配 置 项	具 体 配 置	
操作系统	Windows XP Professional	
OpenSSL	OpenSSL 0.9.8a、OpenSSL 0.9.8j	
CPU	Athlon 64 3000+ 1.81GHz	
L1 Cache	容量：64KB	相联度：2 路
	Cache 行大小：64B	
L2 Cache	容量：512KB	相联度：16 路
	Cache 行大小：64B	

为验证攻击对远程环境下的适应性，将攻击程序和密码程序分开，在校园网环境下进行远程攻击实验。实验中攻击端和加密端配置如表 6-5 所示。

表 6-5　校园网远程攻击实验配置

配 置 项	操 作 系 统	CPU	L1 Cache 容量	相联度	行大小	IP
攻击端	Windows 2000	Inte Pentium 3.00GHz	16KB	8 路	64B	192.168.2.242
服务端	Windows XP	Athlon 64 3000+ 1.81GHz	64KB	2 路	64B	23.104.223.20

2. 密钥分析方法

OpenSSL 中的 AES 实现大都为采用 1KB 大小的查找表，典型实现有 OpenSSL 0.9.8a 和 OpenSSL 0.9.8j 两种方式。下面就以这两种密码实现为例，给出针对 AES 第一轮和最后一轮 Cache 访问泄露的密钥分析过程。

1）第一轮攻击

OpenSSL 0.9.8a 和 OpenSSL 0.9.8j 中 AES 第一轮分析相同，查表索引 x_i^0 可表示为

$$x_i^0 = p_i \oplus k_i \Rightarrow k_i = p_i \oplus x_i^0 \tag{6-17}$$

式中，p_i, k_i, x_i^0 分别表示第 i 个明文、密钥和查表索引字节。

将式(6-17)和式(6-6)进行比较不难发现，式(6-17)中的 p_i 和 x_i^0 可分别等价于式(6-6)中的 α, γ 变量，故可直接用来进行密钥分析。图 6-32 为间谍程序采集的某样本执行一次加密访问 T_0 表对应的 Cache 组集合。

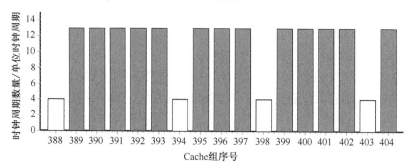

图 6-32　访问 T_0 表对应 Cache 组访问时钟周期

从图 6-32 可以看出，T_0 表在 Cache 中占据了 388～404 共 17 个 Cache 组，符合不对齐分布特性。此外，查表访问时钟周期低于 5 的块对应的是 AES 加密未访问过的 Cache 组，间谍进程二次访问发生 Cache 命中。

攻击者可穷举第一个查表元素在 Cache 组 388 中的起始位置，如果位置判断错误，则根据式(6-17)，可将所有 256 个密钥值排除；否则，会有至少 1 个密钥字节值不会被排除。

假设此时 P_0=0x00，对于分析 Cache 组 393，如果 T_0 表在 Cache 中对齐分布，则攻击者可推断出不可能查表索引为 0x50～0x5F，得到 K_0^0 的高 4 位的一个不可能值为 0x05。多样本分析后，正确的 K_0^0 的高 4 位值不可能被剔除，攻击者至多可获取 K_0^0 的高 4 位值，最后得到第一轮扩展密钥的 64 位值。

如果 T_0 表在 Cache 中不对齐分布，以 u=12 为例，攻击者可推断查表索引的不可能集合 A={0x44, 0x45, 0x46, 0x47, 0x48, 0x49, 0x4A, 0x4B, 0x4C, 0x4D, 0x4E, 0x4F, 0x50, 0x51, 0x52, 0x53}，由于 P_0=0x00，攻击者可得到 K_0^0 的 16 个不可能值。K_0^0 的高 4 位和低 4 位值均能被剔除，多样本分析后，唯一的 K_0^0 值会被恢复出来。

根据上面分析可知，查找表在 Cache 中的不对齐分布特性使得通过第一轮密码攻击获取全部扩展密钥成为可能。对于采用了复杂密钥扩展的密码算法，如 Camellia、ARIA、SMS4，攻击者需获取前 3 或 4 轮的扩展密钥才能恢复主密钥。在对齐分布场景下，第一轮分析可获取部分密钥位，在第 2、3、4 轮分析时的密钥分析难度将更大；而在不对齐分布场景下，每轮的完整扩展密钥均能被分析出来，并用于下一轮分析。因此，查找表在 Cache 中的不对齐分布特性使得针对 Camellia、ARIA、SMS4 等密码算法的访问驱动 Cache 攻击成为可能。

2) 最后一轮攻击

OpenSSL 0.9.8a 中 AES 最后一轮加密公式等价表示为

$$c_i = T_4[x_j^9] \oplus k_i^{10} \Rightarrow k_i^{10} = c_i \oplus T_4[x_j^9], \quad j = (5i) \bmod 16 \tag{6-18}$$

式中，c_i, k_i^{10} 分别表示第 i 个密文和后白化密钥字节；x_j^9 表示最后一轮第 j 次查表的索引字节。

OpenSSL 0.9.8j 中 AES 最后一轮加密公式等价表示为

$$c_i = T_l[x_j^9] \oplus k_i^{10} \Rightarrow k_i^{10} = c_i \oplus T_l[x_j^9], \quad l = (i+2) \bmod 4, \quad j = (5i) \bmod 16 \tag{6-19}$$

将式(6-18)和式(6-19)与式(6-6)比较不难发现，式(6-18)中的 C_i 和 $T_4[x_j^9]$、式(6-19)中的 c_i 和 $T_l[x_j^9]$ 都可分别等价于式(6-6)中的 α, γ 变量，在此基础上可根据前面方法进行密钥分析。

3. 实验结果与分析

1) OpenSSL 0.9.8a 中 AES 攻击实验

使用随机字母明文和随机字节明文(每个字节取随机 256 个值)，分别对 OpenSSL 0.9.8a 中 AES 第一轮执行了本地攻击实验，并根据 6.3.4 节方法分析了理论上 AES 第一轮密钥恢复不同样本量与密钥搜索空间的关系，结果如图 6-33 所示。

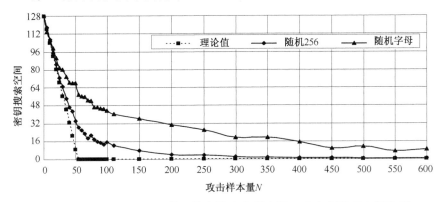

图 6-33 OpenSSL 0.9.8a 第一轮本地攻击样本量 N 和密钥搜索空间关系

根据图 6-33，第一轮攻击使用随机字节明文的 80 个样本可将密钥空间降低到 2^{16}，攻击样本量和明文的随机程度成反比，随机字节明文实际攻击结果同理论值基本一致。

由于最后一轮攻击中有查找表雪崩效应的存在，明文的扩散程度对攻击结果影响不大，所以使用了字节明文对 AES 最后一轮进行攻击实验，结果如图 6-34 所示。

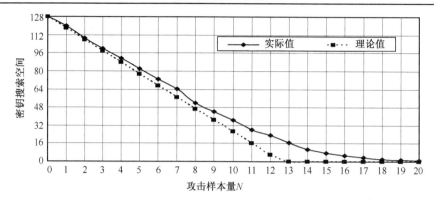

图 6-34　OpenSSL 0.9.8a 最后一轮本地攻击样本量 N 和密钥搜索空间关系

根据图 6-34,最后一轮理论上和实际攻击时,13 个样本即可恢复 AES 密钥。由于密文字节和查表结果的扩散性,最后一轮攻击所需样本量远小于第一轮(图 6-33),实际攻击的样本量也基本接近于理论值。

2) OpenSSL 0.9.8j 中 AES 攻击实验

对 OpenSSL 0.9.8j 中 AES 也执行了第一轮本地攻击实验,攻击结果如图 6-35 所示。

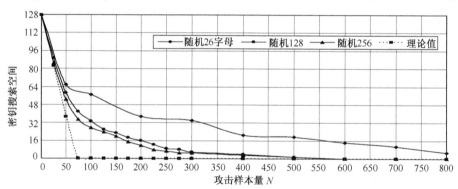

图 6-35　OpenSSL 0.9.8j 第一轮本地攻击样本量 N 和密钥搜索空间关系

从图 6-35 可以看出,第一轮攻击中随机字节明文条件下排除分析可使用 170 个样本恢复 AES 密钥。

最后一轮攻击结果如图 6-36 所示。

3) 远程攻击实验

本地攻击中,攻击者通过调用 OpenSSL 密码库来进行攻击,攻击程序和密码程序之间未直接交互。本地环境下 AES 攻击一个样本中间谍程序对所有 Cache 组采样如图 6-37 所示。

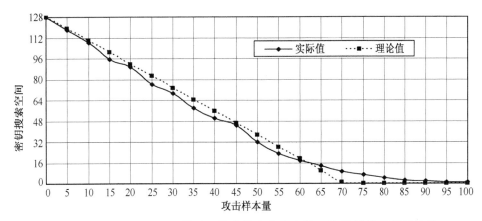

图 6-36　OpenSSL 0.9.8j 最后一轮本地攻击样本量 N 和密钥搜索空间关系

图 6-36 中，最后一轮攻击需要使用大约 64 个样本恢复 AES 完整密钥。由于 OpenSSL 0.9.8j 中采集的是 40 次查 T_0-T_3 表后的 Cache 组信息，与 OpenSSL 0.9.8a 中第一轮攻击中 36 次查 T_0-T_3 表相比，排除分析利用的加密未访问 Cache 组的数量更小，进而 OpenSSL 0.9.8j 中 AES 攻击所需样本量要稍大于 OpenSSL 0.9.8a（图 6-34）。

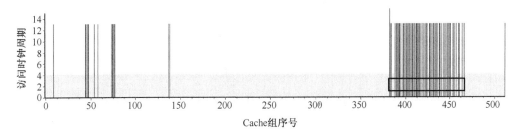

图 6-37　本地攻击中一个样本 Cache 组访问时钟周期图

图 6-37 中，横坐标表示 Cache 组序号，纵坐标表示 Cache 组访问时钟周期，可以看出本地攻击中，系统进程和其他用户进程对 Cache 访问带来的噪声比较小，对攻击影响不大。

为验证攻击对远程环境下的适应性，将攻击程序和密码程序分开，在校园网环境下进行攻击实验。远程环境下 AES 攻击一个样本中间谍程序对所有 Cache 组采样如图 6-38 所示。

以 OpenSSL 0.9.8j 中 AES 为例，开展了远程攻击实验。第一轮和最后一轮远程攻击结果分别如图 6-39 和图 6-40 所示。

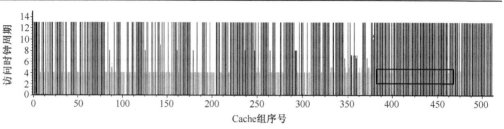

图 6-38　远程攻击中一个样本 Cache 组访问时钟周期图

图 6-38 表明，远程攻击信息采集中网络发包和拆包需要多次访问 Cache，给攻击带来很大噪声；但 AES 加密中查表访问 Cache 组信息（方框选择区域中访问时钟周期较小的 Cache 组）仍可被采集，并用于密钥恢复。

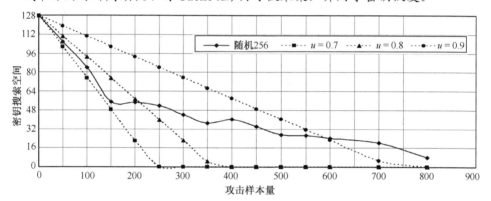

图 6-39　OpenSSL 0.9.8j 第一轮远程攻击样本量和密钥搜索空间关系

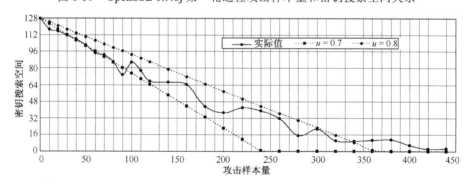

图 6-40　OpenSSL 0.9.8j 最后一轮远程攻击样本量和密钥搜索空间关系

结果表明，随机字节明文条件下，在局域网环境中，第一轮和最后一轮远程攻击可分别在 750 个样本（图 6-39）、280 个样本（图 6-40）左右恢复密钥。与本地攻击比较，OpenSSL 0.9.8j 远程攻击所需样本量要稍大，但只是线性增长；远程实验中噪声因子 u 为 $0.7 \sim 0.9$，实际攻击样本量和密钥搜索空间关系同理论值相符。

6.4　踪迹驱动 Cache 分析

6.4.1　基本原理

踪迹驱动 Cache 分析主要通过采集和分析密码算法查表访问 Cache 的踪迹来进行密钥分析。

1.　分组密码踪迹驱动 Cache 分析

对于分组密码算法，主要采集密码算法一次加密过程中每次查表的命中和失效事件进行密钥分析。分析原理示意图如图 6-41 所示。由于分组密码加密时间较短，

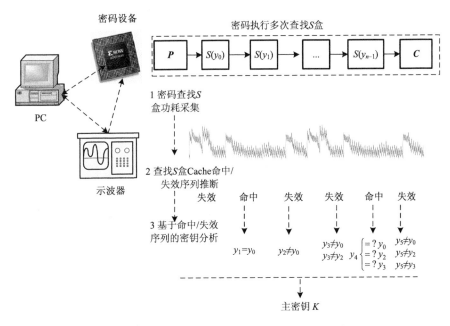

图 6-41　分组密码踪迹驱动 Cache 分析原理示意图

图 6-41 中，假定密码算法执行一次加密过程中需要执行 n 次查表操作，y_i 表示第 i 次查表索引。加密前攻击者可将 Cache 清空，则第一次查表恒发生 Cache 失效。以分析第二次查表 Cache 访问为例，如果发生 Cache 命中，则表明 y_2 已被之前的查表访问加载到 Cache 中，$y_2 = y_1$；否则表明 y_2 未被之前的查表访问加载到 Cache 中，$y_2 \neq y_1$。由于 y_i 都可表示为明文、密文和扩展密钥的函数，通过分析 Cache 访问泄露建立的若干等式和不等式，可分析出扩展密钥值，并结合密钥扩展推断出主密钥。

难以设计间谍进程通过计时的手段采集密码算法查表访问 Cache 命中和失效序列，常使用通过采集密码执行功耗(电磁)泄露的差异来实现。攻击端 PC 发送明文 P 到密码设备，密码设备在一次加密过程中要执行多次查表操作，示波器负责采集密码多次查表过程中的功耗(电磁)泄露并传输给 PC，PC 通过分析功耗曲线得到密码设备每次查表 Cache 访问命中和失效序列，并利用其进行密钥分析。

2. 公钥密码踪迹驱动 Cache 分析

对于公钥密码算法，由于其执行时间较分组密码要长，多达上千万个时钟周期。攻击者可以使用访问驱动方式采集公钥密码的执行踪迹(如平方-乘法操作序列)，在此基础上进行密钥恢复[293-294]。分析过程如图 6-42 所示。

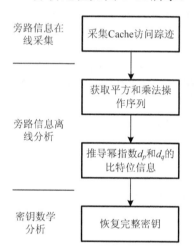

图 6-42　公钥密码踪迹驱动 Cache 分析基本流程

执行公钥密码踪迹驱动 Cache 分析的基本流程描述如下。

(1)利用间谍进程，基于访问驱动方式采集密码进程执行过程中访问 Cache 组地址踪迹信息。

(2)由采集的踪迹与平方-乘法操作序列的相关性，推导模幂运算的平方和乘法操作序列。

(3)依据操作序列与幂指数的相关性推导出幂指数的位。

(4)利用数学分析方法由获取的部分离散幂指数位恢复完整的私钥。

需要说明的是，公钥密码踪迹驱动 Cache 分析可针对指令 Cache 和数据 Cache 实施，分析在步骤(3)和步骤(4)的原理是通用的，只是在步骤(2)中分析模型与踪迹采集对象和方法有所不同。

6.4.2　基于 Cache 命中与失效踪迹的分组密码密钥分析方法

以典型的分组密码第一轮查表操作为例，MHHM，MMHH，MHHH，MHMH 为 16 次查表访问的 Cache 命中/失效序列，H 和 M 分别表示"Cache 命中"和"Cache 失效"。图 6-43 表示同一次加密中的两次查表访问。

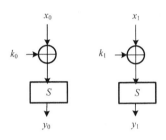

图 6-43　两次查表操作

图 6-43 中，两次查表索引分别为 $y_0 = x_0 \oplus k_0$ 和 $y_1 = x_1 \oplus k_1$。

一般来说，如果 $x_0 \oplus k_0$ 是第一次访问 Cache，常会发生 Cache 失效，则根据第二次查表访问 Cache 是命中还是失效，可将分析分为以下两种情况。

1）Cache 命中

此时，二次 Cache 访问需要较小功耗或电磁辐射，表明当前查表结果已经在前面查表过程中被加载在 Cache 中，$x_0 \oplus k_0 = x_1 \oplus k_1$，则 $k_0 \oplus k_1$ 的可能值被泄露出来，$k_0 \oplus k_1 = x_0 \oplus x_1$。

2）Cache 失效

此时，二次 Cache 访问需要较大功耗或电磁辐射，表明第二次查表结果未在之前查表过程中被加载到 Cache 中，$x_0 \oplus k_0 \neq x_1 \oplus k_1$，则 $k_0 \oplus k_1$ 的不可能值被泄露出来，$k_0 \oplus k_1 \neq x_0 \oplus x_1$。

通过以上分析，理想情况下可直接得到 $k_0 \oplus k_1$ 的唯一候选值。但考虑到 Cache 访问局部性原理，每次 Cache 访问失效时，会将整个 Cache 块的 δ 个元素加载到 Cache 中。如果查找表在 Cache 中对齐分布（如 Linux 系统中），则攻击者可以获取 $k_0 \oplus k_1$ 的高 $8 - \log_2(\delta)$ 位，即 $< k_0 \oplus k_1 >$；如果不对齐分布（如 Windows 系统中），则攻击者可以获取 $k_0 \oplus k_1$ 的 8 位比特值。

6.4.3　基于平方和乘法踪迹的公钥密码幂指数分析方法

公钥密码踪迹驱动 Cache 分析中，可以针对数据 Cache 访问踪迹来实现密钥分析，也可针对指令 Cache 来实现。需要说明的是基于数据 Cache 和指令 Cache 访问踪迹的幂指数位推导、完整密钥恢复过程类似，而数据 Cache 和指令 Cache 的采集方法不同，故下面分别进行介绍。

1. Cache 访问踪迹采集

1）数据 Cache 访问踪迹采集

数据 Cache 访问踪迹采集原理如图 6-44 所示。

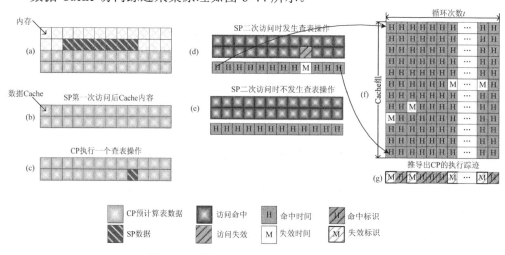

图 6-44　数据 Cache 访问踪迹采集原理

根据图 6-44，采集过程中，为间谍进程 SP 分配与 L1 数据 Cache 大小相等的字节数组 $A[0,\cdots,S\times W\times B-1]$，再依据数据 Cache 的结构特征，让 SP 从 A 中每隔 B 字节顺序读取数组数据元素占据整个 Cache，初始化 Cache 的状态，为采集密码进程 CP 的执行 Cache 踪迹做准备。

具体踪迹数据采集步骤如下。

（1）在 Cache 状态初始化完毕后，SP 通知 CP 开始对随机生成的密文执行公钥密码解密操作。

（2）在 CP 的执行过程中，SP 与其同步执行，不断访问数组 A 的元素，按照元素 $A[i\times S\times B+j\times B]$，$0\leqslant i<W$，$0\leqslant j<S$ 的顺序进行访问，即访问 Cache 组中的每个 Cache 行，并测量访问时间 $t_w(0\leqslant w<W)$，从而获取每个 Cache 组的访问时间 t_s（$0\leqslant s<S$），循环一次操作采集访问所有 Cache 组的访问时间 $T_t=\{t_s\}$。

（3）设置循环执行次数 Time 的值，使得 SP 在 CP 执行完毕之后才停止，循环执行最终获取完整踪迹计时信息集合 $T[t][l]$，其中 $0\leqslant t<Time$，$0\leqslant l<S$，Time 为 SP 循环采集的总次数。如果发生查表操作，则同时获取表的索引值 K_t^{index}（$0\leqslant index\leqslant 15$），将所采集的计时踪迹信息集合和查表索引值集合分别标记为 T 和 K。

2）指令 Cache 访问踪迹采集

指令 Cache 访问踪迹采集原理如图 6-45 所示。

具体踪迹指令采集步骤如下。

（1）SP 进程与 CP 进程在同一处理器上同步执行，共享同一指令 Cache 资源，在 CP 进程启动前开始执行，首先将 SP 进程指令填充整个指令 Cache（图 6-45（b）），并测量记录执行时访问每个 Cache 组中所有 Cache 行的时间。

（2）启动 CP 进程开始执行解密/签名运算，执行的指令会访问被监视的 Cache 组区域，导致原先 SP 进程拥有在指令 Cache 中的垃圾指令被驱逐。如果执行被检测指令（图 6-45（c）），则其映射的 Cache 行中的 SP 进程指令被驱逐，导致 SP 进程二次执行时，访问被 CP 进程占用的 Cache 行时会发生“失效”（图 6-45（d））；如果被检测指令不被执行（图 6-45（e）），则 SP 进程二次执行时，访问相应的 Cache 行会发生“命中”（图 6-45（f））。根据 Cache 组中的每个 Cache 行的访问时间计算出每个 Cache 组的访问总时间，作为 Cache 组命中和失效的依据。

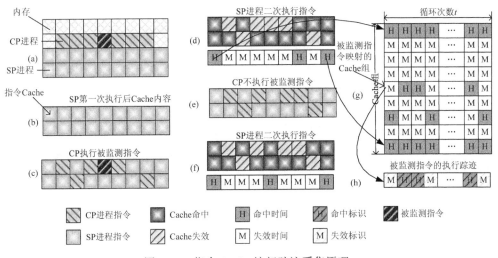

图 6-45　指令 Cache 访问踪迹采集原理

（3）SP 进程以一定的频率循环执行图 6-45（d）和图 6-45（f）的操作步骤，并测量每次执行时访问每个 Cache 组所需的时间，直到 CP 进程结束后才终止，从而实现监视密码进程执行时访问 Cache 的所有踪迹（图 6-45（g））。

2. 幂指数位离线分析

从图 6-42 中的公钥密码踪迹驱动 Cache 分析流程可知，无论数据 Cache 分析还是指令 Cache 分析，都是通过分析采集的踪迹信息推导出密码算法的执行流（本节表示为平方和乘法操作序列），再利用与幂指数的相关性分析出幂指数。两者的主要区别在于采集踪迹信息的对象不一样，而在幂指数分析算法上存在一定的共同点。

针对滑动窗口算法实现的模幂运算进行幂指数分析时，二者都能够利用算法执行流与幂指数位的相关性和窗口大小特征分析出相应的指数位，除此之外，数据 Cache 分析还能够依据预先计算表索引值与窗口位的对应关系进一步获取幂指数的位；而针对平方乘法模幂运算分析时，只针对指令 Cache 分析有效，通过获取的平方和乘法操作指令流，利用幂指数位为 1 时比为 0 的情况多执行一个乘法操作的特性恢复出完整幂指数。下面分别给出三种幂指数分析算法。

(1)基于查找表与操作相关性的指数位分析算法

针对滑动窗口算法实现的公钥密码算法的模幂运算进行幂指数位分析时，由滑动窗口算法的执行过程可以看出，只有执行乘法操作时才会发生查表操作，其余的均为平方操作。根据滑动窗口算法的滑动规则：每个窗口位都是以 1 为开头，再以 1 为结尾，算法在每个窗口滑动结束时才会执行一个乘法操作，发生查表操作。

当窗口大小 win_size 为 5 时，可以依据平方和乘法操作序列推导出部分幂指数位的值。如果发生乘法操作，则可直接推导出对应的幂指数位为 1；从执行的平方乘法操作序列可以发现，如果连续出现 5 次以上的平方操作时，则可以推导出窗口大小开始计算前滑过幂指数位为 0 的数目。

(2)利用窗口大小特征的缩小幂指数空间

经过分析发现，以 512 位的幂指数进行分析，如果仅利用上面的分析算法能获取的幂指数位数目非常有限，则能够获取大约 200 个的幂指数位。如果能够获取的幂指数位数目不足以满足在多项式时间内恢复完整密钥的条件，则指令 Cache 分析失败。

滑动窗口算法中具有以下窗口滑动规则：每次滑动窗口时，从指数位为 1 开始滑动，滑动数目与窗口大小 win_size 相等的位，并以最右边的指数位为 1 的位置作为当前窗口的结束位置，计算当前窗口的大小 now_size 和窗口值 wvalue，如当前窗口为 "1001"，则 now_size=4，wvalue=9。

根据滑动规则可知，如果从操作序列发现当前窗口大小小于 win_size 时，即可判断当前窗口之后存在 win_size-now_size 个值为 0 的幂指数位。

以从左到右的滑动窗口算法为例，给出具体幂指数位分析过程，如图 6-46 所示。

(3)依据查找表索引值与窗口位相关性的指数位分析算法

与指令 Cache 不同，数据 Cache 分析还能够利用查找预先计算表时所使用的索引值与窗口位的相关性进一步分析幂指数位的值。根据滑动窗口算法的预计算表查找规则，查找预先计算表的索引值 K_t 等于 wvalue>>1，而且由于 wvalue 为奇数，则有 $wvalue = 2 \cdot K_t + 1$，所以如果知道表的索引值，则可以计算出对应的窗口值 wvalue。

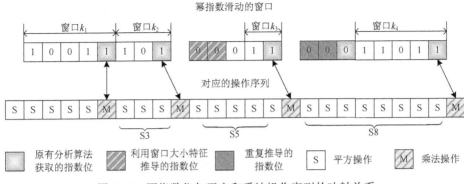

图 6-46　幂指数位与平方和乘法操作序列的映射关系

在图 6-46 中，上方是幂指数值，下方是相应的平方和乘法操作序列，有底色的幂指数位表示这些位可以通过操作序列推测出。可以看出，4 个乘法操作(M 表示)可推导出 4 个值为 1 的幂指数位；由连续出现的 8 个平方操作(S8 表示)，可推导出 3 个值为 0 的幂指数位。此外，利用窗口大小特征可以进一步推导出更多的幂指数位：一是从操作序列中 3 个连续的平方操作 "S3" 可以判断出窗口 k_2 的大小最大为 3，因此可以推导出窗口 k_2 后面存在 2 个指数位为 0；二是对于图中大小为 2 的窗口 k_3，由于对应的操作序列存在 5 个平方操作 "S5"，所以利用前面获取的 2 个幂指数为 0 的信息，将窗口 k_2 的大小的最大值缩小为 3，并推导出窗口 k_3 后面存在 2 个指数位为 0。

分析过程中是利用预先计算表与 Cache 组的映射关系，通过间谍进程监视 Cache 组的访问状态判断出是否发生查表操作和对表中的哪些元素进行访问，从而获取索引值，推算出窗口位，理论上能够恢复完整的幂指数位。

6.4.4　AES 踪迹驱动攻击实例

下面以 AES 密码为例给出踪迹驱动 Cache 攻击的一个实例。

1. AES 分析方法

1）第一轮分析

攻击对象为 OpenSSL 0.9.8a 密码库中的 AES 优化实现，每轮对 T_0，T_1，T_2，T_3 共 4 个查找表分别进行 4 次查表，共 16 次查表操作。令 p_i，k_i，x_i^0 分别表示第 i 个明文、密钥和查表索引字节。

第一轮查 T_0 表的 4 个索引值为

$$x_0^0 = p_0 \oplus k_0; \ x_4^0 = p_4 \oplus k_4; \ x_8^0 = p_8 \oplus k_8; \ x_{12}^0 = p_{12} \oplus k_{12} \tag{6-20}$$

第 2 次查 T_0 表的 Cache 访问信息同查表索引 $p_4 \oplus k_4$ 相关，经分析可推断出 $k_0 \oplus k_4$

的相关信息，如果二次访问发生 Cache 失效，则

$$< p_0 \oplus k_0 > \neq < p_4 \oplus k_4 > \Rightarrow k_4 \neq p_4 \oplus \{< p_0 \oplus k_0 >\} \qquad (6\text{-}21)$$

式中，$\{< p_0 \oplus k_0 >\}$ 表示与 $p_0 \oplus k_0$ 在同一个 Cache 行的 16 个索引值，如果 T_0 表在 Cache 中是对齐分布的(图 6-29)，则每个查表行对应一个 Cache 行的 16 个元素。如果 p_0=0x61，p_4=0x73，假设 k_0=0x00，$\{< p_0 \oplus k_0 >\}$ 对应 16 个高 4 位相同的字节，则第二次访问的失效信息可得出 k_4 的 16 个不可能值。

$$
\begin{aligned}
k_4 &\neq p_4 \oplus \{< p_0 \oplus k_0 >\} \\
&\neq 0x73 \oplus \{< 0x61 > \oplus 0x00\} \\
&\neq 0x73 \oplus \{< 0x61 >\} \\
&\neq 0x73 \oplus \{0x60, 0x61, 0x62, 0x63, \cdots, 0x6F\} \\
&\neq \{0x13, 0x12, 0x11, 0x10, \cdots, 0x1C\} \\
&\neq \{0x10, 0x11, 0x12, 0x13, \cdots, 0x1F\} \qquad (6\text{-}22)
\end{aligned}
$$

使用更多样本，如果 k_0 预测正确，则多次分析后的交集可得到 16 个高 4 位相同的 k_4 值；否则会得到 k_4 的一个空集。

但如果查找表在 Cache 中是不对齐分布的(图 6-30)，如每个 T_0 表行对应一个 Cache 行的后 4 个元素和下一个 Cache 行的前 12 个元素(u=12)，如果 p_0=0x61，p_4=0x73，假设 k_0=0x00，$\{< p_0 \oplus k_0 >\}$ 对应高 4 位和低 4 位不同的 16 个字节，则第二次访问的失效信息可得出 k_4 的 16 个不可能值。

$$
\begin{aligned}
< p_0 \oplus k_0 > &\neq < p_4 \oplus k_4 > \\
&\Rightarrow k_4 \neq p_4 \oplus \{< p_0 \oplus k_0 >\} \\
k_4 &\neq p_4 \oplus \{< p_0 \oplus k_0 >\} \\
&\neq 0x73 \oplus \{< 0x61 > \oplus 0x00\} \\
&\neq 0x73 \oplus \{< 0x61 >\} \\
&\neq 0x73 \oplus \{0x54, 0x55, 0x56, 0x57, 0x58, 0x59, 0x5A, 0x5B, 0x5C, \\
&\qquad 0x5D, 0x5E, 0x5F, 0x60, 0x61, 0x62, 0x62\} \\
&\neq \{0x27, 0x26, 0x25, 0x24, 0x2B, 0x2A, 0x29, 0x28, 0x2F, \\
&\qquad 0x2E, 0x2D, 0x2C, 0x13, 0x12, 0x11, 0x10 \} \qquad (6\text{-}23)
\end{aligned}
$$

一次 Cache 失效事件可排除 k_4 的高 4 位和低 4 位不完全相同的 16 个候选值，如果 k_0 预测正确，则 k_4 多次分析后的交集可得到唯一值；否则会得到 k_4 的一个空集。

将该方法应用到其他两次查 T_0 表可恢复 k_8, k_{12}，其他 12 次查 T_1, T_2, T_3 表可恢复其他 12 个密钥字节值。

2)最后一轮分析

OpenSSL 0.9.8a 中 AES 最后一轮仅使用 T_4 表进行 16 次查表，加密公式为

$$c_i = T_4[x_j^9] \oplus k_i^{10} \Rightarrow k_i^{10} = c_i \oplus T_4[x_j^9], \ j = 5i \bmod 16 \tag{6-24}$$

如果第 2 次查 T_4 表发生 Cache 失效，则可得

$$
\begin{aligned}
&<T_4^{-1}[c_0 \oplus k_0^{10}]> \neq <T_4^{-1}[c_1 \oplus k_5^{10}]> \\
&\Rightarrow k_5^{10} \neq c_1 \oplus \{T_4[<T_4^{-1}[c_0 \oplus k_0^{10}]>]\}
\end{aligned}
\tag{6-25}
$$

无论 T_4 表在 Cache 中对齐与否，即 $\{<T_4^{-1}[c_0 \oplus k_0^{10}]>\}$ 是否为高 4 位相同的 16 个连续值，由于 S 盒的雪崩效应，经查找 T_4 表后都可转换为 16 个不连续值，进而可排除 k_5^{10} 的 8 位不可能值。对这 16 次查 T_4 表操作进行分析，可获取最后一轮白化密钥 K^{10} 的值，结合密钥扩展设计可直接恢复主密钥 K。

2. AES 攻击结果

在 Athlon 3000+ 处理器下进行了攻击实验，通过修改密码算法输出 Cache 访问命中和失效序列。第一轮攻击中不同样本大小与密钥搜索空间的关系如图 6-47 所示。

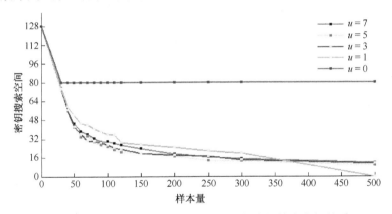

图 6-47　AES 第一轮攻击中样本大小与密钥搜索空间关系

从图 6-47 可以看出，如果 S 盒在 Cache 中对齐分布 ($u=0$)，则第一轮攻击只能恢复 48 位密钥；在不对齐情况下 ($u \neq 0$)，200 个样本可将其搜索空间降低到 2^{16} 左右，经简单暴力破解恢复 128 位 AES 密钥。

AES 最后一轮攻击 Cache 行大小与攻击成功所需样本量关系如图 6-48 所示。

6.4.5　RSA 踪迹驱动攻击实例

本节实验主要为了从机理上验证分析方法正确性，尽可能地减少其他进程引入的噪声干扰。依据间谍进程监测的 Cache 不同分为数据 Cache 攻击和指令 Cache 攻击两种。

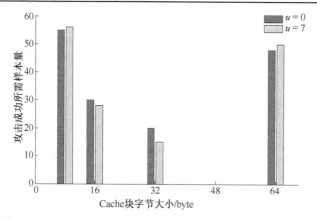

图 6-48　AES 最后一轮攻击中样本大小与密钥搜索空间关系

从图 6-48 可以看出，不论 AES 的 S 盒在 Cache 中是否对齐，128 位完整密钥都可在有限样本中恢复，这个主要是由于最后一轮查表结果的扩散性。

实验以 OpenSSL 密码库的 RSA 算法为分析对象，以 RSA 签名密钥为攻击目标。依据提出的攻击模型，针对滑动窗口算法实现的 RSA 算法执行攻击实验，其中实验中的指令 Cache 攻击同样适用于采用简单平方乘算法实现的一般 RSA 算法，只是在幂指数分析时会有所差异，而原理和步骤都相同，受篇幅限制本书只对滑动窗口算法进行分析。

为了检验不同 CPU 配置对 Cache 攻击的影响，实验中将这两种攻击分别在不同的实验配置环境下执行，数据 Cache 攻击在 Pentium 4 处理器上执行，而指令 Cache 攻击在 Core i3 处理器上执行。

1. 攻击实验环境配置

尽管 Cache 攻击都可以在单线程和同步多线程处理器上执行，但在普通 CPU 实现时，攻击者需要利用 CP 与 SP 进程之间的 "Ping-Pong" 效应切换两个进程的执行进度，通过操作系统的调度机制，恶意垄断 CPU 周期，实现较为复杂；而在 SMT 处理器上，则比较容易实现两个进程在同一个物理核中的两个虚拟核上同步执行。

为了实验多样性，分别在具有 SMT 能力的 Pentium 4 和 Core i3 处理器上进行攻击实验，同时为了便于研究和提高采集计时数据的精度，攻击过程中最小化操作系统中的其他进程，具体配置如表 6-6 和表 6-7 所示。

表 6-6　针对 RSA 算法的数据 Cache 攻击配置

配　置　项	具　体　参　数
操作系统	Linux Fedora 8
超线程是否开启	是

续表

配　置　项	具　体　参　数	
OpenSSL	OpenSSL 0.9.8b	
CPU	Intel Pentium 4 3.0GHz	
内存	1GB	
L1 Cache	Cache 大小　16KB	相联度: 8 路
	Cache 行大小: 64B	Cache 组数量: 32
L2 Cache	Cache 大小: 2048KB	相联度: 8 路
	Cache 行大小: 64B	

表 6-7　针对 RSA 算法的指令 Cache 攻击配置

配　置　项	具　体　参　数	
操作系统	Linux Fedora 8	
超线程是否开启	是	
OpenSSL	OpenSSL 0.9.8f	
CPU	Intel Core i3 2.53GHz	
内存	2GB	
L1 Cache	Cache 大小　32KB	相联度: 4 路
	Cache 行大小: 64B	Cache 组数量: 128
L2 Cache	Cache 大小: 256KB	相联度: 8 路
	Cache 行大小: 64B	

2. 数据 Cache 分析实验

图 6-49 所示为采集的 RSA 密码算法解密访问数据 Cache 的踪迹。

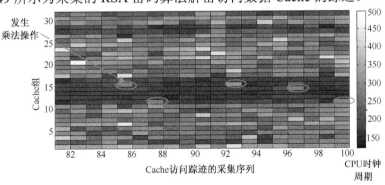

图 6-49　部分 Cache 计时数据的伪彩色图表示结果

图 6-49 中，横坐标表示 SP 采集 Cache 访问踪迹的循环序列，纵坐标表示 SP 采集访问的 32 个 Cache 组对应的位置标记，用颜色的变化表示 CPU 时钟周期的多少 (见右侧的图例)。圆圈标注出了发生乘法操作的 Cache 踪迹，这些位置的 Cache 访问时间更长。

　　从图 6-49 的结果可推导出算法执行的平方乘法操作序列，图中圈出了乘法操作发生的序列，其余为平方操作，因此对应的操作序列为 "MSSSSMSMSSSSMSSSMSSM"，其中 S 表示平方操作，M 表示乘法操作。再依据 6.4.3 节可知第一个操作为乘法操作。在此基础上找到 RSA 密码算法每次模幂运算对应的平方和乘法操作序列，利用 6.4.3 节的三种幂指数分析算法，对幂指数 d_p 或 d_q 的值展开分析。大量的实验结果表明，RSA 数据 Cache 踪迹攻击可平均获取 340 位 d_p 和 d_q 值，在此基础上进行主密钥推导。

3. 指令 Cache 分析实验

　　图 6-50 所示为采集的 RSA 密码算法解密访问指令 Cache 的踪迹。

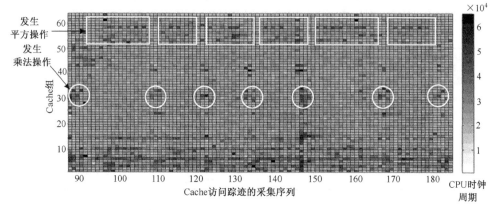

图 6-50　部分有用的指令 Cache 计时数据的伪彩色图表示结果

　　图 6-50 中，横坐标表示 Cache 访问踪迹的循环序列，纵坐标表示 64 个 Cache 组对应的位置标记，用颜色的变化表示 CPU 时钟周期的多少（见右侧的图例）。圆圈标注出了发生乘法操作的 Cache 踪迹，矩形框标注出了发生平方操作的 Cache 踪迹，这些位置的 Cache 访问时间更长。

　　利用 Cache 访问时命中和失效特性，可以观察平方和乘法操作函数指令映射的 Cache 组位置。利用图 6-50 中获取的数据可推导出共发生 7 次乘法、34 次平方操作，操作序列为："MSSSSSSMSSSSMSSSSSMSSSSSMSSSSSSSMSSSSSM"。利用 6.4.3 节算法获取 12 个幂指数位：10XXXX1XXX10XXX10XXX100XXXX1XXXX1。大量的实验结果表明，RSA 指令 Cache 踪迹攻击可平均获取 260 位 d_p 和 d_q 值，在此基础上进行主密钥推导。

6.5　注记与补充阅读

　　本章介绍了三种密码 Cache 计时分析方法，攻击示例主要针对 AES 分组密码和 RSA 公钥密码算法。关于 Camellia、SMS4 等分组密码 Cache 分析的论文，读者可参考文献[170]、[283]、[284]和[290]，关于 ECC、DSA 等公钥密码 Cache 分析的论文，读者可参考文献[295]～[300]，关于序列密码 Cache 分析的论文，读者可参考文献[130]、[136]和[137]。除了数据 Cache 攻击和指令 Cache 攻击，近年来还有学者指出处理器上的分支预测单元也存在类似的旁路泄露漏洞，读者可参考文献[301]～[303]。此外，针对移动智能终端手机 Cache 攻击的研究也是最近的研究热点之一，读者可参考文献[304]和[305]。

本章主要从攻击角度对 Cache 分析方法进行介绍，在 Cache 分析防护方面，可从消除、弱化、盲化、容忍 Cache 泄露四个角度开展，前三个角度是从密码实现方面进行防护，最后一个角度是从密码算法设计方面进行防护。

（1）消除泄露

防护 Cache 分析最直接的方法是消除密码运算访问 Cache 的执行时间或功耗/电磁泄露差异。典型方法有以下两种，设计专用硬件不再访问 Cache（如 Intel 公司为 AES 设计的 AES-NI 指令集[306]）、修改算法实现在加密前将密码查找表预先加载到 Cache 中[142, 147, 307]。

（2）弱化泄露

除了消除泄露，攻击者还可通过修改密码算法弱化泄露，典型方法有以下两种：插入随机时延扰动密码执行时间、使用紧凑查找表增加 Cache 命中次数[142,308]。

（3）盲化泄露

主要通过随机密码运算顺序（如查找 S 盒顺序）[309]、掩码 S 盒内容[275]等。

（4）容忍泄露

主要是从算法设计之初即考虑到物理泄露问题，从可证明安全性角度，设计新的容忍部分泄露但仍安全的密码算法，基于此进行的密码设计称为"抗泄露密码学"或"容忍泄露密码学"，读者可参考文献[195]～[213]进行进一步的研究。

第7章 差分故障分析

一般情况下，运行密码算法的硬件设备或者软件程序均能正确地执行各种密码运算，但在有干扰情况下，密码运算模块可能会出现寄存器故障或运算错误，利用这些故障行为或错误信息来恢复密钥的方法称为密码故障分析。关于故障分析是否也属于一种旁路分析方法的争议一直存在[7]，本书暂将其作为一种旁路分析方法进行阐述。

密码设备大都基于电子技术实现，接口也相对简单，较易受到外界干扰，使得故障分析已成为最有效的旁路分析方法之一。2011 年 10 月，美国国家标准与技术研究院 (NIST) 发布了密码模块安全标准第三版 FIPS 140-3[172]，首次将故障攻击明确提案至标准 "4.6 节物理安全" 部分，可见故障攻击对密码设备安全性已构成了严峻威胁，必须在密码设备的设计、生产、使用过程中加以重视。

密码故障分析的概念由 Boneh 等于 1996 年率先提出，并对基于 CRT 算法实现的 RSA 签名密钥进行了分析[37]。之后，Biham 和 Shamir 将该方法推广至 DES 密码分析，由于采用了差分密码分析的思想，推广的分析方法称为差分故障分析[38]。目前，差分故障分析方法陆续被推广至 ECC[80-81]等公钥密码，AES[83-95]、CLEFIA[96-98]、Camellia[99-102]、SMS4[103-105]、ARIA[106]、PRESENT[107-113]、MIBS[114-115]、LED[116-120]、Piccolo[121-123]、GOST[124]、Keeloq[125]、SHACAL[126-127]等分组密码、RC4[128-131]、Trivium[132-134]、HC-128[135]、HC-256[136]、SNOW 3G[137]、Grain-128[138-139]、Rabbit[140]等序列密码，其实现途径更加多样化，分析代价也大大降低，被视为对密码算法的现实威胁之一。

本章首先介绍故障的注入方法和故障模型；然后给出故障分析的原理和经典的差分故障分析方法①，并在此基础上阐述分组密码和公钥密码的差分故障分析方法与攻击实例，包括针对 SPN 结构、Feistel 结构分组密码的差分故障分析，基于操作步骤故障模型、参数故障模型、乘法器故障模型的 RSA 公钥密码差分故障分析和基于符号变换故障模型的 ECC 公钥密码差分故障分析。

7.1　密码运行故障

7.1.1　故障注入

实际上，最早的故障分析研究始于 20 世纪 70 年代的航空电子设备抗干扰研究，

---

① 本书将所有通过利用密码算法正确输出和故障输出的差分进行的密钥分析统称为差分故障分析。

May 和 Woods 注意到用来保护微处理器的封装材料中的放射性微粒容易产生故障，封装中的微粒物会释放铀-235、铀-238、钍-230，并衰减为铅-206，产生足够大的充电使得芯片上的敏感区域的位产生翻转[310]。后续研究者开始学习和仿真宇宙光对半导体的影响[311]。由于地球大气层的影响，地面上的宇宙光产生的影响十分微弱，而在大气层顶部或者外太空，宇宙光产生的影响则比较显著。故障在航空电子系统中的影响则是灾难性的。NASA 和 Boeing 组织发起了如何在复杂环境下开展电子设备抗干扰研究。直至 1996 年，Boneh 等将故障注入应用到密码分析中[37]，面向密钥芯片的故障注入技术得到了迅猛的发展。

　　故障注入就是在某个合适的时间改变密码芯片的工作条件，使得密码芯片运行的中间状态发生改变，进而产生错误的输出或异常的旁路泄露。根据攻击者侵入密码设备接口和运行环境的程度，可将故障注入分为非侵入式故障注入、半侵入式故障注入和侵入式故障注入三种[76]。由于后两者是基于存储数据的修改，而不是传输过程故障，所以这两种方式都需要在物理上接触密码芯片，还需要昂贵的用于剖片处理的设备和化学用品，以及用于注入故障的特殊设备。非侵入式故障注入则是通过外界干扰的方式，如时钟、电压或磁场等，让密码芯片执行出错，相比于其他两种方式具有较高的可行性。

　　1）非侵入式故障注入

　　非侵入式故障注入是一种简单廉价的攻击方式，使用这种类型的攻击只需要使用外部接口修改工作条件，不需要对密码设备自身进行破坏或修改，通常是通过电压、时钟信号扰乱等进行实施。这种攻击方式隐蔽性较高，难以被发现。攻击者可利用的条件有电压、时钟、温度、脉冲等。

　　以时钟故障注入为例，攻击者可在密码运行到某个中间运算时，利用随机函数发生器产生一个额外的时钟频率，并叠加到密码芯片的内部工作时钟频率，进而得到一个高于正常的工作频率，使得中间状态产生故障。图 7-1 给出了无故障时和注入故障后的加密功耗和时钟信号。

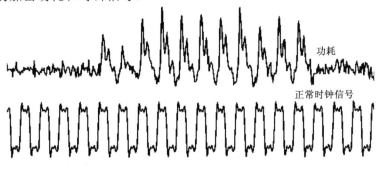

（a）故障注入前的功耗和时钟信号

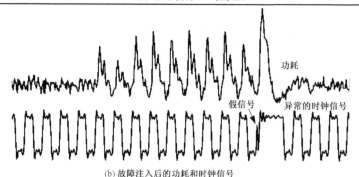

(b) 故障注入后的功耗和时钟信号

图 7-1　基于时钟的故障注入[60]

可以看出，在故障注入位置(图 7-1(a))，有一个异常的时钟信号，其持续时间要大于正常的时钟信号(图 7-1(b))。

2) 半侵入式故障注入

半侵入式故障注入技术由英国剑桥大学 Skorobogatov 博士提出[76]，攻击者需要物理上接触设备，但不损害设备的钝化层，也可能通过非授权界面进行电气接触。例如，攻击者使用激光柱来对设备进行电离，以改变设备存储器的一部分。典型的例子是通过激光注入手段，使得设备执行一些错误的运算，并分析错误操作的结果来获取秘密信息。图 7-2 所示为利用激光方式向密码芯片注入故障的流程图。

图 7-2　半侵入式故障注入流程

根据图 7-2，攻击者首先需要利用电动钻头拆包芯片，然后利用化学药剂进行去膜处理，在此基础上利用超声波清洗池对芯片进行清洗，最后利用激光故障注入器对芯片内部注入故障。

3) 侵入式故障注入

侵入式故障注入常在半侵入式故障注入的基础上，去除门电路上面的金属层，使得每个门电路都能够裸露出来，再执行进一步的故障注入。侵入式故障注入的流程图如图 7-3 所示。

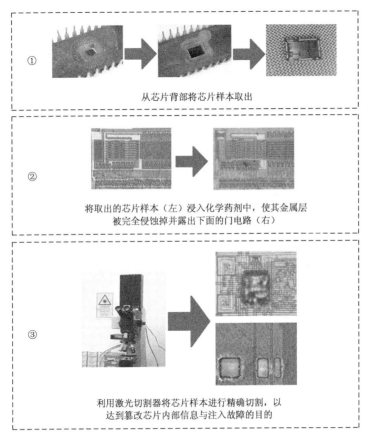

① 从芯片背部将芯片样本取出

② 将取出的芯片样本（左）浸入化学药剂中，使其金属层被完全侵蚀掉并露出下面的门电路（右）

③ 利用激光切割器将芯片样本进行精确切割，以达到篡改芯片内部信息与注入故障的目的

图 7-3　侵入式故障注入流程

根据图 7-3，侵入式故障注入需要在图 7-2 半侵入式故障注入的基础上，对芯片进行更深一层的故障注入。

7.1.2　故障模型

故障分析常在某假设故障模型条件下进行，攻击者注入的故障是否符合故障模型直接影响到密钥分析的可行性和效率。通常，一个故障模型由故障时机(fault time)、故障位置(fault location)、故障动作(fault action)、故障效果(fault effect)四方面构成。

1)故障时机：什么时候产生故障

攻击者需要控制故障发生时刻，以使得运算在某个指定步骤或者某个范围内实现故障注入，如在密码加密、解密、密钥扩展或者某个具体操作(如轮密钥加、查找S盒)。

2)故障位置：什么地方产生故障

攻击者需要精确控制故障发生的位置，如将故障引入到某一指定的记忆单元。在有些故障攻击中，对故障发生位置的要求则相对比较宽松，只需要将故障引入到某一指定范围，如某些寄存器比特(或字节)、某些指令运算结果比特(或字节)。

3)故障动作：产生什么类型的故障

故障动作取决于故障注入方法，典型的故障注入方法包括电流、时钟、激光、光辐射、宇宙射线等。典型的故障动作有：BF(bit flip)，使得故障位置的值取反；BSR(bit set or reset)，设定故障位置的值为预定值；RF(random fault)，随机设定故障位置的值；JO(jump operation)，跳过某个操作运算，使得某运算的输出和输入相等。

4)故障效果：产生什么效果的故障

具体体现在以下五个方面。

(1)故障持续度，即故障持续时间，主要分为瞬时故障(transient fault，仅影响一次运算，并不干扰密码设备的下次运行)、永久故障(permanent fault，密码设备后续运行都有此故障)两种。

(2)注入故障的大小，如故障影响的比特(或字节)宽度，可分为单比特故障、多比特故障、单字节故障、多字节故障等。

(3)每次故障注入位置和值，可分为随机位置故障、固定位置故障、随机值故障和固定值故障。

(4)故障阶数，即一次密码运行期间故障注入的次数，如一阶故障即表示一次密码算法运行仅发生一次故障，二阶故障则对应发生两次故障，阶数越高，密钥分析的难度也越大。

(5)可观测故障效果，典型的包括两种：一种是密码运行最终故障输出，一般来说攻击者无法得知故障注入对密码中间状态的瞬时影响，而仅能观测错误的密码算法输出，典型例子为差分故障分析[38]；另一种是通过特定设备采集故障注入时对密码芯片工作状态的影响(如电压、电流)，典型例子为故障灵敏度分析[60]。

7.2　故障分析原理

　　故障分析一般由故障诱导(也称为故障注入)和故障利用两部分组成。故障诱导主要是在某个合适的时间将故障注入密码运行中的某中间状态位置,其技术实施和实际效果依赖于攻击者的工作环境与所使用的设备。故障利用主要是利用错误的结果或意外的行为,使用特定的分析方法来恢复出部分甚至全部密钥。故障利用既依赖于密码系统的设计和实现,也依赖于不同的算法规范;并且通常故障利用都要与传统的密码分析方法相结合,如差分故障分析和碰撞故障分析就是故障分析和传统差分、碰撞分析方法的完美结合。

　　故障分析的执行步骤如图 7-4 所示,主要分为四个步骤。

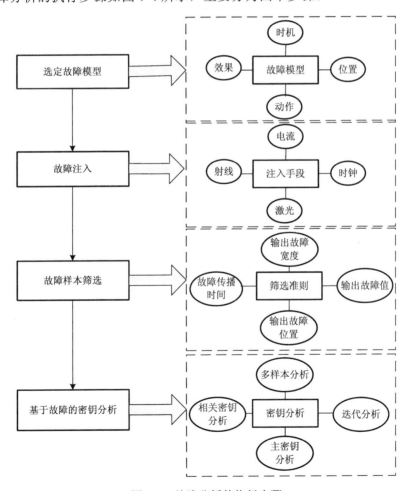

图 7-4　故障分析的执行步骤

（1）选定故障模型

攻击者在故障分析开始时需要明确给出故障时机、位置、动作、效果四元组模型。典型的故障模型为：加密某中间轮单字节（或部分字节比特，称为 Nibble）瞬时随机故障。

（2）故障注入

根据故障模型，攻击者选定故障注入手段，如电流、时钟、激光、射线等干扰方式进行故障注入。

（3）故障样本筛选

在故障注入完成后，攻击者根据故障模型，参考密码运行最终输出中的故障宽度、故障位置、故障值，甚至自故障注入后密码运行的时间长短来筛选理想的故障样本，该步骤对于故障分析效率具有较大影响。

（4）基于故障的密钥分析

在筛选出理想的故障样本后，攻击者需要根据密码运行正确和故障输出之间的关系，使用一定的故障分析方法结合密码算法设计分析出相关密钥值。

7.3　通用的差分故障分析方法

差分故障分析主要利用密码正确和错误输出同故障传播中涉及的相关密钥之间的关系进行密钥破解。以针对加密过程的故障分析为例，令 P 表示加密明文，T 表示攻击者试图干扰的加密中间状态，f 表示注入故障的中间状态和原始中间状态之间的差分值；$g()$ 表示自密码注入故障后的加密运算函数，K_f 表示自故障注入后经故障传播涉及的相关密钥变量，$h()$ 表示根据密钥扩展得到的 K_f 和主密钥 K 之间的相关函数，C 和 C^* 分别表示正确和错误密文。图 7-5 给出了密码差分故障分析的原理。

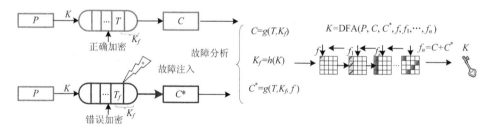

图 7-5　差分故障分析原理

根据图 7-5，对于正确的加密样本，正确密文为 $C=g(T,K_f)$；对于注入故障的加密样本，错误密文为 $C^*=g(T,K_f,f)$；结合 K_f 和主密钥 K 之间的相关函数 $K_f=h(K)$，三个等式联立，攻击者可得到每个密钥字节的部分候选值集合，对密文输出的不同部分或者多个密文分析后可得到这些密钥字节集合的交集，正确的密钥字节肯定在交集中，通过对多个密钥字节逐个分析进而实现密钥恢复。

一个"好"的差分故障分析可从以下几个方面进行评价。

(1)基本假设"弱"。由弱到强排列：唯密文攻击、已知密文攻击、选择明文攻击、选择密文攻击。

(2)故障模型"弱"。故障分析容易实施，故障模型(故障时机、位置、动作、效果)条件宽松。

(3)复杂度"低"。故障分析所需故障注入次数少、计算量小、时间短。

7.4　分组密码差分故障分析方法与攻击实例

现代分组密码大都使用 S 盒查表操作来提高密码算法的非线性度，但恰是差分 S 盒的分布特性，导致其面临严重的故障攻击威胁。假如在分组密码查表时，在最后一轮对未知查表输入值 a 导入随机字节故障 f，一般来说，攻击者可得到密文差分 f' (如一个字节或 Nibble)，且满足以下条件

$$S[a] \oplus S[a \oplus f] = f' \tag{7-1}$$

通过分析可获取最后一轮 S 盒输入值 a，主要思路是通过故障分析降低 f 的搜索空间，代入式(7-1)恢复 a 和 $S[a]$，该值常同扩展密钥紧密相关，结合密文可获取相关扩展密钥；然后根据需要进行多样本分析或者迭代分析直至获取主密钥。

下面对典型 SPN 结构和 Feistel 结构分组密码差分故障分析方法进行介绍。根据 SPN 结构分组密码中非线性部件扩散基本单元不同，将其分为"按块扩散 SPN 结构分组密码"和"按位扩散 SPN 结构分组密码"，并分别给出差分故障分析方法。

7.4.1　按块扩散 SPN 结构分组密码分析

1. 分析方法

对于 SPN 结构分组密码故障分析，S 盒的输入差分 f 常是未知的，分析方法稍显复杂。下面给出如何利用差分 S 盒分布特性求解输入差分 f 的方法。

以 ARIA 分组密码为例，图 7-6 是 ARIA 的 S 盒和差分 S 盒(输入差分 f =1)按照大小值递增的分布图，灰色方块表示覆盖到的值，白色方块表示没有覆盖到的值。

在 SPN 结构分组密码第 r–1 轮扩散函数前注入单字节故障 f，经 P 变换 f 可扩散至 m 个故障字节($m>1$)，且这 m 个字节差分均和 f 线性相关(大部分情况下这 m 个字节差分相同，如 ARIA 密码)，可用 f 的线性函数 $L_i(a, f)$ 表示($1 \le i \le m$)，再经第 r 轮查找 S 盒和白化操作，得到 m 个错误密文差分，即第 r 轮查找 S 盒输出差分。

下面以 ARIA 密码为例给出故障传播图和分析，图 7-7 为 ARIA 分组密码第 r–1 轮 P 函数前单字节故障传播图。

S盒分布

0	1	2	3	4	5	6	7	8	9	A	B	C	D	E	F
10	11	12	13	14	15	16	17	18	19	1A	1B	1C	1D	1E	1F
20	21	22	23	24	25	26	27	28	29	2A	2B	2C	2D	2E	2F
30	31	32	33	34	35	36	37	38	39	3A	3B	3C	3D	3E	3F
40	41	42	43	44	45	46	47	48	49	4A	4B	4C	4D	4E	4F
50	51	52	53	54	55	56	57	58	59	5A	5B	5C	5D	5E	5F
60	61	62	63	64	65	66	67	68	69	6A	6B	6C	6D	6E	6F
70	71	72	73	74	75	76	77	78	79	7A	7B	7C	7D	7E	7F
80	81	82	83	84	85	86	87	88	89	8A	8B	8C	8D	8E	8F
90	91	92	93	94	95	96	97	98	99	9A	9B	9C	9D	9E	9F
A0	A1	A2	A3	A4	A5	A6	A7	A8	A9	AA	AB	AC	AD	AE	AF
B0	B1	B2	B3	B4	B5	B6	B7	B8	B9	BA	BB	BC	BD	BE	BF
C0	C1	C2	C3	C4	C5	C6	C7	C8	C9	CA	CB	CC	CD	CE	CF
D0	D1	D2	D3	D4	D5	D6	D7	D8	D9	DA	DB	DC	DD	DE	DF
E0	E1	E2	E3	E4	E5	E6	E7	E8	E9	EA	EB	EC	ED	EE	EF
F0	F1	F2	F3	F4	F5	F6	F7	F8	F9	FA	FB	FC	FD	FE	FF

差分S盒分布($f=1$)

0	1	2	3	4	5	6	7	8	9	A	B	C	D	E	F
10	11	12	13	14	15	16	17	18	19	1A	1B	1C	1D	1E	1F
20	21	22	23	24	25	26	27	28	29	2A	2B	2C	2D	2E	2F
30	31	32	33	34	35	36	37	38	39	3A	3B	3C	3D	3E	3F
40	41	42	43	44	45	46	47	48	49	4A	4B	4C	4D	4E	4F
50	51	52	53	54	55	56	57	58	59	5A	5B	5C	5D	5E	5F
60	61	62	63	64	65	66	67	68	69	6A	6B	6C	6D	6E	6F
70	71	72	73	74	75	76	77	78	79	7A	7B	7C	7D	7E	7F
80	81	82	83	84	85	86	87	88	89	8A	8B	8C	8D	8E	8F
90	91	92	93	94	95	96	97	98	99	9A	9B	9C	9D	9E	9F
A0	A1	A2	A3	A4	A5	A6	A7	A8	A9	AA	AB	AC	AD	AE	AF
B0	B1	B2	B3	B4	B5	B6	B7	B8	B9	BA	BB	BC	BD	BE	BF
C0	C1	C2	C3	C4	C5	C6	C7	C8	C9	CA	CB	CC	CD	CE	CF
D0	D1	D2	D3	D4	D5	D6	D7	D8	D9	DA	DB	DC	DD	DE	DF
E0	E1	E2	E3	E4	E5	E6	E7	E8	E9	EA	EB	EC	ED	EE	EF
F0	F1	F2	F3	F4	F5	F6	F7	F8	F9	FA	FB	FC	FD	FE	FF

图 7-6　ARIA 的 S 盒和差分 S 盒值($f=1$)按大小值递增分布

由图 7-6 易见，ARIA 的 S 盒覆盖到了所有 256 个候选值，而差分 S 盒没有完全覆盖，仅有 127 个。如果经故障导入后得到的 S 盒输出差分 f' 恰好为白色方块的值，则可以断定输入差分 f 不等于 1，这样就得到了利用差分 S 盒分布特性求解输入差分 f 的一种简便方法。

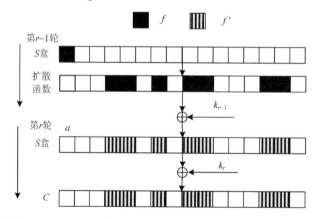

图 7-7　ARIA 分组密码第 $r-1$ 轮 P 函数前字节故障传播图

根据图 7-7，经过 P 函数后，单个故障字节被传播到 7 个字节，这与 P 函数线性扩散度 $m=7$ 一致。

第 r 轮 S 盒输入差分 f 共有 255 个非 0 候选值，分析 f 的步骤如下。

(1) 为每个输入差分 f 利用 $L_i(a,f) \oplus L_i(a,0)$ 计算 m 个差分 S 盒(每个差分 S 盒 256 个元素)。

（2）检查这 m 个 S 盒的输出差分是否同时位于其对应的差分 S 盒中。

（3）只有这 m 个输出差分均位于其对应的差分 S 盒中，f 值保留，否则可排除 f，通过 255 次迭代分析得到有限的 f 候选值。

一般来说，基于差分 S 盒的分布特性，对于扩散度为 m 的 P 函数，f 经排除分析后可得到大约 255×2^{-m} 个候选值，代入式 (7-1) 分析得到 a 和 $S[a]$，进一步得到 k_r 的 m 个字节。多次导入不同位置故障恢复 k_r，然后通过在其他轮导入故障，得到足够的相关密钥并恢复主密钥。下面以 AES 分组密码为例给出故障分析的方法。

2. AES 密码故障分析

1) 故障模型

在 AES 加密第 8 轮字节代换后导入单字节随机故障，假设故障索引位置为第 0 个，则故障在第 8～10 轮传播如图 7-8 所示。

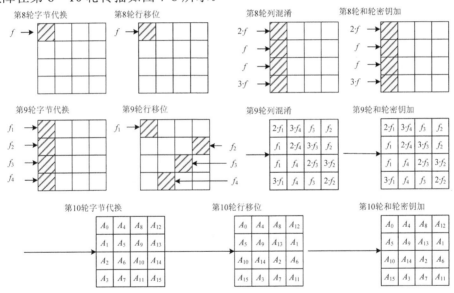

图 7-8　AES 第 8 轮单字节故障传播示意图

根据图 7-8，通过在第 8 轮列混淆之前导入单字节故障，经第 8 轮列混淆操作后，故障被线性扩散至同一列索引值为 0、1、2、3 的状态字节，故障差分为 $2 \cdot f$，f，f，$3 \cdot f$；经第 9 轮字节代换后，变为 4 个不同的故障差分 f_1，f_2，f_3，f_4；经第 9 轮行移位后，f_1，f_2，f_3，f_4 被扩散到不同的列；经第 9 轮列混淆后，每个故障差分被扩散到不同列中的 4 个元素，不同故障差分经列混淆后对应的故障字节索引值集合并不交叉，故障已被扩散至 16 个字节；经第 10 轮字节代换后，输出故障差分为 16 个不同的差分，经第 10 轮行移位操作变换故障位置，最后经轮密钥异或操作得到密文差分。

2) 故障分析过程

(1) 第 10 轮故障分析

令 A_i 和 Δc_i 分别表示 AES 第 10 轮 S 盒和密文输出的故障差分，x_i^9 表示 AES 第 10 轮 S 盒输入索引值，下面首先给出如何根据 A_0，A_1，A_2，A_3（即 $\Delta c_0, \Delta c_{13}, \Delta c_{10}, \Delta c_7$）来恢复 $2 \cdot f_1$，f_1，f_1，$3 \cdot f_1$ 的分析过程，根据故障传播过程和 AES 加密原理可得

$$S[x_0^9] \oplus S[x_0^9 \oplus 2 \cdot f_1] = \Delta c_0$$
$$S[x_1^9] \oplus S[x_1^9 \oplus f_1] = \Delta c_{13}$$
$$S[x_2^9] \oplus S[x_2^9 \oplus f_1] = \Delta c_{10}$$
$$S[x_3^9] \oplus S[x_3^9 \oplus 3 \cdot f_1] = \Delta c_7$$

$$(7\text{-}2)$$

根据前面差分故障分析模型，首先构造三类差分 S 盒 S_1，S_2，S_3，每类 S 盒分别对应 255 个差分 S 盒，每类差分 S 盒计算公式为

$$S_1[i] = S[i] \oplus S[i \oplus \Delta]$$
$$S_2[i] = S[2 \cdot i] \oplus S[2 \cdot (i \oplus \Delta)]$$
$$S_3[i] = S[3 \cdot i] \oplus S[3 \cdot (i \oplus \Delta)]$$

$$(7\text{-}3)$$

式中，Δ 为非零的故障差分值。

f_1 的恢复方法如下。

① 对于 S_1 对应的 255 个差分盒，逐一检查 Δc_{13}，Δc_{10} 是否在其中，Δc_{13}，Δc_{10} 不在的差分 S 盒对应的差分值被排除，得到有限的输入差分值 f_1。

② 对于 S_2 对应的 255 个差分盒，逐一检查 Δc_0 是否在其中，Δc_0 值不在的差分 S 盒对应的差分值被排除，在前面基础上进一步缩小输入差分值 f_1 候选值范围。

③ 对于 S_3 对应的 255 个差分盒，逐一检查 Δc_7 是否在其中，Δc_7 值不在的差分 S 盒对应的差分值被排除，在前面结果基础上进一步缩小输入差分值 f_1 候选值范围。

一般来说，每次排除可将 f_1 的候选值范围缩小一半，这样，经过上面 3 个步骤进行排除分析，理论上可得到 16 个 f_1 的候选值，实际实验表明一般为 15 个。将 15 个 f_1 值分别代入式 (7-2) 中的 4 个等式中，对于每一个 f_1 值将 x_i^9 的 256 个候选值代入等式中，满足等式的值即为 x_i^9 候选值。每个差分值常对应 2～4 个 x_i^9 值，这样每次差分值可得到 m（常为 16）个 x_0^9，x_1^9，x_2^9，x_4^9 组合候选值。

根据 AES 加密原理，x^9 和 K^{10} 异或后即为密文，根据式 (7-4)，显然可以恢复 k_0^{10}，k_{13}^{10}，k_{10}^{10}，k_7^{10} 密钥字节，实验结果表明，这四个的平均组合值为 n（平均值为 270.42）个。

$$S[x_0^9] \oplus k_0^{10} = c_0$$
$$S[x_1^9] \oplus k_{13}^{10} = c_{13}$$
$$S[x_2^9] \oplus k_{10}^{10} = c_{10}$$
$$S[x_3^9] \oplus k_7^{10} = c_7$$

$$(7\text{-}4)$$

通过对 A_4，A_5，A_6，A_7(即 Δc_4，Δc_1，Δc_{14}，Δc_{11})进行分析恢复 $3 \cdot f_4$，$2 \cdot f_4$，f_4，f_4，然后恢复 n 个 x_4^9，x_5^9，x_6^9，x_7^9 的组合值；通过对 A_8，A_9，A_{10}，A_{11}(即 Δc_8，Δc_5，Δc_2，Δc_{15})进行分析来恢复 f_3，$3 \cdot f_3$，$2 \cdot f_3$，f_3，然后恢复 n 个 x_8^9，x_9^9，x_{10}^9，x_{11}^9 的组合值；通过对 A_{12}，A_{13}，A_{14}，A_{15}(即 Δc_{12}，Δc_9，Δc_6，Δc_3)进行分析来恢复 f_2，f_2，$3 \cdot f_2$，$2 \cdot f_2$，然后恢复 n 个 x_{12}^9，x_{13}^9，x_{14}^9，x_{15}^9 的组合值。这样，第 8 轮单字节故障分析可将密钥搜索空间由 2^{128} 降低到 $n^4 \approx 2^{32}$。

(2) 第 9 轮故障分析

Mukhopadhyay[88]对 AES 第 10 轮查找 S 盒的输入和输出故障差分进行了分析，将密钥空间降低到 2^{32}，但并没有将第 8、9 轮故障考虑在内，本节对 AES 第 8、9 轮的故障进行分析，可进一步降低 AES 密钥搜索空间。

改进故障分析的基本思想是用预测密钥 K^{10}，由 K^{10} 得到的 K^9，密文 C 来预测第 9 轮查找 S 盒的四个输入差分，分析预测的四个值是否分别对应 $2 \cdot f$，f，f，$3 \cdot f$，如果满足则保留，否则排除该预测密钥 K^{10} 组合值。具体分析方法如下。

① 根据 AES 密钥扩展过程，将第 9 轮扩展密钥 K^9 用 K^{10} 表示

$$\begin{bmatrix} k_0^9 & k_4^9 & k_8^9 & k_{12}^9 \\ k_1^9 & k_5^9 & k_9^9 & k_{13}^9 \\ k_2^9 & k_6^9 & k_{10}^9 & k_{14}^9 \\ k_3^9 & k_7^9 & k_{11}^9 & k_{15}^9 \end{bmatrix} = \begin{bmatrix} S^{-1}[k_{13}^{10} \oplus k_9^{10}] \oplus k_0^{10} \oplus h & k_0^{10} \oplus k_4^{10} & k_4^{10} \oplus k_8^{10} & k_8^{10} \oplus k_{12}^{10} \\ S^{-1}[k_{14}^{10} \oplus k_{10}^{10}] \oplus k_1^{10} & k_1^{10} \oplus k_5^{10} & k_5^{10} \oplus k_9^{10} & k_9^{10} \oplus k_{13}^{10} \\ S^{-1}[k_{15}^{10} \oplus k_{11}^{10}] \oplus k_2^{10} & k_2^{10} \oplus k_6^{10} & k_6^{10} \oplus k_{10}^{10} & k_{10}^{10} \oplus k_{14}^{10} \\ S^{-1}[k_{12}^{10} \oplus k_8^{10}] \oplus k_3^{10} & k_3^{10} \oplus k_7^{10} & k_7^{10} \oplus k_{11}^{10} & k_{11}^{10} \oplus k_{15}^{10} \end{bmatrix} \tag{7-5}$$

根据 AES 加密原理，给出逆列混淆矩阵 $\boldsymbol{M}^{-1}$

$$\boldsymbol{M}^{-1} = \begin{bmatrix} 14 & 11 & 13 & 09 \\ 09 & 14 & 11 & 13 \\ 13 & 09 & 14 & 11 \\ 11 & 13 & 09 & 14 \end{bmatrix}$$

② 根据 AES 加密原理和故障传播过程，给出第 9 轮 S 盒输入差分为

$$2 \cdot f = S^{-1}[14 \cdot (S^{-1}[c_0 \oplus k_0^{10}] \oplus k_0^9) \oplus 11 \cdot (S^{-1}[c_{13} \oplus k_{13}^{10}] \oplus k_1^9)$$
$$\oplus 13 \cdot (S^{-1}[c_{10} \oplus k_{10}^{10}] \oplus k_2^9) \oplus 09 \cdot (S^{-1}[c_7 \oplus k_7^{10}] \oplus k_3^9)]$$
$$\oplus S^{-1}[14 \cdot (S^{-1}[c_0' \oplus k_0^{10}] \oplus k_0^9) \oplus 11 \cdot (S^{-1}[c_{13}' \oplus k_{13}^{10}] \oplus k_1^9)$$
$$\oplus 13 \cdot (S^{-1}[c_{10}' \oplus k_{10}^{10}] \oplus k_2^9) \oplus 09 \cdot (S^{-1}[c_7' \oplus k_7^{10}] \oplus k_3^9)]$$

$$f = S^{-1}[09 \cdot (S^{-1}[c_{12} \oplus k_{12}^{10}] \oplus k_{12}^9) \oplus 14 \cdot (S^{-1}[c_9 \oplus k_9^{10}] \oplus k_{13}^9)$$
$$\oplus 11 \cdot (S^{-1}[c_6 \oplus k_6^{10}] \oplus k_{14}^9) \oplus 13 \cdot (S^{-1}[c_3 \oplus k_3^{10}] \oplus k_{15}^9)]$$
$$\oplus S^{-1}[09 \cdot (S^{-1}[c_{12}' \oplus k_{12}^{10}] \oplus k_{12}^9) \oplus 14 \cdot (S^{-1}[c_9' \oplus k_9^{10}] \oplus k_{13}^9)$$
$$\oplus 11 \cdot (S^{-1}[c_6' \oplus k_6^{10}] \oplus k_{14}^9) \oplus 13 \cdot (S^{-1}[c_3' \oplus k_3^{10}] \oplus k_{15}^9)]$$

$$f = S^{-1}[13 \cdot (S^{-1}[c_8 \oplus k_8^{10}] \oplus k_8^9) \oplus 09 \cdot (S^{-1}[c_5 \oplus k_5^{10}] \oplus k_9^9)$$
$$\oplus 14 \cdot (S^{-1}[c_2 \oplus k_2^{10}] \oplus k_{10}^9) \oplus 11 \cdot (S^{-1}[c_{15} \oplus k_{15}^{10}] \oplus k_{11}^9)]$$
$$\oplus S^{-1}[13 \cdot (S^{-1}[c_8' \oplus k_8^{10}] \oplus k_8^9) \oplus 09 \cdot (S^{-1}[c_5' \oplus k_5^{10}] \oplus k_9^9)$$
$$\oplus 14 \cdot (S^{-1}[c_2' \oplus k_2^{10}] \oplus k_{10}^9) \oplus 11 \cdot (S^{-1}[c_{15}' \oplus k_{15}^{10}] \oplus k_{11}^9)]$$
$$3 \cdot f = S^{-1}[11 \cdot (S^{-1}[c_4 \oplus k_4^{10}] \oplus k_4^9) \oplus 13 \cdot (S^{-1}[c_1 \oplus k_1^{10}] \oplus k_5^9) \quad (7\text{-}6)$$
$$\oplus 09 \cdot (S^{-1}[c_{14} \oplus k_{14}^{10}] \oplus k_6^9) \oplus 14 \cdot (S^{-1}[c_{11} \oplus k_{11}^{10}] \oplus k_7^9)]$$
$$\oplus S^{-1}[11 \cdot (S^{-1}[c_4' \oplus k_4^{10}] \oplus k_4^9) \oplus 13 \cdot (S^{-1}[c_1' \oplus k_1^{10}] \oplus k_5^9)$$
$$\oplus 09 \cdot (S^{-1}[c_{14}' \oplus k_{14}^{10}] \oplus k_6^9) \oplus 14 \cdot (S^{-1}[c_{11}' \oplus k_{11}^{10}] \oplus k_7^9)]$$

将前面分析的大约 2^{32} 个 K^{10} 密钥组合值代入式(7-6)，均满足四个公式的组合值保留，否则排除，经进一步分析可降低 AES 密钥空间。

3) 故障分析结果

在普通 PC(CPU 为 Athlon 64 3000+ 1.81GHz，内存为 1GB)上使用 C++语言(Visual C++ 6.0 环境)编程实现了本节给出的 AES 差分故障攻击，其中通过故障诱导得到错误密文的过程是通过计算机软件模拟实现的。基于前面故障模型，对 AES 进行 10 次攻击，统计数据见表 7-1。

表 7-1　AES 第 8 轮单字节故障分析结果

序　　号	密钥搜索空间	所需时间/min
1	210(154)	41(30)
2	451(2)	93(0.5)
3	216(11)	44(3)
4	210(151)	43(30)
5	198(32)	44(10)
6	470(332)	99(71)
7	245(214)	47(40)
8	269(86)	72(26)
9	210(112)	45(22)
10	234(180)	47(34)

可见 AES 密钥空间可降低到 200~500，如果在分析过程中同时也进行密钥验证(括号内数据)，则平均 30min 左右可完成攻击。

7.4.2　按位扩散 SPN 结构分组密码分析

由于按位进行扩散在硬件实现中开销较小，实现效率较高，所以这种设计理念在轻型分组密码设计中得到了广泛的应用。典型算法为 Bogdanov 等在 CHES 2007

会议上提出的 PRESENT 密码[312]和 Knudsen 等在 CHES 2010 会议上提出的 PRINTcipher 密码[313]，简称此类密码为按位扩散 SPN 结构分组密码。

1. 分析方法

对于按位扩散 SPN 结构分组密码，攻击者可以通过密文输出故障差分值和位置，判断故障的可能传播路径，由于 P 置换是按位进行置换的，所以攻击者可分析得到故障传播到的精确 S 盒输入差分，然后结合故障输出差分去进行密钥分析，并将这种基于故障传播特性的差分故障分析方法称为 Fault Propagation-Pattern Based Differential Fault Analysis（FPP-DFA）。

图 7-9 给出了 FPP-DFA 的分析模型。

根据图 7-9，实施 FPP-DFA 可分为三个步骤。

1）故障传播特征学习

攻击者根据故障模型，学习故障注入不同位置对应的故障传播路径，并建立基于密文输出的故障传播路径区分器。根据图 7-9，对于采用了 $S\text{-}P$①顺序的分组密码

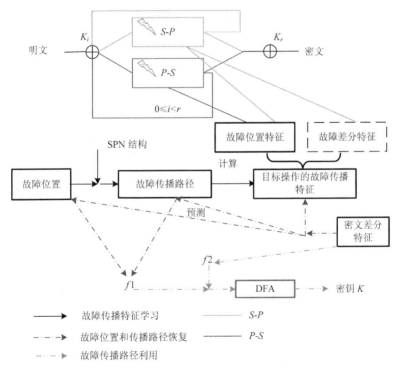

图 7-9　基于故障传播特性的差分故障分析

---

① S 表示查找 S 盒非线性函数，P 表示线性扩散函数，这里的 P 特别是指按位扩散函数。

（如 PRESENT），需建立基于密文故障差分、密文故障索引位置的两种故障传播路径区分器；对于采用了 *P-S* 结构的分组密码(如 PRINTCipher)，需要建立基于密文故障索引位置的故障传播路径区分器。

2) 故障传播路径恢复

在建立故障传播路径区分器的基础上，攻击者可通过分析注入故障后的密文故障差分特性，恢复出故障传播路径。如果实际故障输出差分对应区分器中唯一的一个键值，则唯一的故障传播路径可被恢复出来；否则多个可能的故障传播路径可被恢复出来。

3) 故障传播路径利用

利用每个可能的故障传播路径，攻击者可恢复出故障传播到的 *S* 盒输入差分。由于 *S* 盒输出差分一般可通过分析密文得到，所以结合原始差分故障分析方法，相关密钥可恢复出来，通过进一步分析可获取主密钥。

2. 按位扩散 SPN 结构 PRESENT 分组密码故障分析

下面以 PRESENT 密码为例(设计规范读者可参考附录 F)，给出 FPP-DFA 的分析实例。

1) 符号定义

表 7-2 给出了 PRESENT 密码 FPP-DFA 分析中用到的符号定义。

表 7-2　PRESENT 密码 FPP-DFA 分析中用到的符号定义

变　量	定　义
Nibble	4 位变量
r	PRESENT 加密轮数
$X, Y, A^i, B^i, C^i\ (1 \leqslant i \leqslant 31)$	明文、密文、第 i 轮 AK, SL, PL 输出
$X', Y', A^{i\prime}, B^{i\prime}, C^{i\prime}$	X, Y, A^i, B^i, C^i 的故障值
$NX_j, NY_j, NA_j^i, NB_j^i, NC_j^i\ (0 \leqslant j \leqslant 15)$	X, Y, A^i, B^i, C^i 的第 j 个 Nibble 值
$X_j, Y_j, A_j^i, B_j^i, C_j^i\ (0 \leqslant j \leqslant 63)$	X, Y, A^i, B^i, C^i 的第 j 位值
$\Delta X, \Delta Y, \Delta A^i, \Delta B^i, \Delta C^i$	X, Y, A^i, B^i, C^i 的故障差分值
$\Delta NX_j, \Delta NY_j, \Delta NA_j^i, \Delta NB_j^i, NC_j^i\ (0 \leqslant j \leqslant 15)$	X, Y, A^i, B^i, C^i 的故障差分第 j 个 Nibble 值
SX, SY, SA^i, SB^i, SC^i	X, Y, A^i, B^i, C^i 的故障 Nibble 索引
Sx, Sy, Sa^i, Sb^i, Sc^i	X, Y, A^i, B^i, C^i 的故障位索引

2) 故障模型

在加密第 29 轮 *S* 盒输入部分注入一个 Nibble 的故障。图 7-10 给出了注入故障 Nibble 索引为 15 时的最宽故障传播过程。

图 7-10　PRESENT 故障模型

根据图 7-10 可以看出，故障传播过的 S 盒输出全部出错，差分值为二进制"1111"。

3) 故障分析过程

(1) 故障传播特征学习

① 故障传播路径学习

攻击者可穷举 16 个故障位置，当故障传播范围最大时，建立起第 30、31 轮故障传播路径，如表 7-3 所示。

表 7-3　PRESENT 故障传播路径

i	$Sa^{30}(\Delta NA_i^{30})$	Sa^{30}	$Sa^{31}(\Delta NA_i^{31})$
0	$0,16,32,48\,(0001)_2$	$0,4,8,12$	$0,16,32,48,4,20,36,52,8,24,40,56,12,28,44,60\,(0001)_2$
1	$1,17,33,49\,(0010)_2$	$0,4,8,12$	$0,16,32,48,4,20,36,52,8,24,40,56,12,28,44,60\,(0001)_2$
2	$2,18,34,50\,(0100)_2$	$0,4,8,12$	$0,16,32,48,4,20,36,52,8,24,40,56,12,28,44,60\,(0001)_2$
3	$3,19,35,51\,(1000)_2$	$0,4,8,12$	$0,16,32,48,4,20,36,52,8,24,40,56,12,28,44,60\,(0001)_2$
4	$4,20,36,52\,(0001)_2$	$1,5,9,13$	$1,17,33,49,5,21,37,53,9,25,41,57,13,29,45,61\,(0010)_2$
5	$5,21,37,53\,(0010)_2$	$1,5,9,13$	$1,17,33,49,5,21,37,53,9,25,41,57,13,29,45,61\,(0010)_2$
6	$6,22,38,54\,(0100)_2$	$1,5,9,13$	$1,17,33,49,5,21,37,53,9,25,41,57,13,29,45,61\,(0010)_2$
7	$7,23,39,55\,(1000)_2$	$1,5,9,13$	$1,17,33,49,5,21,37,53,9,25,41,57,13,29,45,61\,(0010)_2$
8	$8,24,40,56\,(0001)_2$	$2,6,10,14$	$2,18,34,50,6,22,38,54,10,26,42,58,14,30,46,62\,(0100)_2$
9	$9,25,41,57\,(0010)_2$	$2,6,10,14$	$2,18,34,50,6,22,38,54,10,26,42,58,14,30,46,62\,(0100)_2$
10	$10,26,42,58\,(0100)_2$	$2,6,10,14$	$2,18,34,50,6,22,38,54,10,26,42,58,14,30,46,62\,(0100)_2$
11	$11,27,43,59\,(1000)_2$	$2,6,10,14$	$2,18,34,50,6,22,38,54,10,26,42,58,14,30,46,62\,(0100)_2$

i	$\mathrm{Sa}^{30}(\Delta\mathrm{NA}_i^{30})$	Sa^{30}	$\mathrm{Sa}^{31}(\Delta\mathrm{NA}_i^{31})$
12	$12,28,44,60\,(0001)_2$	$3,7,11,15$	$3,19,35,51,7,23,39,55,11,27,43,59,15,31,47,63\,(1000)_2$
13	$13,29,45,61\,(0010)_2$	$3,7,11,15$	$3,19,35,51,7,23,39,55,11,27,43,59,15,31,47,63\,(1000)_2$
14	$14,30,46,62\,(0100)_2$	$3,7,11,15$	$3,19,35,51,7,23,39,55,11,27,43,59,15,31,47,63\,(1000)_2$
15	$15,31,47,63\,(1000)_2$	$3,7,11,15$	$3,19,35,51,7,23,39,55,11,27,43,59,15,31,47,63\,(1000)_2$

由表 7-3 可知，第 30 轮最多有 4 个 Nibble，第 31 轮最多有 16 个 Nibble 发生故障；对于第 i 个故障位置，最后一轮 S 盒输入差分 $\Delta\mathrm{NA}^{31}=i/4+1$，最多有 4 个值。

② PRESENT 差分 S 盒学习

表 7-4 给出了 PRESENT 的 S 盒故障输入差分 f 中只有 1 位为 1 时对应的 S 盒故障输出差分。

表 7-4　PRESENT 差分 S 盒特征

$f'(f=(0001)_2)$	$f'(f=(0010)_2)$	$f'(f=(0100)_2)$	$f'(f=(1000)_2)$
$(0011)_2,(0111)_2,$ $(1001)_2,(1101)_2$	$(0011)_2,(0101)_2,0110)_2,$ $(1010)_2,(1100)_2,(1101)_2,$ $(1110)_2$	$(0101)_2,(0110)_2,(0111)_2,$ $(1001)_2,(1010)_2,(1100)_2,$ $(1110)_2$	$(0011)_2,(0111)_2,$ $(1001)_2,(1011)_2,$ $(1101)_2,(1111)_2$

可以看出，此时输出差分有 2～4 个比特发生故障，表示经按位 P 置换后可将故障传播到 2～4 个 Nibble，然后经过下一轮的 P 置换传播，可将故障传播到 4～16 个 Nibble。

(2) 故障传播路径恢复

第 31 轮 S 盒故障输出差分可根据密文差分计算得

$$\Delta B^{31}=\mathrm{PL}^{-1}(\Delta Y^{31}) \tag{7-7}$$

对于每个非 0 的 $\Delta\mathrm{NB}_i^{31}$，根据表 7-4 可恢复 ΔA^{31}，然后得到可能的故障传播路径。

(3) 故障传播路径利用

① 恢复后白化密钥 K^{32}

根据上述内容，第 31 轮 S 盒故障输入差分 ΔA^{31} 候选值可被计算出来，由于 $\Delta B^{31}=\mathrm{PL}^{-1}[Y]\oplus\mathrm{PL}^{-1}[Y']$。则对于每个非 0 的 $\Delta\mathrm{NA}_i^{31}$ 候选值，即

$$\mathrm{SL}\left[\mathrm{NA}_i^{31}\right]\oplus\mathrm{SL}[\mathrm{NA}_i^{31}\oplus\Delta\mathrm{NA}_i^{31}]=\Delta\mathrm{NB}_i^{31} \tag{7-8}$$

可恢复出 NA_i^{31}，在此基础上根据式(7-1)，可得

$$\begin{aligned}
&K_{P^{-1}(4\cdot i+3)}^{32}\|K_{P^{-1}(4\cdot i+2)}^{32}\|K_{P^{-1}(4\cdot i+1)}^{32}\|K_{P^{-1}(4\cdot i)}^{32}\\
&=\mathrm{SL}[\mathrm{NA}_i^{31}]\oplus Y_{P^{-1}(4\cdot i+3)}^{32}\|Y_{P^{-1}(4\cdot i+2)}^{32}\|Y_{P^{-1}(4\cdot i+1)}^{32}\|Y_{P^{-1}(4\cdot i)}^{32}
\end{aligned} \tag{7-9}$$

则 K^{32} 的四个密钥位可恢复出来。由于 B^{31} 中至少有 4～16 个 Nibble 会产生故障，

应用类似方法，K^{32} 的 4～16 个 Nibble 会恢复；多样本分析后恢复 64 位 K^{32} 值。

② 恢复第 31 轮扩展密钥 K^{31}

恢复出 K^{32} 的部分候选值后，可根据式(7-10)计算出 ΔB^{30}，即

$$\Delta B^{30} = SL^{-1}\left[PL^{-1}(Y)\right] \oplus SL^{-1}\left[PL^{-1}(Y')\right] \tag{7-10}$$

使用表 7-3 中区分器可恢复出 ΔA^{30}，应用差分故障分析恢复 K^{31} 的 2～4 个 Nibble。需要说明的是，对于错误的 K^{32} 候选值，经过 4 个样本的故障分析后，K^{31} 的 2～4 个 Nibble 候选值集合常会出现空集，该性质可用来剔除错误的 K^{32} 候选值。

③ 主密钥 K 恢复

根据恢复的 K^{31}、K^{32}，结合 PRESENT 密钥扩展设计，可恢复主密钥 K。

4) 复杂度分析

根据表 7-4 中 PRESENT 差分 S 盒特性，对于第 29 轮单 Nibble 故障注入，B^{30} 中至少 2～4 个 Nibble 发生故障，恢复 K^{31} 的 2～4 个 Nibble；B^{31} 中至少 4～16 个 Nibble 发生故障，恢复 K^{32} 的 4～16 个 Nibble。同一个 Nibble 经两次差分故障分析可以较大概率恢复相关密钥，2～8 次故障注入可恢复 K^{32} 和部分 K^{31} 值，恢复主密钥。

5) 攻击实验结果

图 7-11 给出了 10 次故障攻击不同，有效故障样本与 K^{32} 的搜索空间的关系。

结合 K^{31} 推断过程，错误的 K^{32} 候选值可以被剔除，有效故障样本与 K^{31} 搜索空间关系如图 7-12 所示。

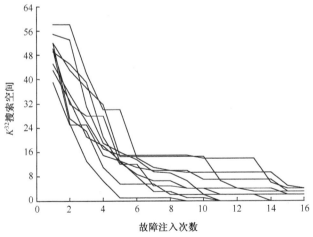

图 7-11　10 次 PRESENT 攻击故障次数与 K^{32} 搜索空间关系

从图 7-11 可以看出，平均 8 次故障注入可将 K^{32} 的搜索空间降低到 $2^{7.6}$。

与李卷孺等[107]研究相比，本节攻击所需样本量要更小，且样本量同理论分析一致。

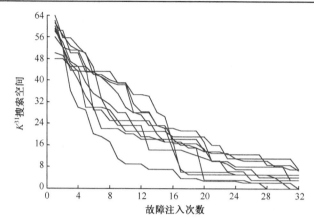

图 7-12　10 次 PRESENT 攻击故障次数与 K^{31} 搜索空间关系

从图 7-12 可以看出，8 个样本可将 PRESENT-80 的主密钥搜索空间降低到 $2^{14.7}$。

7.4.3　平衡 Feistel 结构分组密码分析

本节以 Camellia 密码(设计规范参考附录 E)为例，给出平衡 Feistel 结构分组密码的密钥分析方法。

1. 分析方法

对于 Feistel 结构分组密码故障分析，S 盒输入的故障差分 f 常为已知。以 Camellia 为例，在加密最后一轮左寄存器 L_{r-1} 导入单字节故障 f，故障传播如图 7-13 所示。

通过对密文差分进行分析可得到最后一轮查找 S 盒输入、输出差分和故障位置。将 $a(a = L_{r-1}^0 \oplus k_r^0)$ 的 256 个候选值、f、f' 值代入式(7-1)，由于 S 盒的雪崩性，对于给定的 f 和 f'，一般可得到 a 的 2～4 个候选值。$L_{r-1}^0 \oplus k_{w3}^0$ 等于密文左半部分 C_L^0，可恢复单字节密钥 $k_r^0 \oplus k_{w3}^0 = a \oplus C_L^0$。多次导入不同位置故障可恢复 64 位密钥 $k_r \oplus k_{w3}$，然后通过在其他轮导入故障，经分析得到足够的相关密钥恢复初始主密钥。

2. 平衡 Feistel 结构 Camellia 分组密码故障分析

1) 故障模型

在 Camellia 密码第 $r-1$ 轮 P 函数输入前注入单字节故障，故障诱导位置分为 A、B 两种类型。A 类型：第 $r-1$ 轮左寄存器 L_{r-2} 的一个字节产生故障，此时第 r 轮左右寄存器均产生故障。B 类型：第 $r-1$ 轮左寄存器 L_{r-2} 没有故障，但第 $r-1$ 轮 P 函数输入产生单字节故障。

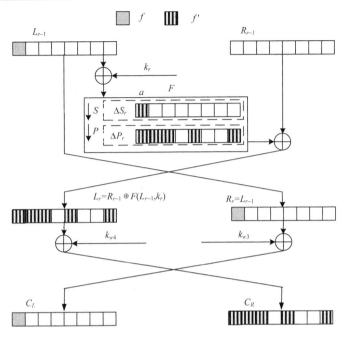

图 7-13　Camellia 分组密码故障传播图

2）Camellia 故障分析

（1）在第 17 轮注入故障恢复 K_{18}

在 Camellia-128 第 17 轮以 A 类型 L_{16}、B 类型 k_{17} 注入故障为例，假设故障索引为 0，两种类型下的故障传播过程如图 7-14 所示。

扩展密钥 K_{18} 的具体恢复方法如下。

① 确定故障注入索引位置

不同索引的第 17 轮 P 函数输入故障会使得密文产生不同位置故障。C_L 会受其影响产生不同位置的 5～6 个字节故障，而 C_R 的 8 个字节均会产生故障。第 17 轮 P 函数输入不同故障字节索引和 C_L 故障字节索引关系如表 7-5 所示。

可见故障索引位置为 0～3 时，C_L 均产生 5 个字节故障，故障索引位置为 4～7 时，C_L 均产生 6 个字节故障。

② 计算第 18 轮 S 盒输入差分 $\Delta \mathrm{IL}_{18}$

显然，$\Delta \mathrm{IL}_{18}$ 等于密文左半部分差分 ΔC_L，其有 5～6 个故障字节。

③ 计算第 18 轮 S 盒输出差分 ΔS_{18}

第 18 轮的左半部分输出差分 $\Delta \mathrm{OL}_{18}$ 可通过密文右半部分差分 ΔC_R 得到。

对于 A 类型故障模型，$\Delta \mathrm{OL}_{18}$ 的 8 个非 0 字节等于 ΔS_{18} 的 5～6 个字节经 P 函数变换结果同 $\Delta \mathrm{IR}_{18}$ 的 1 个字节的异或结果值，ΔS_{18} 可表示为

$$\Delta S_{18} = P^{-1}(\Delta OL_{18} \oplus \Delta IR_{18}) = P^{-1}(\Delta C_R \oplus \Delta IR_{18}) \tag{7-11}$$

将ΔIR_{18}的1个字节所有候选值代入式(7-11)并进行P^{-1}变换,如果得到的ΔS_{18}值的非0索引值和表7-5中的ΔC_L对应非0索引值相同,其他2～3个索引值均为0,则可求解出ΔIR_{18}的1个故障字节同ΔS_{18}的5～6个故障字节值,实验中发现只有1个ΔIR_{18}候选值满足上述条件。对于B类型故障模型,第18轮P函数输出差分$\Delta P_{18}=\Delta OL_{18}$,由于第18轮右寄存器没有故障导入,$\Delta S_{18}=P^{-1}(\Delta C_L)$,求解十分简单。

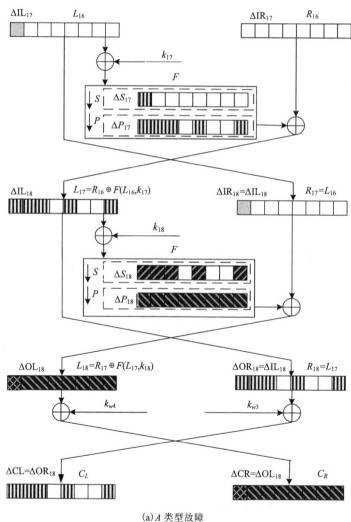

(a) A 类型故障

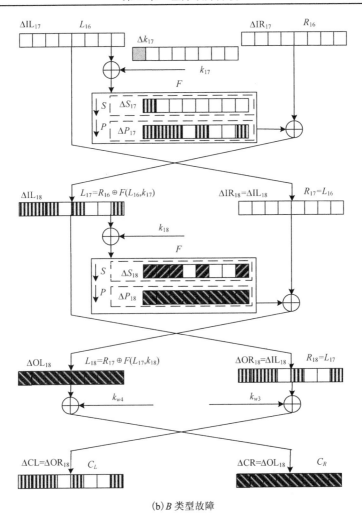

(b) B 类型故障

图 7-14　Camellia 第 17 轮故障传播图

表 7-5　第 17 轮 P 函数输入故障字节索引和 C_L 故障字节索引关系

第 17 轮 P 函数输入故障字节索引	C_L 故障字节索引
0	0,1,2,4,7
1	1,2,3,4,5
2	0,2,3,5,6
3	0,1,3,6,7
4	1,2,3,5,6,7
5	0,2,3,4,6,7
6	0,1,3,4,5,7
7	0,1,2,4,5,6

④ 恢复 K_{18}

通过步骤②和步骤③的分析可得到第 18 轮 S 盒输入故障差分 ΔIL_{18} 和输出故障差分 ΔS_{18}，应用前面 Feistel 结构分组密码故障分析模型，可恢复第 18 轮 5～6 个 S 盒索引字节 $L_{17}^i \oplus k_{18}^i$（i=0,1,2,4,7）。由于 $L_{17}^i \oplus k_{w3}^i = C_L^i$，$C_L$ 已知，则 5～6 个密钥字节 $K_{18}^i = k_{18}^i \oplus k_{w3}^i$（$i$=0,1,2,4,7）可被恢复出来。通过多次在 Camellia-128 第 17 轮 P 函数输入其他索引位置注入单字节故障，应用上面分析方法，可获取 K_{18} 的全部字节。

(2) 在第 16 轮注入故障恢复 K_{17}

在第 16 轮 P 函数输入注入单字节故障，故障索引为 0。K_{17} 恢复方法如下。

① 计算第 17 轮输出差分 ΔIL_{18} 和 ΔIR_{18}

第 17 轮左半部分输出差分 ΔIL_{18} 等于 ΔC_L，结合前面求解 K_{18} 和密文，可求解第 17 轮右半部分输出差分 ΔIR_{18} 为

$$\Delta IR_{18} = \Delta C_R \oplus P(S(L_{17} \oplus k_{18})) \oplus P(L(L_{17}^* \oplus k_{18}))$$
$$= \Delta C_R \oplus P(S(C_L \oplus K_{18})) \oplus P(S(C_L^* \oplus K_{18})) \tag{7-12}$$

② 确定故障注入索引位置

根据 ΔIR_{18} 非 0 字节位置，参考表 7-5 推断第 16 轮 P 函数输入故障字节索引。

③ 计算第 17 轮 S 盒输入差分 ΔIL_{17}

显然，ΔIL_{17} 等于前面求解的 ΔIR_{18}。

④ 计算第 17 轮 S 盒输出差分 ΔS_{17}

第 17 轮的左半部分输出差分 ΔIL_{18} 可通过密文左半部分差分 ΔC_L 得到。

对于 A 类型故障模型，ΔIL_{18} 的 8 个非 0 字节等于 ΔS_{18} 的 5～6 个字节经第 17 轮 P 函数变换结果同 ΔIR_{17} 的 1 个字节的异或结果值，ΔS_{17} 可表示为

$$\Delta S_{17} = P^{-1}(\Delta IL_{18} \oplus \Delta IR_{17}) = P^{-1}(\Delta C_L \oplus \Delta IR_{17}) \tag{7-13}$$

应用前面方法可求解 ΔS_{18} 和 ΔIR_{17}。

⑤ 恢复 K_{17}

通过步骤③和步骤④分析可得到第 17 轮 S 盒输入差分 ΔIL_{17} 和输出差分 ΔS_{17}，代入式(7-1)可恢复 K_{17}。

(3) 在第 15 轮注入故障恢复 K_{16}，在第 14 轮注入故障恢复 K_{15}

应用前面方法通过在第 15 轮注入故障恢复 K_{16}，在第 14 轮注入故障恢复 K_{15}。

(4) 恢复 Camellia-128 主密钥

通过故障分析可获取最后四轮等效扩展密钥 $K_{15}, K_{16}, K_{17}, K_{18}$，结合 Camellia 算法设计文档，可表示为

$$\left.\begin{array}{l} K_{18} = (K_A <<< 111)_L \oplus (K_L <<< 111)_R \\ K_{17} = (K_A <<< 111)_R \oplus (K_L <<< 111)_L \\ K_{16} = (K_A <<< 111)_L \oplus (K_A <<< 94)_R \\ K_{15} = (K_A <<< 111)_R \oplus (K_A <<< 94)_L \end{array}\right\} \Rightarrow \left.\begin{array}{l} K_{18} \| K_{17} = (K_A <<< 111) \oplus (K_L <<< 47) \\ K_{16} \| K_{15} = (K_A <<< 111) \oplus (K_A <<< 30) \end{array}\right\}$$

$$\Rightarrow \left.\begin{array}{l} (K_{16} \| K_{15}) <<< 17 = K_A \oplus (K_A <<< 47) \\ K_L = ((K_{18} \| K_{17}) >>> 47) \oplus (K_A <<< 64) \end{array}\right\} \tag{7-14}$$

根据式 (7-14) 可推断出 128 位变量 $K_A \oplus (K_A <<< 47)$，然后恢复 K_A，结合式 (7-14) 可恢复初始主密钥 K_L。

3）复杂度分析

(1) 单字节 S 盒输入和输出差分密钥分析效率分析

对于某一确定的 S 盒故障输入/输出差分，将所有组合值代入式 (7-1)，可计算出相关密钥字节 k 的统计分析表。单个 S 盒经 1 次故障分析可将 k 的搜索空间由 256 个降低到 2.0312 个，两次故障注入可以高达 98.8% 的概率恢复唯一的 k 密钥字节。

(2) 本节 r–1 轮差分故障分析密钥恢复效率分析

$$M = \begin{vmatrix} 1 & 1 & 1 & 0 & 1 & 0 & 0 & 1 \\ 0 & 1 & 1 & 1 & 1 & 1 & 0 & 0 \\ 1 & 0 & 1 & 1 & 0 & 1 & 1 & 0 \\ 1 & 1 & 0 & 1 & 0 & 0 & 1 & 1 \\ 0 & 1 & 1 & 1 & 0 & 1 & 1 & 1 \\ 1 & 0 & 1 & 1 & 1 & 0 & 1 & 1 \\ 1 & 1 & 0 & 1 & 1 & 1 & 0 & 1 \\ 1 & 1 & 1 & 0 & 1 & 1 & 1 & 0 \end{vmatrix} \tag{7-15}$$

第 r–1 轮注入单字节故障索引 i 和恢复的第 r 轮等效扩展密钥 K_r 字节索引值 j 的关系如式 (7-15) 所示，M_{ij}=1 表示 i 对应的 K_r 第 j 个字节可被恢复出来。易见，$i \in [0,3]$ 时，一次可恢复 5 个字节，$i \in [4,7]$ 时，一次可恢复 6 个字节，至少 3 次故障可恢复一轮等效扩展密钥。在对 S 盒同一索引字节位置故障进行两次分析可获取 1 个字节的 S 盒输入索引前提条件下，将故障注入次数 n 和故障注入索引所有可能值利用式 (7-1) 进行穷举统计分析，可得到故障注入次数和直接恢复 K_r 的成功率统计，见表 7-6。

表 7-6　故障注入次数 n 和直接恢复 K_r 成功率关系

故障注入次数 n	成 功 次 数	所 有 次 数	成 功 率
3	24	512	4.69%
4	1608	4096	39.26%

续表

故障注入次数 n	成 功 次 数	所 有 次 数	成 功 率
5	22880	32768	69.82%
6	226920	262144	86.56%
7	1977360	2097152	94.29%
8	16378376	16777216	97.62%

　　将故障注入次数、故障注入索引、单字节故障密钥分析效率统计值用式(7-1)进行分析,可得到故障注入次数 n 和 K_r 平均搜索空间的成功率统计,如表 7-7 所示。

表 7-7　故障注入次数 n 和 K_r 平均密钥搜索空间关系

故障注入次数 n	统计次数(n 次故障索引均不重复)	K_r 搜索空间	统计次数(所有情况)	K_r 搜索空间
3	504	178.07	512	131759.97
4	4088	43.58	4096	16491.18
5	32760	12.67	32768	2067.96
6	262136	4.64	262144	260.77
7	2097144	2.24	2097152	33.42
8	16777208	1.11	16777216	4.485

　　可见,如果 n 次故障索引不重复,则 4 次故障注入可将 K_r 密钥搜索空间降低到 $2^{5.446}$。

　　4) 实验结果与分析

　　首先给出在 Camellia 第 $r-1$ 轮 P 函数输入值注入单字节故障恢复 K_r 的实际数据统计,图 7-15 为 5 万次故障攻击中不同故障注入次数 n 的 K_r 平均密钥搜索空间统计。

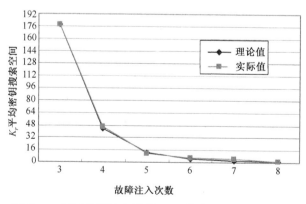

图 7-15　不同故障注入次数 K_r 平均密钥搜索空间统计

　　从图 7-15 可以看出,实际攻击值同表 7-7 理论值基本一致。

图 7-16 所示为 5 万次故障攻击中不同故障注入次数 n 对应的 K_{18} 平均密钥空间频率统计。

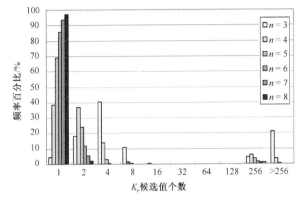

图 7-16　不同故障注入次数时 K_r 平均密钥空间出现频率统计

从图 7-16 可以看出，$n \geqslant 4$ 时，K_{18} 密钥候选值大部分情况下均在 8 个以内。

图 7-17 为 5 万次故障攻击中直接成功恢复 K_r 所需故障注入次数出现频率统计。

对于 Camellia-128 攻击，在第 14～17 轮每轮注入 4 次单字节故障共 16 次故障注入，可恢复 128 位主密钥。对于 192 和 256 位密钥长度的 Camellia-192/256 算法攻击，由于 FL/FL^{-1} 混淆函数层的存在，在第 12 轮注入单字节故障经 FL/FL^{-1} 混淆函数层传播到第 13 轮时，故障传播变得十分复杂，很难进行分析。因此通过在第 13～17 轮分别注入 4 次单字节故障，可恢复后 5 轮扩展密钥字节和倒数第 6 轮的 4 个密钥字节，在此基础上在第 13 轮注入 12 次单字节故障，进一步恢复倒数第 6 轮等效密钥字节，然后结合密钥扩展恢复主密钥。

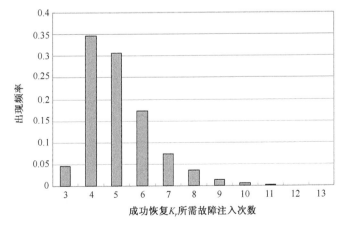

图 7-17　成功恢复 K_r 所需故障注入次数出现频率统计

从图 7-17 可以看出，$n \geqslant 4$ 时能以 34.6% 的概率直接恢复 K_r。

7.5 公钥密码差分故障分析方法与攻击实例

本节主要以 RSA、ECC 公钥密码为例，介绍典型故障模型下的密钥分析方法。

7.5.1 基于操作步骤故障的 RSA 密码分析

1. 故障模型

图 7-18 给出了基于 CRT 组合运算故障的 RSA-CRT 故障模型。

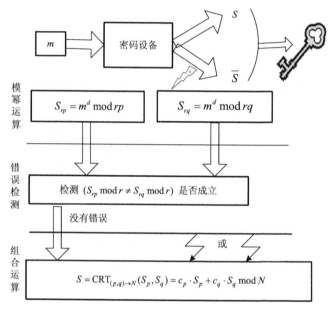

图 7-18 基于 CRT 组合运算故障的 RSA-CRT 故障模型

在图 7-18 中，展现了 CRT-RSA 签名运算模幂运算、错误检验和组合运算三个阶段。虚线框标出了 CRT 组合运算阶段可能发生故障的 2 个位置，其中 $c_p = q(q^{-1} \bmod p)$，$c_q = p(p^{-1} \bmod q)$。在 RSA 签名进行 CRT 组合运算前，对 c_p 或 c_q 注入故障从而得到错误签名，再结合正确签名分析出签名密钥。

2. 故障注入

通过对现有 RSA 防御算法进行分析，容易受故障影响的变量是组合运算步骤

$$S = \mathrm{CRT}_{(p,q) \to N}(S_p, S_q) = c_p \cdot S_p + c_q \cdot S_q \bmod N \tag{7-16}$$

中的 c_p 和 c_q。

设 $m \neq 0$ 为签名消息，$S = m^d \bmod N$ 为 RSA 签名，$\bar{S}$ 为注入故障 δ 后的错误签名结果，注入的故障 $\delta < N$ 且与 p 互质，假设 c_q 为受故障影响的变量(对于 c_p 注入故障的分析算法是一样的)。设 k_q，c_p 为自然数，且满足以下条件

$$0 \leqslant m^d - k_q q < q, \quad 0 \leqslant m^d - k_p p < p \tag{7-17}$$

则故障签名 $\bar{S}$ 可以表示为

$$
\begin{aligned}
\bar{S} &= ((c_q + \delta)(m^d \bmod q) + c_p(m^d \bmod p)) \bmod N \\
&= ((c_q + \delta)(m^d - k_q q) + c_p(m^d - k_p p)) \bmod N \\
&= (c_q(m^d - k_q q) + c_p(m^d - k_p p)) + \delta(m^d - k_q q) \bmod N \\
&= ((1 + \delta)m^d - \delta k_q q) \bmod N \\
&= ((1 + \delta)m^d - q(\delta k_q)) \bmod N \\
&= ((1 + \delta)S - q(\delta k_q)) \bmod N
\end{aligned} \tag{7-18}
$$

3. 故障分析算法

1) 针对已知特定故障的故障分析算法

假设攻击者能够控制故障注入的情况，包括时机、位置和大小等参数，使得 $\delta = 0 \bmod p$，即故障值为 p 的整数倍，$\delta = kp$。由于 $N=pq$，则 $q(\delta k_q) \bmod N = 0$，$\bar{S} - S = (\delta S - q(\delta k_q)) \bmod N$，通过计算 $\mathrm{GCD}(\bar{S} - S, N) = p$ 因式分解模数 N，再利用 $d = \mathrm{e}^{-1} \bmod (p-1)(q-1)$ 可计算出私钥 d。

因此如果故障 δ 已知，而且 $\delta \neq 0 \bmod p$，$k_q \neq 0 \bmod p$，$m \neq 1 \bmod N$，那么可通过计算 $\mathrm{GCD}(\bar{S} - (1+\delta)S, N) = q$ 因式分解模数 N，直接计算出私钥 d。

2) 针对未知随机故障的故障分析算法

在实际攻击中，受条件和能力限制，攻击者很难准确控制故障产生位置、时机和大小，因此故障绝大多数是随机的。下面针对 δ 未知的情况进行讨论，并给出相应的攻击算法。

(1) δ 为永久故障的情况

对于 δ 未知时，可将式(7-18)重写为

$$\frac{\bar{S}}{S} = (1 + \delta) - \frac{q(\delta k_q)}{S} \bmod N \tag{7-19}$$

假设 S_1 和 S_2 表示两个正确的签名，$\bar{S}_1$ 和 $\bar{S}_2$ 表示对应的两个错误签名，两次注入的故障 δ 不变，类似于注入永久故障，则由式(7-19)可得

$$\frac{\overline{S}_1}{S_1} - \frac{\overline{S}_2}{S_2} = -q\left(\frac{\delta k_{q1}}{S_1} - \frac{\delta k_{q2}}{S_2}\right) \bmod N \tag{7-20}$$

当 $\dfrac{\delta k_{q1}}{S_1} - \dfrac{\delta k_{q2}}{S_2} \neq 0 \bmod p$ 时，可通过直接计算公式 $\mathrm{GCD}\left(\left(\dfrac{\overline{S}_1}{S_1} - \dfrac{\overline{S}_2}{S_2}\right), N\right) = q$ 获取 q，

并因式分解模数 N。

当 $\dfrac{\delta k_{q1}}{S_1} - \dfrac{\delta k_{q2}}{S_2} = 0 \bmod p$ 时，则不能通过该算法分解模数。由于 δ 与 p 互质，满

足 $\dfrac{k_{q1}S_2}{S_1} = k_{q2} \bmod p$，式 (7-20) 中的所有变量依赖于 d、p 和 q，所以它们对于攻击者

来说是未知的。对于选定的 m_1、k_{q1}、m_2，都存在一个 $k_{q2} \in Z_p$ 满足式 (7-20)。但是

对于一个 512 位的大素数 p，要寻找满足式 (7-22) 的变量的概率几乎为零，因此需

要尝试寻找另外一种分析算法。

以文献[315]扩展的故障分析思想为依据，将式 (7-18) 重写为

$$\overline{S}^e = ((1+\delta)S - q(\delta k_q))^e \bmod N \tag{7-21}$$

设两个不同的签名消息为 m_1、m_2，以及对应的错误签名结果 $\overline{S}_1$ 和 $\overline{S}_2$，和整数 $\Delta \in Z_p$。

由于 $S^e \bmod N = m$，则

$$\overline{S}_i^e = (1+\delta)^e m_i - q(\Delta_i) \bmod N \tag{7-22}$$

式中，$i \in \{1,2\}$，$q(\Delta_i)$ 表示 $\overline{S}_i^e$ 中除 $(1+\delta)^e m_i$ 之外其他含 q 的项。

所以有 $\overline{S}_1^e m_2 - \overline{S}_2^e m_1 = (m_1 q(\Delta_1) - m_2 q(\Delta_2)) \bmod N$，式 (7-22) 右侧各项包含因子 q。

假如 $\Delta \neq 0 \bmod p$，则可以通过计算 $\mathrm{GCD}(\overline{S}_1^e m_2 - \overline{S}_2^e m_1, N) = q$ 来分解模数 N。

(2) δ 为随机故障的情况

如果每次注入的故障 δ 是随机的，则需要将式 (7-20) 变换为

$$\frac{\overline{S}_1}{S_1} - \frac{\overline{S}_2}{S_2} - (\delta_1 - \delta_2) = -q\left(\frac{\delta_1 k_{q1}}{S_1} - \frac{\delta_2 k_{q2}}{S_2}\right) \bmod N \tag{7-23}$$

由于 δ_1 与 δ_2 均为随机值，所以 $\dfrac{\delta_1 k_{q1}}{S_1} - \dfrac{\delta_2 k_{q2}}{S_2} = 0 \bmod p$ 的概率很小，本书不考虑

该情况的分析。攻击者可利用式 (7-23) 通过穷举遍历 $\Delta\delta = \delta_1 - \delta_2$，计算出

$\mathrm{GCD}\left(\left(\dfrac{\overline{S}_1}{S_1} - \dfrac{\overline{S}_2}{S_2} - \Delta\delta\right), N\right) = q$ 并因式分解模数 N。

实际攻击时，攻击者可对同一个消息 m 执行多次签名，再将两次不同故障对应

的错误签名 $\overline{S}_1$ 和 $\overline{S}_2$ 代入 $\mathrm{GCD}\left(\left(\dfrac{\overline{S}_1 - \overline{S}_2}{S} - \Delta\delta\right), N\right)$ 中，计算是否存在最大公约数。

假设对 c_q 注入的故障为随机字节故障，令 R_8 表示随机字节，l 表示故障位置，$R_8 \in [1; 2^8 - 1]$，$l \in \left[0; \dfrac{\text{bits}(q)}{8} - 1\right]$，$\delta = R_8 \cdot 2^{8l}$ 表示故障值的大小。可知故障 $\Delta\delta$ 具有 $2^{\text{bits}(q)}$ 的搜索空间，导致攻击的复杂度极高。攻击者可尝试寻找在同一个字节位置的两个故障，使之只有一个字节的差异，从而可以缩小 $\Delta\delta$ 的搜索空间为 R_8，攻击流程描述如图 7-19 所示。

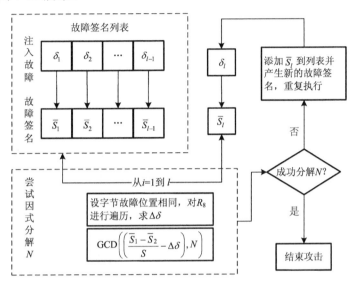

图 7-19　故障分析算法执行流程图

在图 7-19 表示的攻击流程中，每次新增加一个故障签名 $\overline{S}_l$，假设故障注入位置为字节 i，攻击者将 $\overline{S}_l$ 与现有故障签名列表中的签名逐个计算 $\text{GCD}\left(\left(\dfrac{\overline{S}_1 - \overline{S}_2}{S} - \Delta\delta\right), N\right)$，并判断能否计算出 q 对 N 进行因式分解，如果不满足，则再尝试其他字节位置；如果都没满足，则产生新的故障签名，将新增的故障签名 $\overline{S}_l$ 添加到故障签名列表，重复执行以上过程，直到能够因式分解 N。

4. 实验结果

根据前面的故障分析算法，在普通 PC（CPU 为 AMD Athlon 64 3000+，内存 1GB）上，Windows XP 环境下，使用 VC++ 6.0 调用 OpenSSL 密码库的库函数实现 RSA-CRT 算法，并仿真实现本节提出的故障分析算法。利用计算机软件模拟故障诱导过程，依据上述不同故障情况，通过在 CRT 组合运算步骤对系数 c_q（或 c_p）注入永久故障或随机字节故障，获取对应的故障签名 $\overline{S}$，依据攻击算法执行攻击。假设 RSA 密钥长度为 1024 位，则表 7-8 给出注入不同故障对应的仿真实验结果。

表 7-8　故障分析仿真实验结果

故障类型	注入故障的情况	故障样本数	密钥空间
永久故障	$\delta = 0 \bmod p$	1	1
	$\delta \neq 0 \bmod p$	1	1
	$\dfrac{\delta k_{q1}}{S_1} - \dfrac{\delta k_{q2}}{S_2} \neq 0 \bmod p$	2	1
	$\dfrac{\delta k_{q1}}{S_1} - \dfrac{\delta k_{q2}}{S_2} = 0 \bmod p$	2	1
随机故障	$\dfrac{\delta_1 k_{q1}}{S_1} - \dfrac{\delta_2 k_{q2}}{S_2} \neq 0 \bmod p$	2~64	1~2^{512}

7.5.2　基于参数故障的 RSA 密码分析

1. 故障模型

故障分析中，攻击者还可通过探针、激光器等故障注入手段对寄存器修改，使得计算过程中的模数 N 和签名密钥 d 等 RSA 密钥参数发生错误，从而使最终的计算结果出错。本节以一般 RSA 实现算法为分析对象，对基于参数故障模型的 RSA 密钥分析进行介绍，故障模型如图 7-20 所示。

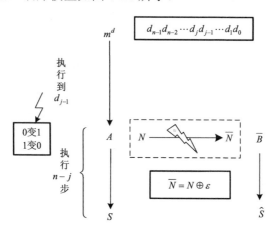

图 7-20　基于参数故障的故障模型

在图 7-20 中，A 为正确计算的中间结果，$\overline{B}$ 为错误的中间结果，S 和 $\overline{S}$ 分别为正确和错误的签名，N 和 $\overline{N}$ 分别为正确模数和故障模数。当平方乘算法执行到 d_{j-1} 的循环时注入故障，故障可分为两种情况：一是向模数 N 注入故障，使模数 N 的值发生改变；二是向签名密钥 d 注入故障，使 d_{j-1} 发生翻转。

通常利用该故障模型，每注入一次故障就能恢复 d 的一个位或一个片段。需要说明的是，该模型不仅适用于一般 RSA 算法的故障分析，最新研究结果还表明 RSA-CRT 算法存在更改公钥模数 N 故障分析的可能性[316]。

故障注入对象为模数 N 的情况下，对 N 注入一个字节故障 ε，其中 $\varepsilon = R_8 \cdot 2^{8i}$，$i \in \left[0; \dfrac{n}{8} - 1\right]$ 且 R_8 为非零随机单字节值，在实验过程中给出一个仿真激光注入故障的软件程序，如算法 7-1 所示，该程序同样适用于对其他变量注入单字节故障的情况。

算法 7-1　仿真激光注入单字节故障算法

输入：N。
输出：$\overline{N}$。

//R_8 代表激光器产生的随机单字节数值
1. $R_8 \in [1; 2^8 - 1]$
2. $i \in \left[0; \dfrac{n}{8} - 1\right]$ //i 代表激光器影响的随机字节，n 是模数 N 的比特长度
3. $\varepsilon = R_8 \cdot 2^{8i}$
4. $\overline{N} = N \oplus \varepsilon$

故障注入对象为签名密钥 d，对 d 注入一个位故障，使 d_{j-1} 由 1 变为 0 或 0 变为 1，故障数目为 1。在这种情况下，依据故障模型构造正确签名 S 与错误签名 $\overline{S}$ 的等式关系 $F(S, \overline{S}) = f(m, j)$，一个故障样本能够恢复一个密钥位 d_j，其中 $F(S, \overline{S})$ 表示 S 与 $\overline{S}$ 的变换运算，$f(m, j)$ 表示 m 与 j 之间的变换运算。以对于私钥 d 注入位翻转故障为例，如果 $d_j = 0$，则 $d' = d + 2^j$，反之则 $d' = d - 2^j$，通过判断 $F(S, \overline{S}) = \overline{S}/S$ 的结果即可判断出 d_j 的值：如果 $F(S, \overline{S}) = m^{2^j}$，则 $d_j = 0$；如果 $F(S, \overline{S}) = 1/m^{2^j}$，则 $d_j = 1$。

本节主要讨论基于模数 N 的故障模型：假设攻击者在执行简单平方乘算法的循环过程中，当执行第 j 个循环步骤时，对模数 N 注入一个随机字节故障，类型为暂时故障，从而获取故障签名 $\overline{S}$。依据基于碰撞分析的密钥推导思想，利用正确签名 S 和故障签名 $\overline{S}$ 构造等式，依据故障签名信息与密钥的相关性对密钥的位进行恢复。

2. 故障注入

以从右到左的简单平方乘模幂算法为分析对象，设 $d = \sum_{i=0}^{n-1} 2^i \cdot d_i$ 为密钥 d 的二进制表示形式，n 为 d 的位长度，RSA 签名的输出结果可以表示为

$$S = m^{\sum_{i=0}^{n-1} 2^i \cdot d_i} \bmod N \tag{7-24}$$

依据故障模型，假设在签名模幂运算中的第 j 个循环步骤发生故障，且故障发生在循环中的平方操作之前，之后所有的操作都是在故障值 $\overline{N}$ 的情况下执行。设

$A = m^{\sum_{i=0}^{(n-j-1)} 2^i \cdot d_i} \bmod N$ 表示签名计算正确的中间值，执行平方操作后，发生第一个错误的中间结果值 $\overline{B}$ 可表示为

$$\overline{B} = (m^{2^{(n-j-1)}} \bmod N)^2 \bmod \overline{N} \tag{7-25}$$

最终的错误签名计算结果可表示为

$$\begin{aligned}
\overline{S} &= A \cdot \overline{B}^{\sum_{i=n-j}^{n-1} 2^{[i-(n-j)]} \cdot d_i} \bmod \overline{N} \\
&= \left[\left(m^{\sum_{i=0}^{(n-j-1)} 2^i \cdot d_i} \bmod N \right) (m^{2^{(n-j-1)}} \bmod N)^{\sum_{i=n-j}^{n-1} 2^{[i-(n-j)+1]} \cdot d_i} \right] \bmod \overline{N}
\end{aligned} \tag{7-26}$$

通过分析故障签名 $\overline{S}$ 的表达式，可发现注入的故障将整个模幂计算过程分为正确的计算部分(以 N 为模数)和错误的计算部分(以 $\overline{N}$ 为模数)。其中 d 的密钥片段 d' 在错误计算中使用，即本节故障分析算法要恢复的密钥片段，满足 $d' = (d_{n-1}, d_{n-2}, \cdots, d_{n-j})$。

3. 故障分析算法

对应于同一信息 m 的正确签名 S 和错误签名 $\hat{S}$，尝试恢复参与执行错误运算的密钥片段 $d_{(1)} = \sum_{i=n-2}^{n-1} 2^i \cdot d_i$。基于故障模型假设，攻击者知道故障位置和大小等参数，可尝试对 n–j 个比特长度的密钥片段进行密钥搜索，依据候选的故障模数 $\overline{N}'$ 查找满足式(7-27)的 $d'_{(1)}$。

$$\overline{S} = (\overline{S} m^{-d'_{(1)}} \bmod N)(m^{2^{(n-j-1)}} \bmod N)^{2^{[1-(n-j)]} \cdot d'_{(1)}} \bmod \overline{N}' \tag{7-27}$$

依据文献[317]，只要存在数据对 ($d'_{(1)}$，$\overline{N}'$) 满足式(7-27)，$d'_{(1)}$ 就为所要猜测的密钥片段，余下的密钥序列可在已获取的密钥片段和之前故障签名的基础上，应用同样的方法在不同时机注入故障重复执行获得。执行恢复完整的密钥过程平均需要的故障数目大约为 (n/x)，其中 x 表示每次能够恢复的密钥片段的平均长度。

4. 攻击实验

在普通 PC 上使用 VC++ 6.0 结合 OpenSSL 密码库的 BN_exp() 函数实现了采用从右到左平方乘算法的一般 RSA 算法，设计并仿真实现了提出的故障攻击算法，在指定循环执行步骤对模数 N 注入一个随机字节故障，获取对应的故障签名 $\overline{S}$，然后运用故障分析算法恢复出相应的密钥片段，在此基础上恢复全部 RSA 密钥位。

分别针对 512 位和 1024 位的 RSA 密钥执行攻击，设置每次恢复的密钥片段长度，通过软件模拟实现故障的精确注入，获取注入故障的次数，并计算密钥的搜索空间和恢复完整密钥所需总的执行时间，结果如表 7-9 所示。

表 7-9 RSA 故障攻击仿真实验结果

密钥长度	密钥片段长度	注入故障次数	密钥空间	耗时/s
512	4	128	1024	9～11
512	8	64	8192	50～70
512	10	52	26116	150～200
1024	4	256	2048	90～120
1024	8	128	16384	550～620
1024	10	103	52228	1700～2000

根据表 7-9，可以看出以下几个方面。

(1)当增大每次恢复的密钥片段长度时，尽管能够减少注入故障数量，但在匹配密钥片段时却需要更大的密钥搜索空间。

(2)如果每次恢复的密钥片段长度太小，则需要更精确地控制注入故障的时机和位置，增加故障攻击的执行难度和注入故障的次数。

7.5.3 基于乘法器故障的 RSA 密码分析

1. 故障模型

在密码设备执行过程中，输入电压的变化或时钟频率的突变都会导致运算器执行出错。前者是电压的干扰导致平方和乘法计算的结果出错，使计算中间结果的一个位发生翻转：$\overline{S}=S\pm2^k$，k 表示翻转位的位置。后者是通过时钟频率的干扰使得密码计算过程中直接跳过一个平方运算步骤，从而导致计算结果出错。

错误的签名结果通常受下列因素影响。

(1)故障注入的时机，是在哪个 d_j 循环执行时注入故障。

(2)故障影响的操作步骤，是平方操作还是乘法操作。

(3)注入故障时 d_j 的值是 0 还是 1。

(4)位故障位置 k，具体模型描述如图 7-21 所示。

2. 故障注入

乘法器故障注入主要利用微处理器设计时普遍存在电路级的安全漏洞[318]：处理器性能的提高，使得乘法器的执行电路时延越来越短，如果周围的环境(如温度或供给电压)发生突变，则很可能会减缓系统中信号的传播，导致信号经过乘法器的电路时，在下一时钟周期开始时还未到达相应的寄存器，最终导致乘法器的运算结果出错。

假设密码设备遭遇一序列异常的暂时故障注入，注入手段采用程控电源调节供给电压的方式，将故障持续时间控制在一个时钟周期之内，因此故障在整个幂运算过程中最多影响一个乘法操作。此外，本节将故障结果中多余一个位故障的情况排除，只考虑针对某一乘法器注入故障与正常情况下只有一个位差异的情况，即发生位翻转故障的情况。

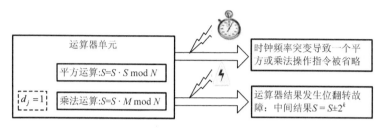

图 7-21　基于乘法器故障的故障模型

图 7-21 展示了基于时钟频率和基于电压的两种乘法器故障注入。在基于时钟频率的故障中，当运算执行到 d_j 时，攻击者注入一个时钟频率突变，导致一个平方操作指令或者一个乘法操作指令被跳过。在基于电压的故障中，当运算执行到 d_j 时，攻击者输入一个电压变化，使得中间结果的某一位发生翻转。

设 $d = \sum_{i=0}^{n-1} 2^i d_i$ 为密钥 d 的二进制表示，那么 RSA 的签名输出可表示为

$$S = m^{\sum_{i=0}^{n-1} 2^i d_i} \bmod N \tag{7-28}$$

依据故障模型，假设在模幂运算结束前第 j 个步骤的乘法运算发生故障，由于故障只是乘法运算结果的一个位发生错误，所以错误结果与正确结果的差值为 $\pm 2^f$，其中 f 表示故障位的位置，即 f 范围满足 $0 \le f < \text{bits}(S)$，执行差值 $\pm 2^f$ 的正负符号依赖于故障位的变化情况：如果故障将一个位从 1 变为 0 则取负，否则取正。

简单起见，以下公式中省略 $\bmod N$ 的操作，则注入故障后产生的错误签名结果可表示为

$$\overline{S} = \left(\left(\prod_{i=j+1}^{n-1} m^{d_i 2^{(i-j)}} \right) m^{d_j} \pm 2^f \right)^{2^j} \prod_{i=0}^{j-1} m^{d_i 2^i} \tag{7-29}$$

如果乘法器执行平方操作时发生故障，则错误的签名结果为

$$\overline{S} = \left(\left(\left(\prod_{i=j+1}^{n-1} m^{d_i 2^{(i-j)}} \right) \pm 2^f \right) m^{d_j} \right)^{2^j} \prod_{i=0}^{j-1} m^{d_i 2^i} \tag{7-30}$$

在 OpenSSL 密码库中，从 OpenSSL 0.9.8i 以后为了抵御 RSA 计时分析，在平方乘算法中采用固定窗口算法[319]，使得模幂运算的执行时间恒定。下面针对固定窗

口算法实现的 RSA 算法注入故障的情况进行分析，假设窗口数为 r，在算法执行第 j 个窗口运算操作中的第 p 个平方计算时发生错误 $(0 \leqslant p \leqslant w)$，则错误的签名结果可表示为

$$\overline{S} = \left(\left(\prod_{i=j+1}^{r-1} m^{d[i]2^{(i-j)w+p}} \right) m^{d[j]2^p} \pm 2^f \right)^{2^{jw-p}} \prod_{i=0}^{j-1} m^{d[i]2^{iw}} \tag{7-31}$$

如果在第 j 个窗口的运算操作中对乘法操作注入故障，则错误签名可表示为

$$\overline{S} = \left(\left(\prod_{i=j+1}^{r-1} m^{d[i]2^{(i-j)w}} \right) m^{d[j]} \pm 2^f \right)^{2^{jw}} \prod_{i=0}^{j-1} m^{d[i]2^{iw}} \tag{7-32}$$

3. 故障分析

下面首先对式 (7-29) 的故障情况进行分析，对应于同一信息 m 的正确签名为 S 和错误签名为 $\hat{S}$，假设已知 d 的前 $n-j+1$ 个位的密钥片段为 $d(n-j+1)$，攻击者尝试恢复第 j 位的值。基于图 7-21 的故障分析模型，假设攻击者知道故障位置和大小等参数，则将式 (7-29) 两边同时乘以 $\prod_{i=j}^{n-1} m^{d_i 2^i}$，得

$$\overline{S} \prod_{i=j}^{n-1} m^{d_i 2^i} = S \left(\left(\prod_{i=j+1}^{n-1} m^{d_i 2^{(i-j)}} \right) m^{d_j} \pm 2^f \right)^{2^j} \tag{7-33}$$

依据已知的 $d(n-j+1)$ 值，通过遍历 f 和 d_j 的方法可直接恢复第 j 位的值。假设攻击者不知道正确签名 S，则可在式 (7-33) 两边同时取 e 次幂，其中 e 为公钥，得

$$\left(\overline{S} \prod_{i=j}^{n-1} m^{d_i 2^i} \right)^e = m \left(\left(\prod_{i=j+1}^{n-1} m^{d_i 2^{(i-j)}} \right) m^{d_j} \pm 2^f \right)^{e2^j} \tag{7-34}$$

同样在已知 $d(n-j+1)$ 的前提下，只需要对 f 值在其取值范围内进行遍历，即可找到满足式 (7-34) 的 d_j 值。按照同样的方法再逐位推算出 d_i 的值，从而破解完整签名私钥 d。同理可得式 (7-30) 故障情况的结论。

运用同样的推导思想，攻击者可对固定窗口算法推算出私钥 d。针对前面的式 (7-31) 和式 (7-32) 的故障情况，可通过构造如下的公式推算出片段 $d[j]$ 的值。

$$\left(\overline{S} \prod_{i=j}^{r-1} m^{d[i]2^{iw}} \right)^e = m \left(\left(\prod_{i=j+1}^{r-1} m^{d[i]2^{(i-j)w+p}} \right) m^{d[j]2^p} \pm 2^f \right)^{e2^{jw-p}} \tag{7-35}$$

$$\left(\overline{S}\prod_{i=j}^{r-1}m^{d[i]2^{iw}}\right)^e=m\left(\left(\prod_{i=j+1}^{r-1}m^{d[i]2^{(i-j)w}}\right)m^{d[j]}\pm2^f\right)^{e2^{jw}} \tag{7-36}$$

对于式(7-31)的情况通过遍历查找 $<f,p,d[j]>$ 数据对进行匹配的方式获取窗口位 $d[j]$，而对于式(7-32)的情况只需要遍历查找 $<f,d[j]>$ 数据对进行匹配即可获取对应的窗口位 $d[j]$，最终恢复签名私钥 d。

4. 攻击实验

在普通 PC 上使用 VC++ 6.0 结合 OpenSSL 0.9.8i 密码库的大数运算函数实现 RSA 算法，其中平方乘算法 RSA 中调用 BN_mul() 函数实现乘法操作，而固定窗口算法 RSA 中调用 BN_mod_mul_montgomery() 函数实现乘法运算。利用软件模拟故障诱导过程，假设故障为单比特故障，令原有比特值为 x，则可以通过表 7-10 的操作方式实现各类单比特位故障的注入。

表 7-10　位故障与对应的执行操作

故 障 类 型	执 行 操 作
set($x=1$)	x OR 1
set($x=0$)	x AND 0
reset(x)	x AND 1
flip(x)	NOT x

实验中主要用到位跳转(flip)故障，也称为位翻转故障，即 x 从 1 跳转到 0，或从 0 跳转到 1，与前面等式中 $\pm2^f$ 的操作一致。通过在指定循环执行步骤对乘法操作的结果中随机位的位置注入单比特位翻转故障，获取对应的故障签名 $\hat{S}$，分别利用密钥分析算法和密钥扩展算法恢复密钥，重复实验最终恢复全部的 RSA 签名密钥。实验为了便于对比分析，分别针对 512 位和 1024 位的 RSA 密钥执行攻击。同时为了便于掌握故障注入的时机，表 7-11 给出针对 OpenSSL 随机生成的密钥执行签名时总的执行时间和蒙哥马利乘法操作时间。

表 7-11　不同密钥长度对应不同算法的执行时间范围

密钥位长度	平方乘算法	固定窗口算法	一 般 乘 法	蒙哥马利乘法
512	12900000～13500000	7000000～7140000	20000～22000	10000～18000
1024	81000000～82400000	42000000～43200000	56000～58000	34000～49000

注：除了密钥位长度计量单位为位，其他计量单位均为 CPU 时钟周期。

从实验结果可以看出：密钥位越长执行时间越多；密钥位越长，由于模数增大执行乘法操作时间也会随之增大；固定窗口算法比平方乘算法具有更高的

执行效率，执行时间大约只有后者的一半，一般乘法算法比蒙哥马利乘法运算
时间要长。

表 7-12 给出针对 1024 位密钥长度 RSA 的两种不同实现算法(平方乘算法和固
定窗口算法)的实验结果，其中由于乘法操作只有当 d_k 为 1 时才执行，其对应的故
障分析算法与平方操作步骤发生故障的情况基本一致，所以表 7-12 只给出平方操作
结果出错情况所对应的实验结果。

表 7-12　RSA 故障分析仿真实验结果

攻 击 对 象	故 障 位 置	密钥片段长度	注入故障次数	密 钥 空 间	耗时/s
从左到右 平方乘算法	平方操作	1	1022	$1022 \cdot f$	100～120
		4	256	$2048 \cdot f$	1200～1400
		8	128	$16384 \cdot f$	7200～8400
固定窗口算法	平方操作	6	171	$5462 \cdot 6 \cdot f$	1000～1200
	乘法操作	6	171	$5462 \cdot f$	250～300

注：f 指可能故障位置数，对应于 1024bit 时，$f=1024$，固定窗口大小为 6。

从实验结果可以看出以下几个方面。

(1)每当增大恢复的密钥片段长度时，理想情况下所需注入的故障次数减少，但
是进行密钥片段匹配时所需的密钥搜索空间增大，导致总的分析时间变长。

(2)针对固定窗口算法的故障分析时间比平方乘算法的故障分析时间要短。

(3)减小恢复的密钥片段长度在减少密钥搜索空间的同时，会提高故障注入精度
的要求，增加所需注入故障数目，从而可能造成攻击对象的永久性破坏。

7.5.4　基于符号变换故障的 ECC 密码分析

1. 故障模型

对于从左向右二进制算法的 ECC(设计规范参考附录 B)，给定基点 P，私钥 k
的系数集合 $\{k_i\}$，按从高位到底位的顺序计算得到公钥 Q，其故障模型如图 7-22
所示。

2. 故障分析

首先定义点乘运算 kP 的高位表示 $H_i(k)$ 和低位表示 $L_i(k)$，则

$$H_i(k) = \sum_{j=i}^{n-1} k^j 2^{j-i} P$$
$$L_i(k) = \sum_{j=0}^{i} k_j 2^j P \tag{7-37}$$

利用 ECC 算法计算得到的公钥为 $Q = kP = \left(\sum_{i=0}^{n-1} k_i 2^i\right) P$，则可得 $H_i(k)$、$L_i(k)$

和 Q 的关系式分别为

$$L_i(k) = Q - 2^{i+1}H_{i+1}(k) \tag{7-38}$$

$$H_i(k) = \frac{Q - L_{i-1}(k)}{2^i} \tag{7-39}$$

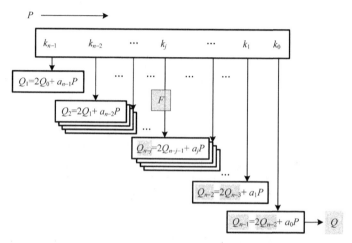

图 7-22　针对从左向右二进制算法的 ECC 符号变换故障模型

图 7-22 中，计算 k_j 时注入故障，使当前计算得到的中间变量 Q_{n-j} 产生符号变换故障，即 $Q_{n-j} = (x, y) \rightarrow Q'_{n-j} = (x, -y)$，故障宽度为 1 位，仅改变符号位。故障随 Q'_{n-j} 在后续迭代中依次传播，最终产生故障公钥。图中用灰底标出了受故障影响的变量。

根据 ECC 算法，可知公钥的计算过程为

$$
\begin{aligned}
Q = kP &= (\sum\nolimits_{i=0}^{n-1} k_i 2^i)P \\
&= 2(\cdots 2(2(2P + k_{n-1}P) + k_{n-2}P) + \cdots)P + k_0 P \\
&= 2(\cdots 2(2(Q_i + k_i P) + k_{i-1}P)\cdots) + k_0 P \\
&= 2^i Q_i + \sum\nolimits_{j=0}^{i} k_j 2^j P
\end{aligned}
\tag{7-40}
$$

当故障发生时，使 $Q_i = (x_i, y_i) \rightarrow Q'_i = (x_i, -y_i)$，将式(7-40)中 Q_i 用 Q'_i 代换，则产生的故障公钥 R 为

$$
\begin{aligned}
R &= 2^i Q'_i + \sum\nolimits_{j=0}^{i} k_j 2^j P = -2^i \sum\nolimits_{j=i+1}^{n-1} k_j 2^{j-i} P + \sum\nolimits_{j=0}^{i} k_j 2^j P \\
&= -2^{i+1} \sum\nolimits_{j=i+1}^{n-1} k_j 2^{j-(i+1)} P + \sum\nolimits_{j=0}^{i} k_j 2^j P \\
&= -2^{i+1} H_{i+1}(k) + L_i(k)
\end{aligned}
\tag{7-41}
$$

将式(7-39)代入式(7-41)得

$$R = -Q + 2L_i(k) \tag{7-42}$$

将式(7-38)代入式(7-41)得

$$R = Q - 2 \cdot 2^{i+1} H_{i+1}(k) \tag{7-43}$$

由式(7-42)可见,产生的故障公钥 R 仅与正确公钥 Q、密钥片段 $k_0 \sim k_i$ 有关,由于正确公钥 Q 已知,$k_0 \sim k_i$ 是可以恢复的。同理,根据式(7-43),密钥片段 $k_{i+1} \sim k_{n-1}$ 也是可以恢复的。所以恢复密钥的顺序可以从高位到低位,也可以从低位至高位。

3. 攻击实验

在普通 PC 上使用 C++ 语言编程实现了本节 ECC 故障攻击,其中故障诱导是通过软件模拟的。符号变换故障攻击采用分片的方式逐片恢复密钥,为探究片段宽度(m)对攻击的影响,图 7-23 给出了不同片段宽度下恢复 192 位私钥的搜索空间。

图 7-24 给出了不同片段宽度下恢复 192 位私钥密钥所需样本量。

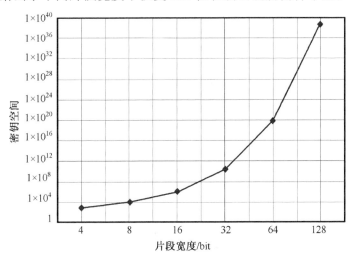

图 7-23　不同密钥片段宽度下的密钥空间

在图 7-23 中,横坐标表示攻击中选取的片段宽度,纵坐标表示故障分析后的密钥搜索空间大小。可以看出,密钥片段宽度越宽,密钥的搜索空间越大。

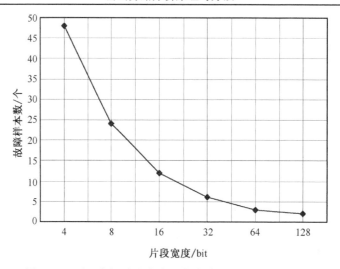

图 7-24 不同密钥片段宽度下恢复完整密钥所需样本量

在图 7-24 中,横坐标表示攻击时所选取的片段宽度,纵坐标表示所需故障样本的个数。密钥片段宽度越宽,恢复完整密钥所需故障样本量越小。由于片段宽度较大时,密钥空间过于庞大;宽度较小时,所需故障样本量过多,所以攻击中应兼顾搜索空间和样本量,选取折中的故障宽度。

7.6 注记与补充阅读

公钥密码方面,本章对多种故障模型下的 RSA、ECC 公钥密码进行了差分故障分析,对 DSA 等其他公钥密码的差分故障分析读者可参考文献[320]~[325],关于公钥密码故障分析的防御措施研究,读者可参考文献[326]~[330]。在分组密码故障分析方面,本章主要以 AES、PRESENT、Camellia 三种密码为例给出了典型分组密码结构的差分故障分析方法,其他分组密码的差分故障分析读者可参考文献[96]~[98]、[103]~[106]、[114]~[127]。此外,在序列密码差分故障分析方面,读者可参考文献[128]~[140]。

需要说明的是,本章主要对经典的差分故障分析方法进行了介绍,利用故障输出的故障分析方法和基于统计学的故障分析方法,读者可参考文献[82]、[331]~[333]。此外,在 CHES 2010 会议上,Li 等提出了故障灵敏度分析方法[60],通过分析其中故障注入位置对应的时钟扰乱时间长短同密码运行中间状态的数据依赖性,使用基于汉明重量的相关性分析方法进行密钥破解。故障分析不再关注故障输出,因此可攻破抗传统差分故障分析的密码设备。后续研究者在此基础上对故障灵敏度分析进行了深入研究,读者可参考文献[154]、[334]~[342]。

第8章 代数旁路分析

通过分析密码旁路分析的发展历史不难看出，现有的旁路分析方法大都是将传统数学分析方法和旁路泄露利用方法相结合进行的密钥分析。典型的结合方法包括：差分旁路分析[32]、相关旁路分析[45]、模板旁路分析[42]、碰撞旁路分析[44]等。上述分析方法仅能利用加密首轮和末轮的旁路泄露，而对于中间轮的旁路信息泄露，由于旁路信息对应加密状态的表示和分析过于复杂，只能是望洋兴叹。为此，需要找到一种新的方法来解决该问题。为进一步提高旁路分析效率、扩展旁路分析应用场景，将新的数学分析方法与旁路分析相结合是一个重要的发展方向。

早在 1949 年，Shannon[10]在《保密系统的通信理论》中就指出：一个密码算法可以表示为一个联立方程组，对于一个安全的密码算法，应该使对应的方程组非常复杂、不能够求解。2002 年，Courtois 等[26]在亚密会上正式提出了代数分析的思想，将密码破解转化为一个多变量稀疏二次代数方程组的求解问题，并对 AES、Serpent 密码算法进行了分析。当前，代数分析主要适用于可用代数方程表示的密码算法，主要为分组密码和序列密码算法。高效的代数方程组求解方法是提高代数攻击效率的关键，而根据计算复杂度理论，求解一个系数随机选取的非线性代数方程组是一个 NP 完全问题。特别是对于分组密码算法，随着轮数的增加，方程个数、未知变量呈指数级增长，使得在有限的计算复杂度内实现方程组求解十分困难，如何降低方程组求解复杂度是实际攻击需要解决的首要问题。

将代数分析和旁路分析结合起来无疑是解决上述问题的最佳捷径。INSCRYPT 2009 会议上，Renauld 和 Standaert 将二者结合，提出了代数旁路分析（Algebraic Side Channel Analysis，ASCA）[56]的思想。代数旁路分析利用代数分析方法建立与密码算法等价的代数方程组，通过采集旁路信息并将其转化为额外的代数方程组，二者联立求解恢复密钥。代数旁路分析克服了代数分析中方程组求解复杂度较高的缺陷，弥补了旁路分析样本量大、分析轮数少、通用性差等不足，同时可利用密码算法所有轮的旁路泄露，1 条功耗轨迹即可恢复某些密码算法（如 PRESENT[56]，AES[233]）的完整密钥；此外，代数旁路分析还拓展了密码攻击的适用范围。对于某些密码算法，攻击在未知明密文或在"一次一密"运行模式下仍然能够成功。鉴于以上优点，代数旁路分析方法受到了密码学者的广泛关注。

现有代数旁路分析方法存在容错性差、适用模型挖掘少、评估研究不够深入等问题。本章首先阐述了代数分析和代数旁路分析原理，然后给出了一种用于容错和挖掘旁路泄露模型的代数旁路分析方法——多推断代数旁路分析（MDASCA），并对 MDASCA 的适用场景进行了分析，在此基础上将 MDASCA 应用到代数功耗分析、代数 Cache 分析、代数故障分析中，并给出了对多种密码芯片上的密码算法的攻击结果。

8.1　基　本　原　理

8.1.1　代数分析

代数分析[26]将密码算法的安全性分析归结为求解一个与密码等效的代数方程组问题，通过分析代数方程组求解的复杂度来评估密码安全性。代数分析包括代数方程组构建和求解两部分，如图 8-1 所示。

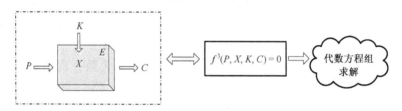

图 8-1　代数分析原理

从图 8-1 可以看出，代数分析的主要过程为：首先将密码表示为明文 P、密码中间状态 X、密文 C、主密钥 K 等若干变量组成的代数方程组；然后将明、密文信息代入代数方程组中，尝试对方程组进行求解恢复密钥。

1. 代数方程组构建

在对称密码设计中，通常利用非线性的 S 盒代换达到混淆目的，利用线性置换达到扩散效果，利用增加迭代轮数增强密码安全性。针对对称密码这类特点，以分轮构建、引入加密中间状态变元为构建密码代数方程组的基本方法，其中构建 S 盒方程组是关键。定义一个输入比特为 n、输出比特为 m 的 S 盒简记为 (n,m)-S 盒，典型构建方法有两种。

1) 待定系数法[343]

为构建 S 盒次数为 $d(1<d\leqslant n+m)$ 的代数方程组，可以将 S 盒的输入、输出比特变元组成的次数不大于 d 的所有可能单项式列出，设其系数为未知量。

$$\sum_{t=0}^{v_1} \alpha_t x_i + \sum_{t=0}^{v_2} \beta_t y_j + \sum_{t=0}^{v_3} \gamma_t x_i x_v + \sum_{t=0}^{v_4} \varphi_t y_j y_k + \sum_{t=0}^{v_5} \eta_t x_i x_v y_j$$

$$+ \cdots + \sum_{t=0}^{v_r} \theta_t \underbrace{x_i x_v \cdots y_j}_{d\text{个未知元}} + \varepsilon = 0 \tag{8-1}$$

这样，对于阶为 d 的 S 盒，可构建

$$\binom{n+m}{1} + \binom{n+m}{2} + \cdots + \binom{n+m}{d-1} + \binom{n+m}{d} + 1 \tag{8-2}$$

个单项式。然后通过查询 S 盒，对每组可能的输入/输出对，代入每个单项式得到若干关于系数的方程，利用高斯消元法求解得到解向量，最终得到 S 盒的等效布尔代数方程组。

2)真值表构造法[344-345]

用于构建阶较大的方程组，任意 S 盒输出均表示为 $GF(2^n)$ 上以输入为变元的函数。

$$y_1 = \sum_{t=0}^{v_{1,1}} \alpha_{1,t} x_i + \sum_{t=0}^{v_{1,2}} \gamma_{1,t} x_i x_v + \cdots + \sum_{t=0}^{v_{1,r}} \theta_{1,t} x_i \cdots x_v + \varepsilon$$

$$y_2 = \sum_{t=0}^{v_{2,1}} \alpha_{2,t} x_i + \sum_{t=0}^{v_{2,2}} \gamma_{2,t} x_i x_v + \cdots + \sum_{t=0}^{v_{2,r}} \theta_{2,t} x_i \cdots x_v + \varepsilon \tag{8-3}$$

$$\vdots$$

$$y_j = \sum_{t=0}^{v_{j,1}} \alpha_{j,t} x_i + \sum_{t=0}^{v_{j,2}} \gamma_{j,t} x_i x_v + \cdots + \sum_{t=0}^{v_{j,r}} \theta_{j,t} x_i \cdots x_v + \varepsilon$$

二者比较，待定系数法可用于构建阶较小的 S 盒方程组，缺点是得到的方程组较多；基于真值表构造法计算 S 盒代数方程组较为简单，个数较少，缺点是阶数较高，且不同 S 盒构建方法对方程组求解效率的影响也较大。

实验中发现，根据待定系数法得到的方程组数量过大，S 盒输入和输出被混淆在大量的方程组中，对于每个可能的 S 盒输入，解析器都要花费大量的时间求解 S 盒输出，执行效率较低；而真值表构造法得到的方程组数量较少，且每个输出都可以用输入进行直接计算，执行效率反而较高。因此，本书主要采用真值表构造法。

2. 代数方程组求解

经典的代数方程组求解方法有基于 Gröbner 基方法[346]、再线性化方法[347]，这些方法对于低次超定方程组求解较为有效。在此基础上，又出现了一些新型的求解方法，如基于可满足性问题[348](Satisfiability，SAT)求解，具有简单高效、不受方程组次数约束的特点，目前已迅速成为求解代数方程组的主流方法。

　　许多成熟的 SAT 解析器使得该方法更为实用,如 zChaff、Minisat、CryptoMinisat 解析器。2009 年以来,基于混合整数编程(Mixed Integer Programming, MIP[349]) 问题的方程组求解方法也在密码分析中频繁使用,主要将方程组转化为线性编程 (linear programming)问题、伪布尔优化(Pseudo-Boolean Optimization, PBOPT[350]) 问题等,然后使用解析器进行求解,如 SCIP、CPLEX 等。本书主要采用 CryptoMinisat 解析器进行代数方程求解。

8.1.2　代数旁路分析原理

　　对于全轮的密码分析,根据计算复杂性理论,求解此类方程组是一个 NPC 问题。 加快方程组求解速度可通过两方面来实现,一是在传统密码分析场景下,降低方程 组数量,但仍很难对现实密码构成威胁;二是与旁路分析结合,通过旁路分析方法 获取加密中间状态泄露(如汉明重量、碰撞、中间状态值、故障信息)并转化为若干 等效代数方程组,并与密码算法联立加速方程组求解实现密钥恢复,有望对实际密 码系统构成现实威胁。代数旁路分析的执行步骤如图 8-2 所示。

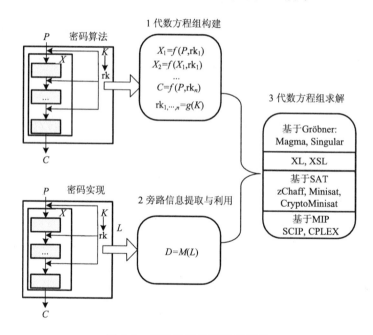

图 8-2　代数旁路分析原理示意

　　图 8-2 中,P、X、C 分别表示明文、中间状态和密文;K 和 rk 分别表示主 密钥和轮密钥;$f()$ 和 $g()$ 分别表示加密和密钥扩展函数;M 表示旁路泄露 模型,L 表示旁路泄露。

　　代数旁路分析大致可分为 3 个阶段：密码算法方程组构建、旁路信息提取和利用与代数方程组求解。

　　(1)密码算法方程组构建

　　这里主要将密码算法加密和密钥扩展表示为关于 P，X，C，K，rk 的代数方程组 $f()$ 和 $g()$。给定一个密码算法，密钥恢复等价于代数方程组的求解。

　　(2)旁路信息提取和利用

　　攻击者采集密码算法运行过程中的旁路信息泄露 L，利用旁路泄露模型 M，推断出密码中间状态值 D，并转化为新的关于密钥和加密中间变量的代数方程组。

　　(3)代数方程组求解

　　将密码算法代数方程组和旁路泄露代数方程组联立进行方程组求解。

8.2　多推断代数旁路分析方法

8.2.1　问题提出

　　在实际的攻击中，受目标密码平台自身噪声、测试计量技术和仪器的影响，根据旁路泄露得到的关于加密中间状态的一个推断(如汉明重量)往往存在误差。由于代数旁路分析需要将这些推断转化为严格的代数方程组并进行密钥求解，推断中 1 位的错误存在都将使得方程组无解，从而导致攻击失败。为了提高代数旁路分析的实用性，有必要开展容错分析方法研究。最直接的容错方法就是将所有可能的推断值都能够转化为代数方程组，并通过求解恢复密钥。可以看出，将多推断引入代数旁路分析是容错、提高分析方法实用性的需要。

　　此外，对于某些泄露模型，如 Cache 访问信息泄露模型，攻击者得到的关于加密中间状态的推断数量自然就是多个。此时，原始的代数旁路分析方法仍然无法处理，为了将新的旁路泄露引入代数旁路分析中，扩展分析方法的适用范围也需要引入多推断。

8.2.2　符号与定义

　　定义 8-1　推断

　　在旁路分析中，攻击者从旁路泄露中得到的关于密码运行中间状态的一个属性值称为"推断"，用 d 来表示。推断的确切含义和值取决于旁路泄露模型。

　　定义 8-2　多推断

　　受系统噪声、测试计量手段、泄露模型等因素的影响，通过旁路分析获取的推断值和真实值常不相符。关于真实值的多个推断通过测量常可被获取，称为"多推断"。

定义 8-3　推断集合

所有可能的推断值组成了一个集合，称为"推断集合"，用 D 来表示。实际攻击中，攻击者也可能获取到大量的不可能推断值的一个集合，用 $\overline{D}$ 来表示。集合 $D(\overline{D})$ 的数量可用 $S_p(S_n)$ 来表示，其值大小对于代数旁路分析的效率影响较大。集合 $D(\overline{D})$ 的元素分别用 d_i 和 $\overline{d_i}$ 来表示，$1 \leqslant i \leqslant S_p(S_n)$。假定正确的推断值在 D 中、不在 $\overline{D}$ 中。

定义 8-4　推断误差

推断集合中的一个元素 d_i 和真实推断值 d 之间的误差称为"推断误差"，用 o 来表示，且 $o = d_i - d$。o 的值对方程组求解策略和解析器选择至关重要。

定义 8-5　错误率

在代数旁路分析中利用的加密中间状态泄露的数量用 N_T 来表示。对于可能的推断集合 D，将 $S_p > 1$ 的多推断集合 D 的个数用 N_E 来表示。定义代数旁路分析的错误率 $e = N_E / N_T$。

8.2.3　多推断代数旁路分析

本节给出了一种改进的代数旁路分析方法，称为多推断代数旁路分析[351]（MDASCA）。MDASCA 的核心思想是将关于加密中间状态属性的多个推断转化为代数方程组，并通过求解进行密钥恢复。只要关于加密中间状态属性的一些可能值或者不可能值能够被获取，就可以用 MDASCA 方法表示出来，成功地应用于密钥恢复。

假定某加密中间状态 X 可用 n 位变量 x^j 来表示，$j=1,\cdots,n$。$\phi(X)$ 函数用于计算 X 通过旁路泄露的一个属性，可由 m 位变量表示出来，其具体含义取决于泄露模型和攻击者能力。如果正确的泄露属性值能够被推断出来，则 d 表示为

$$d = \phi(X) = d^1 \mid d^2 \mid \cdots \mid d^m, \ X = x^1, \cdots, x^n \tag{8-4}$$

如果关于该泄露属性存在多个推断值，则可表示如下。

1. 建立多推断值 $D(\overline{D})$ 相关代数方程组

对于每个可能的推断值集合 D 中元素 d_i，引入一个 m 位变量表示为

$$d_i = d_i^1 d_i^2 \cdots d_i^m, \quad 1 \leqslant i \leqslant S_p \tag{8-5}$$

同样，对于每个不可能推断值集合 $\overline{D}$ 中元素 $\overline{d_i}$，也引入一个 m 位变量，即

$$\overline{d_i} = \overline{d_i^1} \overline{d_i^2} \cdots \overline{d_i^m}, \quad 1 \leqslant i \leqslant S_n \tag{8-6}$$

在实际代数旁路分析中，使用集合 D、$\overline{D}$ 还是二者都使用取决于泄露模型和攻击者的能力。一般来说，如果 $S_p < S_n$，则使用集合 D；否则使用集合 $\overline{D}$。

2. 建立多推断值 $D(\overline{D})$ 同正确推断 d 关系代数方程组

(1)对于可能推断集合 D，如果 d_i 和 d 的每个比特都相等，则 $d_i = d$。为了表示 D 中所有元素同 d 之间的关系，引入了 $m \times S_p$ 个单比特变量 e_i^j 和 S_p 个单比特变量 c_i。如果 $d_i^j = d^j$，则 $e_i^j = 1$；否则 $e_i^j = 0$。如果 $d_i = d$，则 $c_i = 1$；否则 $c_i = 0$。令 $\neg$ 表示取反"NOT"运算，则 d_i 同 d 之间关系可表示为

$$e_i^j = \neg(d^i \oplus d_i^j), \quad c_i = \prod_{j=1}^{m} e_i^j \tag{8-7}$$

因为 D 中只有一个元素和 d 相等，意味着只有一个 $c_i = 1$，可表示为

$$c_1 \vee c_2 \vee \cdots c_{S_p} = 1, \quad \neg c_i \vee c_j = 1, \quad 1 \leqslant i < j \leqslant S_p \tag{8-8}$$

(2)对于不可能推断集合 $\overline{D}$，每个元素 $\overline{d_i}$ 都和 d 不相等，可同样引入 $m \times S_n$ 个单比特变量 $\overline{e_i^j}$ 和 S_n 个单比特变量 $\overline{c_i}$。如果 $\overline{d_i^j} = d^j$，则 $\overline{e_i^j} = 1$；否则 $\overline{e_i^j} = 0$。因为 $\overline{d_i} \neq d$ 恒成立，所以 $\overline{c_i} \equiv 0$，可表示为

$$\overline{e_i^j} = \neg(d^i \oplus \overline{d_i^j}), \quad \overline{c_i} = \prod_{j=1}^{m} e_i^j = 0 \tag{8-9}$$

根据上述可以看出，多推断表示所需建立的方程组十分简单，与密码算法方程组联立后即可输入解析器中进行密钥恢复。

8.2.4 开销分析

为表示正确推断 $d = \phi(X)$，令 $n_{v,\phi}$ 表示需要新引入的变量数，$n_{e,\phi}$ 表示新引入 ANF 等式数量。$n_{v,\phi}$ 和 $n_{e,\phi}$ 的值取决于泄露函数 $\phi()$。根据式(8-5)、式(8-7)、式(8-8) 可知，为表示可能推断集合 D，需要引入 $(1+2m)S_p + n_{v,\phi}$ 个二进制变量和 $1 + (1+2m)S_p + \binom{S_p}{2} + n_{e,\phi}$ 个 ANF 等式。根据式(8-6)和式(8-9))可知，为了表示不可能推断集合 $\overline{D}$，需要引入 $(1+2m)S_n + n_{v,\phi}$ 个二进制变量和 $(1+2m)S_n + n_{e,\phi}$ 个 ANF 等式。

8.2.5 适用性分析

8.2.4 节给出了 MDASCA 中多推断 D 的代数表示方法，并未涉及泄露函数 $\phi()$ 的表示和 D 中元素含义。本节将结合不同泄露模型，分析 MDASCA 的适用场景。

1. 汉明重量容错旁路分析

在基于汉明重量泄露模型的代数旁路分析中，攻击者根据功耗/电磁旁路泄露推断加密中间状态 X 的汉明重量值 $H(X)$。实际攻击场景下，攻击者很难从单条功耗曲线中获取准确的汉明重量值。对于某些密码实现平台，如微控制器，汉明重量推断误差 O 较小，大约等于±1。因此，攻击者可能得到的汉明重量推断集合 D 为

$$D = \{H(X)-1, H(X), H(X)+1\} \tag{8-10}$$

将上述场景应用到 MDASCA 中，只需要令 $\phi() = H()$，$d = H(X)$。例如，$d=3$ 时，对应的可能汉明重量推断集合 $D=\{2,3,4\}$。

2. 访问驱动 Cache 分析

由第 6 章可知，典型 Cache 攻击可分为时序驱动、访问驱动、踪迹驱动三种。时序驱动分析从大量的样本中利用统计分析方法进行密钥预测，单样本很难推断出密码运行中间状态，难以同代数旁路分析相结合。在访问驱动 Cache 分析和踪迹驱动 Cache 分析模型下，攻击者可通过计时/功耗/电磁手段捕获单个样本加解密过程中的内外部碰撞，并为之建立代数方程组，进而结合代数旁路分析方法进行密钥求解。此外，对于某次碰撞，攻击者得到的关于查表索引值的推断数量常是多个，因此可以使用 MDASCA 进行分析。

假定一个 S 盒大小为 2^m 个字节，一个 Cache 行大小为 2^n 个字节，则整个 S 盒可被填充到 2^{m-n} 个 Cache 行。令 CP 表示密码进程，SP 执行了 k 次查找 S 盒操作可表示为 $l_1, l_2, \cdots, l_k$。对于第 i 次查表操作 l_i，对应的查表索引用 X_i 来表示。下面以第 t 次查表操作 l_t 访问 Cache 为例，分析旁路泄露信息。

在访问驱动 Cache 泄露模型中，攻击者使用间谍进程 SP 创建一个同 Cache 大小相等的数组，在 CP 执行某个或者某些查表操作前通过访问数组清空 Cache，在 CP 执行后二次访问 Cache，根据对每个 Cache 行访问执行时间的长短来推断是否被 CP 访问过，进而得到 CP 运行期间所有查表访问的可能和不可能 Cache 行地址。如果 SP 确定 l_t 访问过某 Cache 行，则根据 Cache 访问机理，查表索引 X_t 的高 $m-n$ 位可被攻击者获取到。令<X>表示 X 的高 $m-n$ 位值，则查表索引 X_t 的正确泄露值可用<X_t>来表示。

在实际攻击中，S 在二次启动访问 Cache 时会发现很多 Cache 行的数据都被替换出去了，产生很多 Cache 访问失效。这主要来自两个方面：一方面是期间 V 除了 l_t 访问操作，还有 $k-1$ 次其他的查表操作；另一方面是由于与 V 并行执行的操作系统其他进程访问 Cache 带来的噪声。不妨将其他进程带来的噪声视为 g 次额外的查表操作，对应查表索引为 $X_{k+1}, \cdots, X_{k+g}$。这样，V 和系统进程 Cache 访问对应的不

同查表索引的高 $m-n$ 位可组成一个集合，即

$$D = \{d_1, \cdots, d_{S_p}\}, \quad d_i = <X_i>, \; 0 \leqslant d_i < 2^{m-n} \tag{8-11}$$

该集合 D 可通过 S 二次访问 Cache 获取到。由于查表索引的高 $m-n$ 位值是一个从 0 到 $2^{m-n}-1$ 的一个有限集合，攻击者还可以获取到 V 执行过程中不可能的查表集合 $\overline{D}$，集合大小 $S_n = 2^{m-n} - S_p$。

综上所述，在访问驱动 Cache 泄露模型应用到 MDASCA 中，只需要令 $\phi() = <\cdot>$，$d = <X_t>$，$d_i = <X_i>$。此外，集合 D 或者 $\overline{D}$ 中元素的确切值对攻击者来说是已知的。

3. 踪迹驱动 Cache 分析

在踪迹驱动 Cache 分析中，攻击者可在 V 执行前通过设备复位操作清空 Cache 内容，然后通过采集 V 执行中功耗、电磁泄露，推测密码算法每次查表访问 Cache 会发生命中还是失效，并得到一次加密过程中的所有查表 Cache 访问命中、失效序列。假定在执行 l_t 前有 r 次 Cache 访问失效。令 $S_M(X) = \{X_{t1}, X_{t2}, \cdots, X_{tr},\}$ 表示这 r 次查表索引值集合。

如果 l_t 操作对应 Cache 命中，则说明查表索引 X_t 已经被提前加载到 Cache 中，X_t 的高 $m-n$ 位的索引值可能等于前 r 次 Cache 访问失效对应查表索引的高 $m-n$ 位值的某个值，得到 $<X_t>$ 的可能值集合为

$$D = <S_M(X)> = \{<X_{t1}, X_{t2}, \cdots, X_{tr}>\}, \quad S_p = r \tag{8-12}$$

如果 l_t 操作对应 Cache 失效，则说明查表索引 X_t 尚未被提前加载到 Cache 中，X_t 的高 $m-n$ 位的索引值不可能等于前 r 次 Cache 访问失效对应查表索引的高 $m-n$ 位值的所有值，得到 $<X_t>$ 的不可能值集合为

$$\overline{D} = <S_M(X)> = \{<X_{t1}, X_{t2}, \cdots, X_{tr}>\}, \quad S_n = r \tag{8-13}$$

由上述可知，在踪迹驱动 Cache 泄露模型应用到 MDASCA 中，只需要令 $\phi() = <\cdot>$，$d = <X_t>$，$d_i = <X_{ti}>$。此外，与访问驱动 Cache 泄露模型不同，集合 D 或者 $\overline{D}$ 中元素的确切值对于攻击者是未知的。

4. 故障分析

在故障分析时，故障在分组密码加密轮中某个操作的字节或 Nibble 的索引常是未知的。传统的差分故障分析方法常需要根据密文差分特征来预测故障索引值，如果故障注入轮过深，则该值很难直接预测出来，使得差分故障分析失效。代数故障分析则可将故障注入位置灵活地用代数方程组表示出来，攻击仍然能够成功。同时在故障位置已知的前提下，中间轮的故障差分可能有多个值，应用 MDASCA 方法可以将这些可能的故障差分表示出来，使得代数故障分析成为可能。

8.3　AES 汉明重量代数功耗攻击实例

本节以 8 位微控制器 ATMEGA324P 中的 AES 软件实现攻击为例，给出了基于汉明重量模型的代数功耗攻击实例。解析器采用 CryptoMinisat 2.9.4，运行在 Intel i7 2640M 处理器（2.80GHz，4GB 内存）上 64 位 Windows XP 操作系统中。

8.3.1　汉明重量推断与表示

基于汉明重量泄露模型，对 8 位 ATMEGA324P 微控制器中的 AES 进行了实际攻击，其中 AES 代码采用原始的紧凑 S 盒实现方式。在 AES 加密每轮中采集 84 个汉明重量泄露点，并进行汉明重量推断。图 8-3(a) 显示的即为对 AES 第一轮查找 S 盒输出每个字节的 9 个汉明重量值重复采样 1000 次计算得到的功耗均值曲线；图 8-3(b) 显示的是一个样本 AES 加密第一轮字节代换 16 个字节输出对应的功耗曲线；本节使用 Pearson 相关性系数进行汉明重量推断。

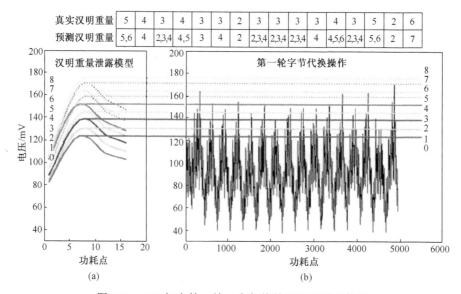

图 8-3　AES 加密第一轮 S 盒代换输出汉明重量推断

图 8-3(a) 表明，ATMEGA324P 微控制器中功耗泄露大小同汉明重量值呈线性递增关系；图 8-3(b) 表明，受噪声影响，根据单条功耗曲线进行汉明重量推断效果并不是很好，存在正负 1 的偏差。

在 16 个字节汉明重量推断过程中，有 9 个汉明重量推断集合元素数量为 3，错误率 e=56.26%。以第 8 个字节汉明重量泄露为例，真实汉明重量为 3，根据 Pearson 相关性系数得到的 2,3,4 对应的系数值均较大，因此可能的推断集合 $D=\{2,3,4\}$，

S_p=3。为表示集合 D 中的一个推断，需要引入 103 个变量中已引入的 8 比特字节变量和 103 个 ANF 等式。所以，$n_{v,\phi}$=103，$n_{e,\phi}$=103。第 8 个字节的 3 个汉明重量推断表示共需要引入 130 个变量和 124 个 ANF 等式。

8.3.2　数据复杂度评估方法

Renauld 等[233, 352-353]指出 AES 一轮可采集 84 个汉明重量泄露点(轮密钥加16 个、S 盒代换 16 个、列混淆 52 个)，至少连续 3 轮旁路泄露，即 252 个泄露点才能恢复 AES 密钥，且 252 个泄露点推断均为正确的。至于这些数量是如何得到的，Renauld 等并未给出解释。下面基于信息论对攻击所需最小泄露点数量进行评估。

对于一个字节 x，如果其汉明重量被泄露出来，根据算法 8-1(输入 x 和 m=1)，$\xi(x)$=5.65；如果 AES 的 S 盒输入 x 和 S 盒输出 $S(x)$ 的汉明重量都被泄露出来，则根据算法 8-1(输入 x 和 m=2)，$\xi(x)$=3.42。

算法 8-1　计算 x 的搜索空间大小

输入：x, m($H(x)$泄露时，m=1；$H(x)$ 和 $H(S(x))$ 泄露时，m=2)。

输出：$\xi(x)$。

1. int i, j
2. float fsum=0
3. for i=0 to 2^n do
4. 　　for j=0 to 2^n　do
5. 　　　　if(m==1&&$H(i)$==$H(j)$)
6. 　　　　　　fsum++
7. 　　　　else if (m==2&&$H(i)$==$H(j)$ &&$H(S(i))$==$H(S(j))$)
8. 　　　　　　fsum++
9. 　　　　end if
10. 　　end for
11. end for
12. $\xi(x)$=$\log_2$(fsum/2^n)
13. return　$\xi(x)$

在相同条件下[233, 352]，首先对未知明密文场景下的汉明重量代数旁路分析进行评估。对于第一轮 AK 和 SB 的 16 个字节汉明重量泄露，$\xi(B_1)$=54.72。通过对列混淆 MC_1 进行分析，为计算 MC_1 输出的 4×4 字节矩阵中的 1 列输出，可以泄露出 13 个汉明重量，如果仅对保存最终 MC_1 输出的 4 个汉明重量泄露进行分析，则可将这四个字节的搜索空间降低到 $2^{4.28}$，如果对其他 9 个汉明重量进行分析，则很容易就将四个字节搜索空间进一步降低到 1。应用类似方法对其他 3 列 MC_1 输出进行分析，总地来说，$\xi(C_1)$ 可被降低到 0，从而恢复 A_1, B_1, C_1。

应用类似方法，通过对第二轮的 84 个汉明重量泄露进行分析，可恢复 A_2, B_2, C_2。第二轮扩展密钥可通过计算 $C_1 \oplus A_2$ 得到，结合攻击中为 AES 密钥扩展建立的方程组，正确的主密钥 K 可被恢复出来。

需要说明的是，已知明密文是未知明密文下的一个特例，仅通过第一轮 84 个汉明重量泄露可将主密钥 K 通过计算 $P \oplus A_1$ 恢复出来。综上可知，已知明密文条件下，至少 1 轮汉明重量泄露可恢复 AES 密钥；未知明密文条件下，至少 2 轮汉明重量泄露可恢复 AES 密钥。8.3.3 节将通过实际的代数旁路分析实验进行验证。

8.3.3　实验结果与分析

与 Renauld 等[233]一样，首先考虑只利用正确汉明重量推断进行攻击。考虑如下攻击场景：已知明密文、未知明密文、连续分布汉明重量泄露、随机分布汉明重量泄露。此外，在多汉明重量推断场景下进行容错代数旁路攻击。每种攻击场景进行 100 次攻击实验，并计算解析器的平均求解时间。结果表明：虽然基于 SAT 求解策略的解析器执行时间具有一定的不确定性，但只要提供的泄露信息量足够，99%以上的脚本都能够在稳定的较短时间完成。实验结果如表 8-1 所示。需要说明的是，由于 Oren 等[354]并未对 AES 加密过程实施成功攻击，本节仅与 Renauld 等[233]工作进行比较。

表 8-1　基于汉明重量的 MDASCA 攻击结果

攻击场景	错误率	泄露分布类型	攻击轮数（求解时间）	
			文献[316]	MDASCA
已知明密文	0%	连续分布	3 轮	1 轮 (10s)
已知明密文	0%	随机分布	8 轮	5 轮 (120s)
未知明密文	0%	连续分布	3 轮	1 轮 (10s)
未知明密文	0%	随机分布	8 轮	6 轮 (100s)
已知明密文	80%	连续分布	—	3 轮 (600s)
已知明密文	100%	连续分布	—	2 轮、2 个样本 (120s)
已知明密文	100%	连续分布	—	1 轮、3 个样本 (120s)

可以看出，在汉明重量推断没有错误时，基于连续汉明重量分布类型，已知明文和未知密文场景下，MDASCA 仅分别需要 1 和 2 轮汉明重量泄露可在 10s 求解恢复完整 AES，要小于文献[233]的 3 轮，结果也充分验证前面理论分析的正确性。

攻击中，与文献[233]一样，也发现基于单条功耗曲线对 AES 加密全轮 784 个汉明重量推断的错误率在 75%左右，文献[233]无法基于单条功耗曲线实现攻击。而基于 MDASCA，在错误率高达 80%的场景下，一条功耗曲线 3 轮汉明重量分析可在 10min 内恢复完整 AES 密钥；在 100%的错误率下，2 条功耗曲线连续 2 轮汉明重量、3 条功耗曲线 1 轮汉明重量泄露分析可在 2min 内获取 AES 密钥。可以看出，MDASCA 具有良好的容错能力，可以极大地提高代数旁路分析算法的实用性和健壮性。

8.4　AES 访问驱动代数 Cache 攻击实例

8.4.1　两种泄露模型

在公开发表的文献中，目前尚未见到将访问驱动 Cache 泄露模型引入代数旁路分析中的研究。现有工作大多数都基于 6.3.4 节直接分析和排除分析方法开展，由于随着轮数延伸，中间状态用初始明文和主密钥表示十分困难，分析轮数受限，现有攻击仅能对第 1 轮的 16 次查找 S 盒和第 2 轮前 4 次查找 S 盒 Cache 访问泄露(约 1.25 轮)进行分析。

自 2005 年，密码学者对 AES 密码访问驱动 Cache 分析开展了大量的研究，主要针对 OpenSSL 中的密码实现。本节以最新密码库 OpenSSL 1.0.0d 中 AES 的 2KB,1KB,256B 三种实现为分析对象，对于 64B 的 Cache 行大小，令其索引值泄露为高 $\varepsilon = m - n$ 位，此时 ε 分别对应高 5,4,2 位泄露。根据攻击者控制间谍进程的能力不同，可将现有 AES 访问驱动 Cache 分析模型分为两大类。

1) Bangerter 模型

2011 年，Bangerter 等[149-150]针对 OpenSSL 1.0.0d 中采用 2KB 查找表的 AES 实现，提出了一种新的访问驱动 Cache 分析方法，设计的间谍进程能够在 AES 加密每次查表前后精确启动，采集每次查表访问 Cache 行地址，使用 100 个样本在未知明密文情况下成功获取 AES 密钥。攻击条件限制比较严格，需要在安装了支持完美调度器的 Linux 操作系统、支持超线程的 Intel 处理器平台上实施。将此类攻击模型称为 Bangerter 模型。

2) Osvik 模型

Osvik 等[146-147]与 Neve 等[148]针对 OpenSSL 0.9.8a 中采用 1KB 大小查找表的 AES 实现进行了访问驱动 Cache 分析。攻击中间谍进程仅能在密码算法执行一次加解密前后启动，进而对于某次查表 Cache 访问泄露，受加解密其他次查表和系统进程干扰较大，可能的推断值数量较大，此类模型称为 Osvik 模型。此类攻击可适用于各类操作系统和处理器平台。

Osvik 等主要针对 OpenSSL 0.9.8a 中 AES 前两轮进行分析，300 个样本可恢复 128 位密钥；Neve 等将攻击转移到最后一轮，14 个样本可恢复 AES 密钥。OpenSSL 1.0.0d

中将最后一轮 T_4 表删除，换成查找 T_0,T_1,T_2,T_3 表操作，可有效防御 Neve 等攻击。因此，下面主要对 OpenSSL 1.0.0d 中查找 T_0,T_1,T_2,T_3 表的 Cache 访问泄露信息进行分析。

8.4.2　密码访问 Cache 地址推断与表示

1) Bangerter 模型

对 Intel Pentium 4 处理器(Cache 行大小 64B)，Fedora 8 Linux 上运行的 OpenSSL 1.0.0d 中采用 2KB、1KB、256B 三种 S 盒大小的 AES 实现进行攻击。设计的间谍进程可准确地采集 AES 加密每次查表访问的 Cache 行地址。图 8-4(a) 给出了对于 1KB 的 S 盒，间谍进程在 AES 第一轮 16 次查找 S 盒前后分别启动，二次访问 S 盒对应的 16 个 Cache 行的命中(白色块)和失效(灰色块)现象。如果发生 Cache 失效，则说明间谍进程数据很可能被 AES 加密查表替换出去，从而泄露出查表索引高 4 位值。

攻击中发现，由于系统进程干扰，1～4 个 Cache 行访问会发生失效，意味着该次查表索引对应 1～4 个推断值。以图 8-4(a) 中 AES 第一轮第 3 次查找 S 盒(第 3 列)为例，攻击者可得到关于 $<X_3>$ 的可能值推断集合 $D=\{4,11,13\}$。为了表示每个推断，不需要引入新的变量，只需要为 X_3 的高 4 位直接赋值，引入 4 个 ANF 等式。所以，$n_{v,\phi}=0$，$n_{e,\phi}=0$。根据 8.2.4 节内容，为表示该字节泄露需要引入 27 个变量、31 个 ANF 等式。

2) Osvik 模型

基于 Osvik 模型，间谍进程只能在加密前后进行启动，攻击模型适用于各类操作系统和微处理器平台。OpenSSL 1.0.0d 的 2KB 和 256B 的查找表实现中，对于 64B 的 Cache 行大小，每个样本 10 轮加密后分别要对 32 个 Cache 行和 4 个 Cache 行执行 160 次查表操作。这样加密完成后，AES 有很大概率已将全部 S 盒加载到 Cache 中，将间谍进程的所有相关数据都替换出去，攻击者无法获取 AES 加密查表的不可能值。而对于 1KB 的查找表实现，一次加密需要对每个 S 盒执行 40 次查表操作，大约有 1.211 个 Cache 行没有被 AES 加密访问过，可以用于代数旁路分析。

图 8-4(b) 给出了 10 个样本加密时，间谍进程在加密后二次启动访问 16 个 Cache 行的命中和失效情况，可以看出存在 0～3 个命中现象，得到 0～3 个每次查表的不可能值。以第一个样本(第 1 列)分析为例，攻击者推断出每次查 T_0 表的 3 个不可能值集合 $\overline{D}=\{9,10,15\}$，$S_n=3$。根据 8.2.4 节内容，为表示该字节泄露需要引入 27 个变量、27 个 ANF 等式。

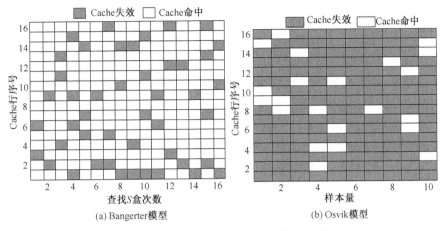

图 8-4 访问驱动 Cache 泄露采集与分析

8.4.3 数据复杂度评估方法

1) Bangerter 模型

每轮查表存在 16 个索引值高 ε 位的泄露点。在已知明文情况下,经过第一轮分析,可将主密钥搜索空间 $\xi(K)$ 降低到 $128-16\varepsilon$;经过第二轮分析,可将 $\xi(K)$ 降低到 $128-16\varepsilon$。对于 $\varepsilon=4$ 或 5,单个样本连续两轮的泄露分析可恢复主密钥。对于 $\varepsilon=2$,经过第一轮分析,$\xi(K)$ 最多可被降低到 6×16;经过第二轮的泄露点分析,3 个样本可将 $\xi(K)$ 降低到 $16\times(6-3\times2)=0$。

2) Osvik 模型

对于 OpenSSL 1.0.0d 中的 1KB 查找表的 AES 实现、64B 的 Cache 行大小,$\varepsilon=4$。每次加密 10 轮共访问每个查找表 40 次。根据 Osvik 模型,40 次查表后平均没有访问过的 Cache 行数量为

$$16\times\left(\frac{15}{16}\right)^{40}\approx1.211 \tag{8-14}$$

这就意味着,对于一次查表泄露,查表索引高 4 位存在平均 1.211 个不可能值。令 n_i 表示能够恢复 k_i 字节高 4 位值所需的样本数,则 n_i 可表示为

$$16\times((16-1.211)/16)^{n_i}\leqslant1,\ n_i=-\log_{((16-1.211)/16)}(1/16) \tag{8-15}$$

根据式(8-15)可计算出 $n_i=35.2$,意味着 35.2 个样本可恢复第一轮 64 位密钥,通过对第二轮 Cache 访问泄露进行分析,可恢复主密钥。在后面小节,将通过实际的代数旁路分析实验来验证 n_i 值。

8.4.4 实验结果与分析

MDASCA 攻击结果与文献[149]、[150]比较如表 8-2 所示。可以看出,对于 1KB 和 2KB S 盒实现的 AES,MDASCA 在未知明密文场景下仅需要 2 个样本分析就可获取 AES 密钥,少于文献[149]、[150]中的 100 个。对于 256B 紧凑 S 盒实现的 AES,文献[149]、[150]指出,由于每次查表泄露信息过少(高 2 位)未能成功对其实施攻击,并将对这种实现的 AES 攻击作为一个公开问题。本书研究表明,在这种泄露信息量较少的场景下,MDASCA 仍然能够成功攻击 AES,仅需 3 个样本分析,这也是迄今为止针对 256B S 盒的 AES 实现首次访问驱动 Cache 攻击。

表 8-2 基于访问驱动的 MDASCA 攻击结果

攻 击	AES 实现	泄露模型	攻击场景	分析轮数	所需样本量	求解时间
文献[149]、[150]	2KB S 盒	Bangerter	未知明密文	2	100	180s
MDASCA	2KB S 盒	Bangerter	已知明密文	2	1	6s
MDASCA	2KB S 盒	Bangerter	未知明密文	2	2	60s
MDASCA	1KB S 盒	Bangerter	已知明密文	2	1	15s
MDASCA	1KB S 盒	Bangerter	未知明密文	2	2	120s
MDASCA	256B S 盒	Bangerter	已知明密文	3	3	60s
文献[146]、[147]	1KB S 盒	Osvik	已知明密文	1.25	300	65μs
MDASCA	1KB S 盒	Osvik	已知明密文	6	36(40)	1h(60s)

MDASCA 攻击结果与文献[146]、[147]比较如表 8-2 所示。可以看出,36 个样本分析可获取 AES 密钥,少于文献[146]、[147]所需的 300 个。事实上,对于文献[146]、[147]当时攻击的 OpenSSL 0.9.8a 版本中 AES 的 1KB S 盒实现,MDASCA 仅需 30 个。

攻击中开展了两类攻击求解实验,首先是直接进行密钥求解,解析器在超过一天仍无法获取密钥;为加快密钥求解速度,可将 4 位密钥的可能值提前代入代数方程组中,进行 16 次枚举实验。结果表明,如果 4 位密钥预测正确,则 40min 可恢复 AES 完整密钥;否则,解析器会在 1min 后输出无解,重复进行 100 次攻击实验,平均 1h 可完成整个求解过程。

8.5 AES 踪迹驱动代数 Cache 攻击实例

8.5.1 密码 Cache 访问事件序列推断与表示

基于踪迹驱动 Cache 泄露模型,对 32 位 ARM7 微处理器 NXP LPC2124 上的 AES 进行攻击,AES 采用 256B 的紧凑 S 盒实现。实验中,使用电磁探头采集 AES

运行电磁辐射泄露，并推断每次加密的 Cache 命中和失效序列。NXP LPC2124 使用了 1 个直接相联 Cache，Cache 行大小为 16B，AES 的 256B S 盒最多可覆盖 16 个 Cache 行（N_c=16），通过某次 Cache 访问事件可以预测本次查表索引和前面的查表索引异或值的高 4 位（ε=4）是否为 0。

实验中，对 AES 加密前 3 轮查找 S 盒的 Cache 访问事件进行分析，通过采集电磁辐射，Cache 失效对应的电磁辐射要比命中的大，持续时间要长，因此攻击者可以较为明显地区分出 Cache 命中和失效事件。

图 8-5(a) 给出了 5 个样本 AES 加密前 3 轮 48 次查找 S 盒的命中和失效序列。图 8-5(b) 给出了 5 个样本 AES 加密前 3 轮高 4 位索引的可能值/不可能值集合大小。

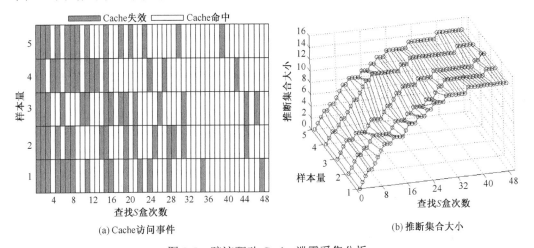

(a) Cache 访问事件　　　　　　　　　　　　(b) 推断集合大小

图 8-5　踪迹驱动 Cache 泄露采集分析

根据图 8-5(a)，对于第一轮的 16 次查找 S 盒操作，Cache 失效发生概率较大；从第二轮开始，Cache 命中概率逐渐变大；前三轮 48 次查表后，S 盒的所有元素仍有较大概率未被加载到 Cache 中。根据图 8-5(b)，推断集合大小随着查找表次数增加而增加，范围为 0~16。

与前面一样，令 y_i（$1 \leqslant i \leqslant 48$）表示第 i 次查表索引，以第一个样本第 8 次和第 9 次查表的 Cache 访问事件为例进行分析。第 8 次查表对应 Cache 失效事件，$<y_8>$ 的不可能值集合 $\overline{D}$={ $<y_1>$, $<y_2>$, $<y_3>$, $<y_5>$, $<y_6>$, $<y_7>$ }，S_n=6。由于 $\overline{D}$ 中每个元素对应的 4 位变量在 AES 密码算法方程组已经有所表示，而且每个元素的确切值是未知的，所以 $n_{v,\phi}$=0，$n_{e,\phi}$=0，第 8 次查找 S 盒 Cache 事件需要引入 30 个变量和 30 个 ANF 等式。对于第 9 次查表 Cache 失效事件，$<y_9>$ 的可能值集合 D={ $<y_1>$, $<y_2>$, $<y_3>$, $<y_5>$, $<y_6>$, $<y_7>$, $<y_8>$ }，S_p=7。根据 8.2.4 节内容，第 9 次访问 Cache 失效事件需要引入 35 个变量、57 个 ANF 等式。

8.5.2 数据复杂度评估方法

现有访问驱动 Cache 分析大都针对 256B 紧凑 S 盒实现[144-145, 269]，最好结果为 Gallais 等在 2011 年 COSADE 会议上对 ARM 7 微处理器上的 AES 进行的踪迹驱动分析[145]，基于电磁手段采集并分析 AES 前 20 次查表操作的旁路泄露，30 个样本进一步将 128 位密钥空间降低到 10。在上述所有公开文献中，最多能分析前 20 次查表操作。

下面以攻击紧凑 S 盒实现的 AES 为例进行最小样本量分析。令 p_i 和 k_i 分别表示明文和主密钥的第 i 个字节，则在访问驱动 Cache 分析中，对于第一轮 AES 加密，通过第 i 次查表和第 j 次查表对应的 Cache 访问事件进行分析，可以推测 $<(p_i \oplus k_i) \oplus (p_j \oplus k_j)> (1 \leq i < j \leq 16)$ 是否为 0。通过对第一轮 16 次查找 S 盒进行分析，可将 $\xi(K)$ 降低到 $128-15\varepsilon$；通过对后续泄露进行分析，进一步降低 $\xi(K)$ 到 0。

令 N_ℓ 表示踪迹驱动 Cache 分析所需样本量大小，$\#\ell$ 表示前 ℓ 次查找 S 盒后，AES 进程 S 平均填充 Cache 行的个数；N_c 表示一个 S 盒最多可填充 Cache 行的个数，则 $N_c = 2^{m-n}$；$\Re_\ell$ 表示平均每个 Cache 行经过 ℓ 次查找 S 盒后不被填充的概率，则

$$\Re_\ell = \left(\frac{N_c-1}{N_c}\right)^\ell, \quad \#l = N_c(1-\Re_\ell) \tag{8-16}$$

令 y_ℓ 表示第 ℓ 次查表索引，ρ_ℓ 表示由于第 ℓ 次旁路泄露导致相关密钥空间降低到的比例，则

$$\rho_\ell = \left(\frac{\#l}{N_c}\right)^2 + \left(1-\frac{\#l}{N_c}\right)^2 \tag{8-17}$$

经过第一轮分析可分别恢复相应的密钥块所需样本量 N_ℓ，即

$$N_c \times \rho_\ell^{N_\ell} = 1, \quad N_\ell = -\log_{\rho_\ell}^{N_c} \tag{8-18}$$

对于 64B Cache 行大小，256B 紧凑 S 盒实现，N_c=16，表 8-3 给出了 ρ_ℓ 大小随 ℓ 的变化值。

表 8-3　ρ_ℓ 大小分布

ℓ	1	2	3	4	5	6	7	8
ρ_ℓ	1	0.883	0.787	0.710	0.649	0.601	0.564	0.537
ℓ	9	10	11	12	13	14	15	16
ρ_ℓ	0.519	0.507	0.501	0.500	0.503	0.509	0.518	0.529
ℓ	17	18	19	20	21	22	23	24
ρ_ℓ	0.541	0.555	0.570	0.585	0.601	0.617	0.633	0.649

续表

ℓ	25	26	27	28	29	30	31	32
ρ_ℓ	0.665	0.681	0.696	0.711	0.726	0.740	0.753	0.766

可以看出，在第一轮分析中，由于 Cache 失效较多，ρ_ℓ 和 ℓ 值大小成反比，随着 ℓ 的增大，密钥空间降低的速度越来越快；而在第二轮分析中，由于 Cache 命中较多，ρ_ℓ 和 ℓ 值大小成正比，随着 ℓ 的增大，密钥空间降低的速度越来越慢。图 8-6 给出了查找 S 盒次数同访问 Cache 组数量、恢复相关密钥所需要样本量之间的关系。

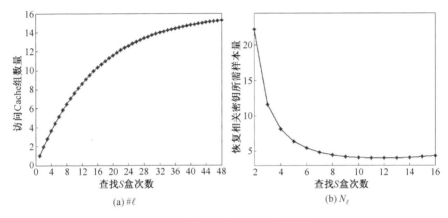

图 8-6　踪迹驱动 Cache 分析评估

从图 8-6(a) 可以看出，即使是经过 48 次查找同一个 S 盒后，$\#\ell$ 值仍小于 N_c，意味着 $\rho_\ell < 1$，后续第 4 轮的查找 S 盒 Cache 访问泄露还可以用于攻击。从图 8-6(b) 可以看出，当 $\ell = 1$ 时，第一次查表会发生 Cache 失效，由于先前 Cache 中没有任何 S 盒数据被加载进来，通过分析无法获取第一次查表相关的 4 位密钥。当 $\ell > 1$ 时，为了恢复每次查表相关的密钥块，最大的 N_ℓ 值是 22.24，最小的仅为 4。

当 N_ℓ 为 5 或 6 时，第一轮分析后 $\xi(K)$ 可分别被降低 51.90 和 53.87，降低到 76.10 和 74.13。通过对第二轮的 Cache 访问命中和失效进行分析，N_ℓ 为 5 或 6 时，$\xi(K)$ 可再次分别被降低 48.80 和 54.78，从而降低到 27.30 和 19.25；然后再经过第三轮分析，$\xi(K)$ 可降低到 0。

综上所述，至少 5 个样本经前 3 轮 Cache 命中和失效序列分析可获取 AES 完整密钥。在 8.5.3 节，将通过实际的代数旁路分析实验进行验证。

8.5.3　实验结果与分析

对于某些 Cache 访问命中、失效很难从电磁辐射中区分出来的事件，本节统一将其作为 Cache 访问命中处理。此外，在某些场景下，AES 加密前部分 S 盒元素可能已经加载到一些 Cache 组中，在分析中发生的 Cache 命中事件对应的查表索引推断集合可能恰是提前加载的 Cache 行，进而使得正确的推断值不在推断集合中，导致攻击失败，因此在这种攻击场景下仅对 Cache 失效事件进行分析。

与文献[144]、[145]一样，实验中考虑到如下攻击场景：分析利用 Cache 命中/失效事件、只利用失效事件，以及提前预先加载 S 盒中元素到 4 个 Cache 行三种场景。每种场景执行了 100 次攻击实验，并计算解析器的平均求解时间。为了加快解析器求解速度，将 4 位密钥的可能值提前代入方程组中，对于正确的 4 位密钥值，解析器可在 40min 内恢复完整密钥；对于错误的密钥候选值，解析器可在 1min 内输出无解。三种场景下的攻击结果如表 8-4 所示。

表 8-4　基于踪迹驱动的 MDASCA 攻击结果

攻　　击	分析利用 Cache 事件		预先加载 Cache 行数量	样　本　量	剩余密钥搜索空间	时　　间
	数　量	类　型				
文献[285]	16	命中/失效	0	14.5	2^{68}	—
文献[144]	18	命中/失效	0	30	2^{30}	—
文献[145]	20	命中/失效	0	30	10	—
MDASCA	48	命中/失效	0	5(6)	1	1h(5min)
文献[145]	20	失效	0	61	—	—
MDASCA	48	失效	0	10	1	1h
文献[145]	20	失效	4	119	—	—
MDASCA	48	失效	4	24	1	1h

从表 8-4 可以看出，MDASCA 可以利用 AES 加密 3 轮查找 S 盒对应的 Cache 访问事件，攻击所需样本量要远小于现有所有结果。5 个样本泄露分析可恢复 AES 完整密钥，远低于文献[145]中的 30 个。此外，该结果同前面理论分析结果也相吻合。

对于 AES-192 和 AES-256 踪迹驱动攻击，根据其密钥扩展设计，攻击者需要分析加密前 3 轮恢复 3 轮的扩展密钥，才能恢复 AES-192 和 AES-256 完整密钥。传统的踪迹驱动 Cache 攻击仅能分析 1 轮多的 Cache 事件，从而无法实现 AES-192 和 AES-256 攻击。

此外，应用 MDASCA 方法，还成功地对 AES-192 和 AES-256 加密前 3 轮的 Cache 事件进行分析，分别使用 10 个和 15 个样本恢复 192 位和 256 位完整密钥，这是国内外首例成功的 AES-192 和 AES-256 踪迹驱动攻击。

8.6　多种密码代数故障攻击实例

经典的差分故障分析方法在某些攻击场景下存在一些不足，当故障传播特征复杂、S 盒输入输出故障差分不易确定、分析的密码算法采用复杂线性部件时，传统的差分故障分析依赖手工故障传播分析，难度较大。此外，当密码算法的 S 盒未知时，现有故障分析方法难以适用。总之，传统的差分故障分析需要攻击者对故障传播的每个过程都进行详尽的手工分析，在此基础上确定攻击路线，分析过程较为笨拙和烦琐，如果将分析过程转化为某类问题并将其自动化实现，则将有望弥补传统差分故障分析的不足。

8.6.1 故障方程构建方法

1. 密码整体结构方程构建方法

在代数故障分析中，密钥分析常是从密文差分开始进行的，因此从密文开始反向构建解密方程可以有效降低求解时间，如图 8-7 所示。同时，密钥扩展一般是主密钥开始构建的，因此建议从正向建密钥扩展方程。在构建解密方程中，对于 SPN 结构分组密码，由于每轮的输出同输入有很大差异，需要首先求出每个密码操作的逆函数，再为之建立方程；对于 Feistel 结构密码，由于每轮输出的部分数据块即为该轮输入，所以在 F 函数中仍然正向构建，但整个轮函数是反向构建。

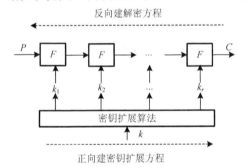

图 8-7 代数故障分析密码整体结构构建方法

2. 密码操作方程构建方法

1) 查找 S 盒方程构建方法

查找 S 盒构建中，采用真值表构造法，将每个 S 盒输出比特使用所有 S 盒输入比特显式表示出来。以 Piccolo 密码的 4×4 S 盒为例，令 S 盒输入为 $(x_0 | x_1 | x_2 | x_3)$，输出为 $(y_0 | y_1 | y_2 | y_3)$，S 盒可表示为

$$y_0 = 1 + x_0 + x_1 + x_3 + x_0 x_1$$
$$y_1 = 1 + x_0 + x_1 + x_2 + x_1 x_2$$
$$y_2 = 1 + x_0 + x_3 + x_0 x_1 + x_0 x_2 + x_1 x_2 + x_2 x_3 + x_0 x_1 x_2$$
$$y_3 = x_0 + x_1 + x_2 + x_0 x_2 + x_0 x_3 + x_1 x_3 + x_2 x_3 + x_0 x_1 x_2 + x_1 x_2 x_3$$

(8-19)

2) 模加方程构建方法

模加运算在很多密码算法中都有使用，通过提供非线性来抵抗差分分析。以 2^n 域上 X 与 Y 模加为例。令 $X = x_1 | x_2 | \cdots | x_n$，$Y = y_1 | y_2 | \cdots | y_n$，$Z = z_1 | z_2 | \cdots | z_n$，则 Z 可表示为

$$
\begin{aligned}
&z_n = x_n + y_n, \quad t_{n-1} = x_n y_n \\
&z_{n-1} = x_{n-1} + y_{n-1} + t_{n-1}, \quad t_{n-2} = x_{n-1}y_{n-1} + x_{n-1}t_{n-1} + y_{n-1}t_{n-1} \\
&z_{n-2} = x_{n-2} + y_{n-2} + t_{n-2}, \quad t_{n-3} = x_{n-2}y_{n-2} + x_{n-2}t_{n-2} + y_{n-2}t_{n-2} \\
&\quad\quad\quad\quad\quad\quad\cdots \\
&z_2 = x_2 + y_2 + t_2, \quad t_1 = x_2 y_2 + x_2 t_2 + y_2 t_2 \\
&z_1 = x_1 + y_1 + t_1
\end{aligned}
\tag{8-20}
$$

这样，通过引入 $n-1$ 个变量 t_i 可将 2^n 域上模加表示出来。

3) 列混淆构建方法

很多密码算法在实现过程中都使用了列混淆操作，列混淆输出由输入乘以一个矩阵 M 得到，其中将乘法的公式转化为代数方程组是关键。对于一个 4 位的输入 $X = x_0 | x_1 | x_2 | x_3$，如果乘以某个因子对应输出用 $Y = y_0 | y_1 | y_2 | y_3$ 来表示，则 Y 可表示为

$$
\begin{aligned}
y_0 &= a_0 x_0 + a_1 x_1 + a_2 x_2 + a_3 x_3 \\
y_1 &= a_4 x_0 + a_5 x_1 + a_6 x_2 + a_7 x_3 \\
y_2 &= a_8 x_0 + a_9 x_1 + a_{10} x_2 + a_{11} x_3 \\
y_3 &= a_{12} x_0 + a_{13} x_1 + a_{14} x_2 + a_{15} x_3
\end{aligned}
\tag{8-21}
$$

通过穷举 X 和对应 Y 的值，并代入式(8-21)中，可恢复出 $a_0 \sim a_{15}$ 的值，进而得到该因子对应的乘法表达式。利用该方法，得到了 LED 密码算法中列混淆 16 个因子对应的乘法表达式，如表 8-5 所示。

表 8-5　列混淆 M 矩阵不同因子对应乘法表达式

因　　子	y_0	y_1	y_2	y_3
1	x_0	x_1	x_2	x_3
2	x_1	x_2	x_0+x_3	x_0
4	x_2	x_0+x_3	x_0+x_1	x_1
5	x_0+x_2	$x_0+x_1+x_3$	$x_0+x_1+x_2$	x_1+x_3
6	x_1+x_2	$x_0+x_2+x_3$	x_1+x_3	x_0+x_1
8	x_0+x_3	x_0+x_1	x_1+x_2	x_2
9	x_3	x_0	x_1	x_2+x_3
A	$x_0+x_1+x_3$	$x_0+x_1+x_2$	$x_0+x_1+x_2+x_3$	x_0+x_2
B	x_1+x_3	x_0+x_2	$x_0+x_1+x_3$	$x_0+x_2+x_3$
E	$x_0+x_1+x_2+x_3$	$x_1+x_2+x_3$	x_2+x_3	$x_0+x_1+x_2$
F	$x_1+x_2+x_3$	x_2+x_3	x_3	$x_0+x_1+x_2+x_3$

3．故障信息方程构建方法

下面分别给出故障注入位置未知时故障表示方法和故障位置已知时多故障差分值表示方法。

1）故障注入位置未知时表示方法

以在 16 位寄存器 X 导入 1 个 Nibble（4 位）故障为例，X 用 $x_0 \mid x_1 \mid \cdots \mid x_{15}$ 表示，X 注入故障后值用 $Y = y_0 \mid y_1 \mid \cdots \mid y_{15}$ 表示，Z 表示故障差分，则 Z 可表示为

$$Z = z_0 \mid z_1 \mid \cdots \mid z_{15}, \quad z_i = x_i \oplus y_i, \quad 0 \leqslant i \leqslant 15 \tag{8-22}$$

将 Z 可以划分为 4 个 Nibble，假设可以表示为 $Z_0 \mid Z_1 \mid Z_2 \mid Z_3$，$Z_i = z_{4 \times i + 0} \mid z_{4 \times i + 1} \mid z_{4 \times i + 2} \mid z_{4 \times i + 3} (0 \leqslant i \leqslant 3)$，再引入 4 个比特的变量 u_i 来表示 Z_i 是否为故障注入 Nibble，则 u_i 可表示为

$$u_i = (1 \oplus z_{4 \times i + 0})(1 \oplus z_{4 \times i + 1})(1 \oplus z_{4 \times i + 2})(1 \oplus z_{4 \times i + 3}), \quad 0 \leqslant i \leqslant 3 \tag{8-23}$$

如果 $u_i = 0$，则表示 Z_i 为故障注入 Nibble，否则不是故障注入位置。因为仅有 1 个 Nibble 出现故障，则 $u_0 \mid u_1 \mid u_2 \mid u_3$ 中只有一个为 0，则可表示为

$$(1 + u_0) \vee (1 + u_1) \vee (1 + u_2) \vee (1 + u_3) = 1, \quad u_i \vee u_j = 1, \quad 0 \leqslant i < j \leqslant 3 \tag{8-24}$$

根据上面方法，基于 Nibble 的故障差分可用式(8-22)、式(8-23)、式(8-24)进行表示。此外，上述公式经简单扩展后可适用于基于其他宽度的故障差分表示，如字节故障差分、字故障差分等。

2）故障注入值表示方法

如果攻击者可以确定故障注入位置，则通过差分故障分析可以获取故障传播轮某个操作的多个差分值。利用 3.2.3 节给出的多推断表示方法，可以将多个差分值表示出来，在此基础上进行密钥分析。

8.6.2　密码攻击实例

下面以 DES、LED、Piccolo、GOST 分组密码，Helix 序列密码为例进行代数故障分析，攻击中故障注入由软件仿真完成。

1．DES 密码分析

DES 是 1976 年 NIST 筛选出来的分组密码算法，分组长度 64 位，密钥长度 64 位（其中只有 56 位有效），64 位明文输入经过 16 轮变换得到 64 位输出。算法采用 Feistel 结构，加解密步骤类似。根据 DES 的密钥扩展设计，攻击者获取任何轮扩展密钥都可将主密钥搜索空间降低到 2^8。

1) 故障模型

在 DES 倒数第 12 轮输出的左寄存器注入 1 个比特或字节故障, 如图 8-8 所示。

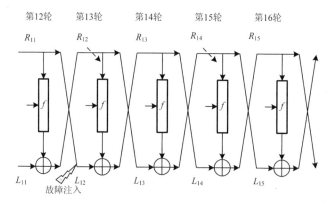

图 8-8　DES 密码故障攻击模型

2) 攻击过程

对正确明文 P 加密得到正确密文; 利用前面故障模型对在 DES 加密第 12 轮输出的左寄存器注入故障, 得到错误密文; 将正确 DES 加密 16 轮和错误 DES 倒数 3 轮过程按照逆序的方法构建出来; 将故障注入差分 f 应用 8.6.1 节方法转化为代数方程; 使用解析器进行密钥求解。

3) 攻击实验和对比

按照选定比特故障、选定字节故障、随机比特故障、随机字节故障四种模型执行代数故障攻击实验。每种故障模型随机产生 100 组不同的密钥和明文, 执行 100 次攻击实验。1 次故障注入条件下, 使用 CryptoMinisat 解析器的密钥求解时间如图 8-9 所示。

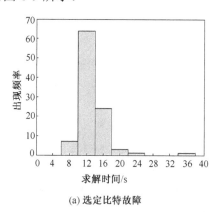

(a) 选定比特故障

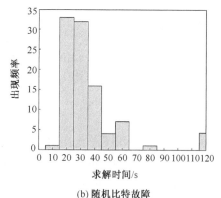

(b) 随机比特故障

图 8-9　DES 1 次故障注入 CryptoMinisat 求解时间

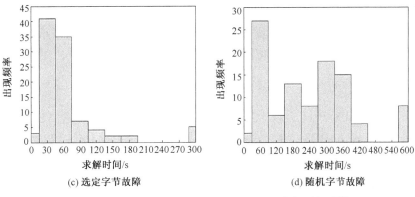

图 8-9　DES 1 次故障注入 CryptoMinisat 求解时间(续)

根据图 8-9，在 DES 加密第 12 轮输出左寄存器注入故障，四种故障模型均能在 10min 内以超过 90%的成功率恢复完整密钥；在故障注入比特索引或字节索引未知时，解析器求解所需时间要比故障字节(比特)模型攻击稍长。

此外，还在第 11 轮故障模型下进行了攻击实验，选定单比特故障模型 1 次故障注入经 5 分钟分析、随机单比特故障模型 1 次故障注入经 3 小时分析、选定字节故障模型 5 次故障注入经 10 分钟分析、随机单字节故障模型 20 次故障注入经 1 小时分析仍可恢复密钥。本节 DES 代数故障攻击结果和前人工作比较如表 8-6 所示。

表 8-6　DES 故障攻击结果对比

攻　　击	分析方法	故障模型	故障注入次数	时　间
文献[38]	差分故障分析	第 14 轮选定单比特故障	3	—
文献[57]	代数故障分析	第 13 轮选定 2 比特故障	1(已知 24 位密钥)	2^{19} h
文献[82]	差分故障分析	第 12 轮选定单比特故障	7	—
本节	代数故障分析	第 12 轮选定单比特故障	1	12s
文献[82]	差分故障分析	第 11 轮选定单比特故障	11	—
本节	代数故障分析	第 11 轮选定单比特故障	1	300s
文献[82]	差分故障分析	第 12 轮随机单比特故障	11	—
本节	代数故障分析	第 12 轮随机单比特故障	1	30s
文献[82]	差分故障分析	第 11 轮随机单比特故障	44	—
本节	代数故障分析	第 11 轮随机单比特故障	1	10800s
文献[82]	差分故障分析	第 12 轮选定单字节故障	9	—
本节	代数故障分析	第 12 轮选定单字节故障	1	60s
文献[82]	差分故障分析	第 11 轮选定单字节故障	210	—
本节	代数故障分析	第 11 轮选定单字节故障	5	600s
文献[82]	差分故障分析	第 12 轮随机单字节故障	17	—
本节	代数故障分析	第 12 轮随机单字节故障	1	12s
文献[82]	差分故障分析	第 11 轮随机单字节故障	460	—
本节	代数故障分析	第 11 轮随机单字节故障	20	3600s

可以看出，本书提出的代数故障攻击在 DES 第 12 轮注入故障，1 次故障注入分析即可恢复 DES 完整密钥，攻击所需故障注入次数少，求解时间也可以承受。此外，在 DES 第 11 轮注入故障，四种故障模型下所需故障注入次数也比前人工作的少。

2. LED 密码分析

LED[355]是 CHES 2011 会议上提出的轻型分组密码，算法参考 AES 设计，分组长度为 64 位，支持 64/128 位的密钥长度，分别用 LED-64 和 LED-128 表示。LED-64 共分为 8 步，每步由执行一次轮密钥加（AK）和 4 轮密码运算，每轮包括轮常量加（AC）、查找 S 盒（SC）、行移位（SR）和列混淆（MC）四个操作，设计规范读者可参考附录 H。令 A^i 表示第 i 次（$1 \leqslant i \leqslant 9$）AK 操作输出，$X^j, Y^j, Z^j, Q^j$ 分别表示第 j 次（$1 \leqslant j \leqslant 32$）AC, SC, SR, MC 操作输出，$A_l^i, X_l^j, Y_l^j, Z_l^j, Q_l^j$ 分别表示 A^i, X^j, Y^j, Z^j, Q^j 的第 l 个（$0 \leqslant l \leqslant 15$）Nibble。

1) 故障模型

在 LED 倒数第三轮输入第 1 个 Nibble 注入故障后故障传播情况如图 8-10 所示。

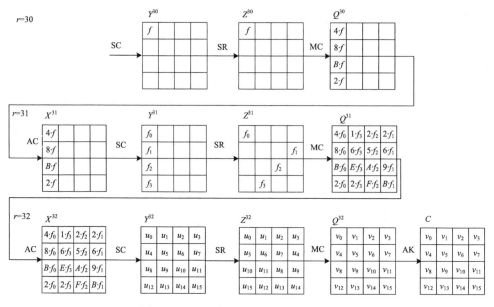

图 8-10　LED 密码最后 3 轮故障传播图

2) 攻击过程

对正确明文 P 加密得到正确密文；利用前面故障模型对在 LED 加密第 30 轮输入第一个 Nibble 注入故障，得到错误密文；将正确 LED 加密 32 轮和错误 LED 倒数 3 轮过程按照逆序的方法构建出来；将故障注入差分 f 和倒数第 32 轮查找 S 盒的输入差分转化为代数方程；使用解析器进行密钥求解。其中，最为关键的就是如何求解第 32 轮查找 S 盒的输入差分，下面给出具体方法。

根据 AES 故障分析经验可知，如何恢复 LED 加密第 32 轮的查找 S 盒的输入和输出故障差分是攻击的关键。易知，第 32 轮的查找 S 盒输出故障差分 ΔY^{32} 可从密文差分中计算得到

$$\Delta Y^{32} = \mathrm{SR}^{-1}(\mathrm{MC}^{-1}(\Delta C)) \tag{8-25}$$

根据图 8-10，S 盒输入故障差分 ΔX^{32} 可通过计算 f_0, f_1, f_2, f_3 而来。利用 6.3.1 节内容，构建 $4 \cdot f_0$，$8 \cdot f_0$，$B \cdot f_0$，$2 \cdot f_0$ 共 4 种差分 S 盒恢复 f_0；构建 $1 \cdot f_1$，$6 \cdot f_1$，$E \cdot f_1$，$2 \cdot f_1$ 共 4 种差分 S 盒恢复 f_1；构建 $2 \cdot f_2$，$5 \cdot f_2$，$A \cdot f_2$，$F \cdot f_2$ 共 4 种差分 S 盒恢复 f_2；构建 $2 \cdot f_3$，$6 \cdot f_3$，$9 \cdot f_3$，$B \cdot f_3$ 共 4 种差分 S 盒恢复 f_3，在此基础上计算出 ΔX^{32}。需要说明的是攻击者得到的 f_0, f_1, f_2, f_3 值可能有多个，因此需要使用 8.2.3 节多推断表示方法将其构建为代数方程。

3) 攻击实验和对比

进行了 10000 次攻击实验，对 f_0, f_1, f_2, f_3 的数量进行统计，结果如图 8-11 所示。

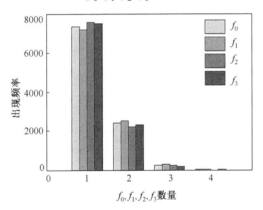

图 8-11　LED 故障攻击 f_0, f_1, f_2, f_3 的数量统计

根据图 8-11 可以看出，f_0, f_1, f_2, f_3 的数量为 1～4，需要使用多推断方法表示。

首先正向建立 LED 代数方程，执行了 10 次完整的攻击实验，平均 15h 可恢复出 LED-64 密钥；然后反向建立 LED 代数方程，执行了 100 次完整的代数故障攻击仿真实验，解析器求解密钥时间统计如图 8-12 所示。

为表明代数故障攻击的通用性，将攻击成功扩展至 8 位和对角线故障模型，只需要建立正确加密全轮、错误加密倒数 3 轮、故障注入差分对应方程组并求解。基于 8 位模型，自倒数第二轮列混淆开始，故障差分已出现交错现象，应用现有差分故障分析方法很难对其进行分析，应用代数故障攻击进行了 100 次攻击实验，平均

需要 1h 将正确密钥恢复出来。此外，还基于 AES 攻击中采用的对角线故障模型对 LED 进行了 100 次攻击实验，平均 1h 仍可恢复 64 位完整密钥。

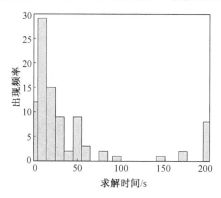

图 8-12　LED 改进代数故障攻击求解时间统计

从图 8-12 可以看出，反向建轮方程可大大加快解析器求解速度，应用普通 4 核处理器平台，64 位密钥可以 79%的成功率在 1min 内、92%的成功率在 3min 内、100%的成功率在 10min 内恢复出来，攻击所需代价要小于前人所做的攻击。

本节 LED 代数故障攻击结果和前人工作比较如表 8-7 所示。

表 8-7　LED 故障攻击结果对比

攻　　击	分 析 方 法	故 障 模 型	故 障 次 数	时　　间
文献[118]	差分故障分析	倒数第 3 轮 Nibble 故障	3	1s
文献[116]	差分故障分析	倒数第 3 轮 Nibble 故障	1	0.45s(Opteron 工作站)
文献[117]	代数故障分析	倒数第 3 轮 Nibble 故障	1	14.67h(Opteron 工作站)
本节	代数故障分析	倒数第 3 轮 Nibble 故障	1	1～3min
本节	代数故障分析	倒数第 3 轮字节故障	1	1 h
本节	代数故障分析	倒数第 3 轮 Nibble 对角线故障	1	1 h

没有证据表明，文献[119]开展了仿真实验验证，故在表 8-7 中并不和文献[119] 结果进行比较。可以看出，本节提出的改进代数故障攻击在 LED 倒数第 3 轮注入 Nibble 故障，1 次故障注入分析可在 3min 内恢复 64 位密钥。在 LED 倒数第 3 轮注入字节故障模型下，最后一轮故障差分存在交错现象，传统的差分故障分析难度较大，应用代数故障分析方法 1 次故障注入分析仍可在 1h 内恢复密钥。

3. Piccolo 密码分析

Piccolo[356]是索尼公司在 CHES 2011 会议上提出的轻量级分组密码，采用非平衡性 Feistel 结构，分组长度为 64 位，密钥长度支持 80/128 位，对应 Piccolo-80 和

Piccolo-128 密码，分别采用 25/31 轮加密，每轮使用了 2 个 F 函数，输出 64 位经字节置换函数后得到下一轮输出。Piccolo 设计规范读者可参考附录 I。

　　1) 故障模型

　　在 Piccolo 倒数第 3 轮输入的 1 个 Nibble 注入故障，故障值和 Nibble 索引未知，故障在倒数 3 轮的传播情况如图 8-13 所示。

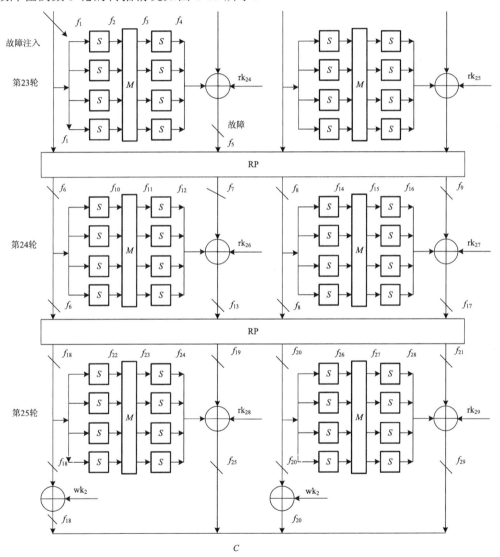

图 8-13　Piccolo 密码故障攻击模型

由图 8-13 可知，经过 3 轮的故障传播，密文的每个 Nibble 均产生故障，攻击者很难从密文构造区分器判断故障注入位置，并基于此进行差分故障分析。

2）攻击过程

对正确明文 P 加密得到正确密文；利用前面故障模型对在 Piccolo 加密第 23 轮输入第一个 Nibble 注入故障，得到错误密文；将正确 Piccolo 加密 25 轮和错误 Piccolo 倒数 3 轮过程按照逆序的方法构建出来；将故障注入差分 f 应用 8.6.1 节方法转化为代数方程；使用解析器进行密钥求解。

3）攻击实验

攻击中，在随机产生 10 组不同的密钥和明文，执行了 10 次攻击实验，1 次故障注入条件下，使用 CryptoMinisat 解析器的密钥求解时间如表 8-8 所示。最短求解时间为 0.5h，最长求解时间为 10h，平均求解时间约为 5h。

表 8-8　Piccolo 攻击密钥求解时间　　　　　　　　　　（单位：h）

样本 1	样本 2	样本 3	样本 4	样本 5	样本 6	样本 7	样本 8	样本 9	样本 10
4.7	0.5	6.4	2.3	10	3.6	3.8	4.8	7.4	5.6

此外，为加快解析器求解速度，使用倒数第 3 轮两次故障注入进行了 100 次攻击实验，攻击所需时间分布如图 8-14 所示。

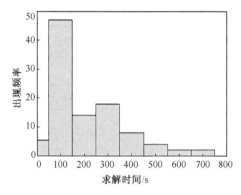

图 8-14　Piccolo 两次故障注入 CryptoMinisat 求解时间

根据图 8-14，CryptoMinisat 求解时间符合指数分布，攻击均可在 700s 内完成。

实验中，考虑了两种故障模型，一是 8 比特和 16 比特不同宽度故障模型，二是第 22 轮故障模型，对 Piccolo-80 分别执行 10 次代数故障攻击实验，结果如表 8-9 所示。

可见基于第 23 轮宽度故障模型，攻击仅需要 1 次故障注入；基于第 22 轮深度故障模型，攻击仅需要 2 次故障注入。

为验证攻击对其他密钥长度 Piccolo 算法的适用性，本节将攻击扩展到 Piccolo-128 算法，基于不同故障位置，执行了多种故障攻击实验（每种执行 10 次攻击)。根据 Piccolo-128 算法设计,恢复主密钥需要至少恢复最后 4 轮密钥,因此需在倒数第 2 或 3 轮和 5 或 6 轮注入多次故障。本节故障模型、故障次数和平均密钥求解时间如表 8-10 所示。

表 8-9　不同故障模型下代数故障攻击结果

故 障 模 型	故障注入次数	平均密钥求解时间
第 23 轮 8 比特故障模型	1	6h
第 23 轮 16 比特故障模型	1	22h
第 22 轮 4 比特故障模型	2	5h
第 22 轮 8 比特故障模型	2	6h

表 8-10　Piccolo-128 代数故障攻击结果

故 障 模 型	故障注入次数	平均密钥求解时间
第 29 轮(2 个)+第 26 轮 Nibble 故障(1 个)	3	78s
第 29 轮(2 个)+第 27 轮 Nibble 故障(1 个)	3	58s
第 30 轮(2 个)+第 27 轮 Nibble 故障(1 个)	3	0.5h
第 29 轮(2 个)+第 26 轮字节故障(1 个)	3	65s
第 29 轮(2 个)+第 27 轮字节故障(1 个)	3	59s
第 30 轮(2 个)+第 27 轮字节故障(1 个)	3	0.5h

根据表 8-10,代数故障分析所需故障注入位置比较灵活,在倒数第 2 或第 3 轮注入 2 次故障、倒数第 5 或第 6 轮注入 1 次故障,共 3 次故障可恢复 128 位完整密钥。本节 Piccolo 代数故障攻击结果和前人工作比较如表 8-11 所示。

表 8-11　Piccolo 故障攻击结果对比

攻　击	密　码	分析方法	故 障 模 型	故障次数	时间
文献[121]	Piccolo-80	差分故障分析	第 24 轮单字节故障	3	1s
文献[122]	Piccolo-80	差分故障分析	第 24 轮两个 Nibble 故障	2	1s
本节	Piccolo-80	代数故障分析	第 23 轮单 Nibble 故障	1	5h
本节	Piccolo-80	代数故障分析	第 23 轮单字节故障	1	6h
文献[121]	Piccolo-128	差分故障分析	第 29,30 轮单字节故障	8	24h
本节	Piccolo-128	代数故障分析	第 27,29 轮单 Nibble 故障	3	58s
本节	Piccolo-128	代数故障分析	第 27,29 轮单字节故障	3	78s

可以看出,本节提出的改进代数故障攻击在 Piccolo-80 倒数第 3 轮注入 Nibble 或字节故障,1 次故障注入分析即可恢复 80 位密钥;Piccolo-128 故障攻击也仅需要 3 次故障注入;二者均为现有故障攻击中所需次数最少的。

4. GOST 密码分析

GOST[357]是俄罗斯政府官方的加密标准,算法采用标准的 Feistel 结构,分组长度为 64 位，密钥长度为 256 位，加密算法采用 32 轮，轮函数 F 采用模加、查找 S 盒、比特移位三个操作。虽然 1989 年 GOST 的算法整体设计已公开，但 8 个 S 盒的设计仍是保密的。GOST 设计规范读者可参考附录 J。现有 GOST 密码分析大都在已知 S 盒前提下开展，使用俄罗斯联邦中央银行提供的 8 个 S 盒组。本节 GOST 代数故障分析仍在已知 S 盒设计前提下进行，未知 S 盒条件下的故障分析在后面小节进行阐述。

1) 故障模型

在 GOST 加密某轮可注入 1 个字节注入故障，1 个样本仅注入 1 次故障，故障值和字节索引未知，如图 8-15 所示。

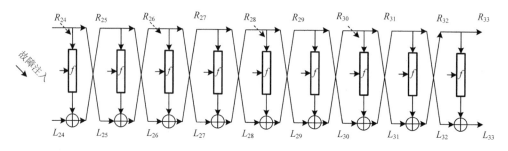

图 8-15　GOST 密码故障模型

2) 攻击过程

对正确明文 P 加密得到正确密文；利用前面故障模型对在 GOST 加密第 24,26,28 或 30 轮注入一个字节故障，得到错误密文；将正确 GOST 加密 32 轮和错误 Piccolo 倒数 9，7，5，3 轮按照逆序的方法构建出来；将故障注入差分 f 应用 8.6.1 节方法转化为代数方程；使用解析器进行密钥求解。

3) 攻击实验和对比

攻击中，随机产生不同的密钥和明文执行了 100 次攻击实验，在 GOST 加密第 24,26,28 或 30 轮每个位置注入 2 次字节故障，共计 8 次故障注入，使用 CryptoMinisat 解析器的密钥求解时间如图 8-16 所示。

本节 GOST 代数故障攻击结果和前人工作比较如表 8-12 所示。

可以看出，本节提出的改进代数故障攻击在 GOST 第 24，26，28 或 30 轮分别注入 2 次单字节故障，8 次故障注入分析即可恢复 256 位密钥，与文献[124]相比，所需的 64 次要少。

5. Helix 序列密码代数故障分析

Helix[358]是 Ferguson 等在 FSE 2003 会议上提出的带有消息认证码功能的序列密

码，算法设计参考了分组密码的设计思想，采用了分组密码轮函数迭代结构，支持可变的密钥长度(最长为 256 位)，使用长度为 128 位的初始向量，以字为单位进行运算。Helix 轮函数交叉使用逐位异或，模 2^{32} 加和循环移位三种操作。

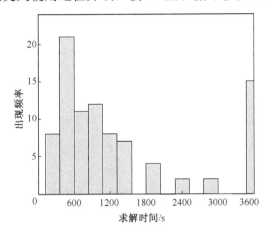

图 8-16 GOST 代数故障攻击 CryptoMinisat 求解时间

根据图 8-16，攻击可在 1h 内以 75%的成功率恢复 256 位密钥。实验中，如果将攻击求解时间延长至 4h，则成功率为 100%。

表 8-12 GOST 故障攻击结果对比

攻　　击	分 析 方 法	故 障 模 型	故 障 次 数	时间
文献[137]	差分故障分析	第 25～32 轮单字节故障	64	—
本节	代数故障分析	第 24,26,28,30 轮单字节故障	8	1h

1)故障模型

攻击采用随机单比特翻转故障模型，假设攻击者具有下列能力。

(1)能够正确运行密码算法，对明文信息 P 进行加密得到正确的密文 C。

(2)能够向密码任意位置注入随机单比特故障使密码内部状态某个比特发生翻转($0\rightarrow1$ 或 $1\rightarrow0$)，并对明文信息 P 加密得到错误密文 C'。

(3)能够反复多次向密码注入故障，并且能够重启密码设备恢复初始状态。

2)攻击原理

向 Helix 注入随机单比特故障，并利用故障信息构建代数方程组，根据模 2^n 加运算在算法结构中的不同位置可以分为以下两种情况。

(1)模 2^n 加运算位于算法末尾位置，如图 8-17 所示，此时正确输出和故障输出均是已知的，故障注入过程可以表示为

$$\begin{cases} X + Y = Z \\ (X \oplus \alpha) + Y = Z' \end{cases} \tag{8-26}$$

$$\begin{cases} X + Y = Z \\ X + (Y \oplus \alpha) = Z' \end{cases} \tag{8-27}$$

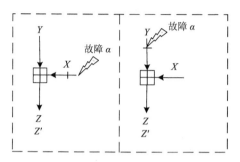

图 8-17　模 2^n 加运算位于算法末尾位置

(2) 模 2^n 加运算位于算法中间位置, 如图 8-18 所示, 此时仅正确输出和故障输出之间的差分值是已知的, 故障注入过程可以表示为

$$(X + Y) \oplus ((X \oplus \alpha) + Y) = \beta \tag{8-28}$$

$$(X + Y) \oplus (X + (Y \oplus \alpha)) = \beta \tag{8-29}$$

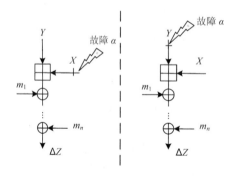

图 8-18　模 2^n 加运算位于算法中间位置

多次注入故障, 按照 8.6.1 节模加运算方程构建方法将上述式 (8-26)～式 (8-29) 等效转化为 GF(2) 上的代数方程组, 使用解析器求解方程组进行求解可恢复相应的密钥信息。

3) 攻击过程

图 8-19 所示为 Helix 的代数故障攻击模型, 整个攻击分为三步: 第一步在 Helix 第 $i(i>8)$ 轮, 选择不同明文 P_i 的值得到不同的密钥流, 构建代数方程组求解出 C 值;

第二步通过在指定位置注入随机故障求出密钥 $X_{i,1}$ 的值；第三步，根据密钥扩展算法，重复第一步第二步恢复出全部的密钥信息。下面将详细论述上面的攻击过程。

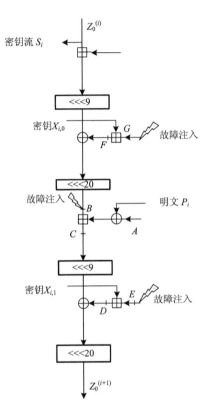

图 8-19　Helix 的代数故障攻击模型

(1) 恢复 C 值

① 随机选择明文 P_i，运行密码设备得到相应的密钥流 Z_0^{i+1}，则

$$((((P_i \oplus A) + B) <<< 9) \oplus D) <<< 20 = Z_0^{i+1} \tag{8-30}$$

② 重启密码设备，改变明文 P_i 使新的明文满足 $P'_i = P_i \oplus \Delta$ 得到新的密钥流 $(Z_0^{i+1})'$，则

$$(((((P_i \oplus \Delta) \oplus A) + B) <<< 9) \oplus D) <<< 20 = (Z_0^{i+1})' \tag{8-31}$$

对式 (8-30) 和式 (8-31) 求差分可得

$$((P_i \oplus \Delta \oplus A) + B) \oplus ((P_i \oplus A) + B) = (\Delta Z_0^{i+1}) >>> 29 \tag{8-32}$$

令 $\varphi = P_i \oplus A$ 可得

$$((\varphi \oplus \Delta) + B) \oplus (\varphi + B) = (\Delta Z_0^{i+1}) >>> 29 \tag{8-33}$$

③ 改变步骤②中的Δ值并重新执行步骤③，构建足够多的代数方程组。

④ 在 B 处注入随机单比特故障 α，保持明文 P_i 不变，则

$$(\varphi + B) \oplus (\varphi + (B \oplus \alpha)) = (\Delta Z_0^{i+1}) >>> 29 \tag{8-34}$$

⑤ 重启密码设备，并保持明文 P_i 不变，重新执行步骤④，构建足够多的代数方程组。

⑥ 对步骤①～步骤⑤构建的代数方程系统进行求解，恢复 φ，B，C。

(2) 恢复密钥 $X_{i,1}$

① 使用 (1) 中恢复 C 值时使用的明文 P_i，运行密码设备得到密钥流 Z_0^{i+1}，则

$$(X_{i,1} + E) = (Z_0^{i+1} >>> 20) \oplus (C <<< 9) \tag{8-35}$$

② 如图 8-19 所示，保持明文不变，在 E 处注入随机比特故障 α，得到新的密钥流 $(Z_0^{i+1})'$，则

$$X_{i,1} + (E \oplus \alpha) = ((Z_0^{i+1})' >>> 20) \oplus (C <<< 9) \tag{8-36}$$

③ 重启密码设备，并保持明文不变，重新执行步骤①和步骤②，构建足够多的代数方程组。

④ 对步骤①～步骤③构建的代数方程系统进行求解，恢复 $X_{i,1}$。

(3) 恢复密钥 $X_{i,0}$

① 使用明文 P_i，运行密码设备得到相应的密钥流 Z_0^{i+1}。

$$(X_{i,0} + G) \oplus F = (B) >>> 20 \tag{8-37}$$

② 如图 8-19 所示，保持明文不变，在 G 处注入随机比特故障 α，得到新的密钥流 $(Z_0^{i+1})'$。

$$(X_{i,0} + (G \oplus \alpha)) \oplus F = (B') >>> 20 \tag{8-38}$$

③ 重启密码设备，并保持明文不变，重新执行步骤①和步骤②，构建足够多的代数方程组。

④ 对步骤①～步骤③构建的代数方程组进行求解，恢复 $X_{i,0}$。

(4) 恢复其余密钥信息

由 Helix 密钥扩展算法可知，可以对连续八轮 i，$i+1$，$i+2$，$i+3$，$i+4$，$i+5$，$i+6$，$i+7$ (其中 i 满足 $i \bmod 8 = 0$) 轮加密进行攻击，由于用户密钥长度 $\ell(U)$ 未知，所以由 (2) 可恢复 K_0、K_2、K_3、K_4、K_6、K_7 共六个工作密钥，由 (3) 可恢复剩下两个工作密钥 K_1、K_5，至此恢复了 Helix 的全部工作密钥。

4) 攻击实验

在普通 PC(CPU 为 AMD Athlon 64 3000+，内存为 1GB) 上，使用 C++语言、

CryptoMinisat 软件实现了 Helix 的代数故障攻击仿真实验，其中故障诱导得到错误密文采用计算机软件模拟完成，下面给出某次 Helix 代数故障攻击过程。

① 产 生 一 个 随 机 明 文　P=(21646C726F77202C6F6C6C6548)$_{16}$，初 始 向 量 N=(666564636261393837363534333232130)$_{16}$，用户密钥 U=(78696C6548)$_{16}$，则正常运行密码算法生成正确密文 C=(0DF2232C80C5A0827AB9274C6C)$_{16}$；生成的工作密钥 K=(39113251F5857A359FB69B734A2803F4DA15F16D20D61C8FD2A1A3CB7AD71E6C)$_{16}$。

② 根据(1)，选择明文 P，随机注入故障恢复 C 值。

③ 根据(2)，注入随机故障恢复 $X_{i,1}$。

④ 根据(3)，注入随机故障恢复密钥 $X_{i,0}$。

⑤ 根据密钥扩展算法恢复其余密钥信息，结果如表 8-13 所示。

表 8-13　Helix 代数故障攻击结果

编　号	K_0	K_1	K_2	K_3	K_4	K_5	K_6	K_7
0	0	1	1	0	1	0	0	0
1	1	1	0	1	1	1	0	1
2	1	0	0	1	1	1	1	0
3	0	0	0	0	1	1	1	1
4	1	1	1	1	0	0	0	0
5	1	0	1	1	1	0	1	0
6	0	1	1	0	0	1	0	0
7	0	1	1	1	1	0	1	1
8	0	1	0	1	0	1	0	0
9	0	0	0	1	0	0	1	0
10	0	0	1	0	1	0	0	1
11	1	0	0	0	1	1	0	0
12	1	0	1	0	0	1	1	0
13	1	0	1	0	0	0	0	0
14	1	1	0	0	1	1	1	1
15	0	1	0	1	0	1	1	0
16	1	1	1	0	0	1	1	0
17	1	0	1	0	0	0	0	0
18	0	1	0	1	0	1	0	0
19	1	0	1	1	0	0	1	0
20	0	0	0	0	1	0	0	0
21	1	0	1	1	0	0	1	0
22	1	0	1	0	0	1	1	0
23	1	1	0	1	0	0	1	0
24	0	1	0	1	0	1	1	0
25	1	1	0	1	0	1	1	0

续表

编　号	K_0	K_1	K_2	K_3	K_4	K_5	K_6	K_7
26	1	0	1	0	0	0	1	1
27	1	1	0	1	0	1	1	1
28	1	0	0	1	1	1	0	1
29	0	0	0	0	0	1	1	0
30	1	1	0	1	1	1	0	0
31	—	—	—	—	—	—	—	—

由表 8-13 攻击仿真实验结果可知，攻击者可恢复工作密钥 $K_0 \sim K_7$ 除最高位外的所有 248 位信息，且实验结果同真实的工作密钥一致，攻击成功，剩下的 8 位密钥信息可通过穷举得到。

8.6.3　其他应用

1. 基于代数故障分析的 DFA 攻击智能评估

1）密码故障分析评估问题

在密码故障分析中，常需要基于信息论对几次故障注入后主密钥空间的降低情况进行评估。在差分故障分析中，常见的评估方法为从倒数第一轮开始，对每轮的故障传播情况结合算法设计进行手动分析，得到每轮扩展密钥的降低情况，然后大致估计这些扩展密钥降低对主密钥空间的影响。

这种手动评估方法存在两个难题：一是前一轮的扩展密钥降低情况依赖于后面轮扩展密钥的降低情况，因此越接近故障注入位置轮，扩展密钥的降低情况越难进行评估；二是不同轮扩展密钥的搜索空间存在交叉现象，如何根据不同轮扩展密钥的搜索空间得到主密钥搜索空间的降低情况。

2）基于代数故障分析的故障分析评估

解决前面的两个难题必须要解决自动评估问题，即找到一种自动化的方法，利用软件自动计算主密钥搜索空间的降低情况。本节首次给出了一种基于代数故障分析的密钥搜索空间评估方法，具体如下。

在构建代数故障分析所需代数方程组时，攻击者不需要构建正确明文 P 到 C 的全轮加密方程，只需要构建正确和错误加密从故障注入轮到密文的密码方程和注入故障差分方程。此时，一般的 SAT 解析器往往会输出一个满足但不正确的解，使得攻击失败。自版本 2.9.4 开始，解析器开始支持输出多个解功能。在此基础上，对 CryptoMinisat 解析器还进行了进一步的修改，首先是原来解析器输出所有变量的功能改为仅输出密钥变量，以加快解析器输出解速度；然后增加了解析器自动计算可满足解数量统计功能。

应用该方法，以 LED 密码代数故障分析为例，对 LED 代数第三轮注入一个 Nibble 和字节两种故障模型分别执行了 100 次代数故障分析实验，对主密钥搜索空间降低情况进行了评估，结果如图 8-20 所示。

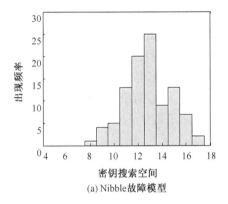
(a) Nibble 故障模型

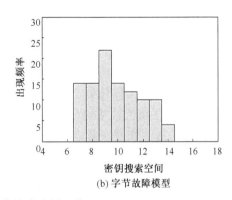
(b) 字节故障模型

图 8-20　LED 代数故障分析评估

从图 8-20 可以看出，CryptoMinisat 求解时间符合指数分布，对于倒数第三轮 Nibble 故障模型，LED 的 64 位主密钥搜索空间可被降低到 $2^6 \sim 2^{17}$（平均 2^{13}）。

有趣的是，对于倒数第三轮 Nibble 故障模型，LED 的 64 位主密钥搜索空间可被降低到 $2^6 \sim 2^{14}$（平均 2^9），甚至还低于倒数第三轮 Nibble 故障模型结果。结果表明 LED 算法的列混淆设计存在缺陷，使得两轮后 Nibble 并没能充分扩散到输出的每个 Nibble。

2. 基于代数故障分析的密码算法局部逆向

1) 基于旁路分析的密码逆向工程

在加密算法的设计中，公开加密算法已成为设计者公认的设计准则。尽管如此，在现实应用中，仍有很多加密算法选择以半公开或者不公开的方式发布：从 GSM 网络中的 A5/1、A5/2、COMP128，到 4C Entity 授权的 DVD 加密算法 Cryptomeria Cipher(C2)，均选择将全部或部分设计细节保密。部分商业应用习惯于使用公开的加密算法的变种(如改变 S 盒)；而在军用密码上，使用非公开加密算法的现象更为普遍。

未知加密算法的应用使得逆向分析有了应用空间。传统的基于数学分析的密码算法逆向分析可利用的条件有限，存在如分析密码轮次少、部件规模小、适用性较差等不足。旁路分析的出现为解决这一难题提供了新的思路：借助于加密设备运行时所泄露出的旁路泄露(如功耗、电磁辐射、故障输出等)，攻击者可以获得运行的加密算法的部分信息，在此基础上结合明密文进行算法逆向分析。相继出现了 2003 年提出的基于旁路分析的逆向分析(Side-Channel Analyses for Reverse-Engineering，SCARE[155-158])，以及 2011 年提出的故障逆向分析(Fault Injection for Reverse Engineering，FIRE[159])。

通过对现有研究进行分析，发现现有基于旁路分析的逆向研究大都针对分组密码应用 SCARE 方法开展，使用大量的加密样本实现密钥恢复，FIRE 逆向方面仅有 1 例[159]，在攻击者已知明文、密钥、密文的条件下，使用 130 次故障注入将 DES 的 8 个 S 盒搜索空间降低到 2^{32}，使用 400 次故障注入将 AES 的 S 盒搜索空间降低到 2^{71}。本节旨在将代数故障分析方法引入算法逆向工程中，验证未知密钥下基于代数故障分析的密钥恢复和算法逆向工程可行性。

2) 秘密 S 盒非线性部件表示

以 4×4 的 S 盒表示为例，可利用真值表构造法，将每个 S 盒输出比特使用所有 S 盒输入比特显式表示出来。

$$
\begin{aligned}
y_0 = &a_0 + a_1x_0 + a_2x_1 + a_3x_2 + a_4x_3 + a_5x_0x_1 + a_6x_0x_2 + a_7x_0x_3 + a_8x_1x_2 + a_9x_1x_3 \\
&+ a_{10}x_2x_3 + a_{11}x_0x_1x_2 + a_{12}x_0x_1x_3 + a_{13}x_0x_2x_3 + a_{14}x_1x_2x_3 + a_{15}x_0x_1x_2x_3 \\
y_1 = &a_{16} + a_{17}x_0 + a_{18}x_1 + a_{19}x_2 + a_{20}x_3 + a_{21}x_0x_1 + a_{22}x_0x_2 + a_{23}x_0x_3 + a_{24}x_1x_2 \\
&+ a_{25}x_1x_3 + a_{26}x_2x_3 + a_{27}x_0x_1x_2 + a_{28}x_0x_1x_3 + a_{29}x_0x_2x_3 + a_{30}x_1x_2x_3 + a_{31}x_0x_1x_2x_3 \\
y_2 = &a_{32} + a_{33}x_0 + a_{34}x_1 + a_{35}x_2 + a_{36}x_3 + a_{37}x_0x_1 + a_{38}x_0x_2 + a_{39}x_0x_3 + a_{40}x_1x_2 + \\
&+ a_{41}x_1x_3 + a_{42}x_2x_3 + a_{43}x_0x_1x_2 + a_{44}x_0x_1x_3 + a_{45}x_0x_2x_3 + a_{46}x_1x_2x_3 + a_{47}x_0x_1x_2x_3 \\
y_3 = &a_{48} + a_{49}x_0 + a_{50}x_1 + a_{51}x_2 + a_{52}x_3 + a_{53}x_0x_1 + a_{54}x_0x_2 + a_{55}x_0x_3 + a_{56}x_1x_2 + \\
&+ a_{57}x_1x_3 + a_{58}x_2x_3 + a_{59}x_0x_1x_2 + a_{60}x_0x_1x_3 + a_{61}x_0x_2x_3 + a_{62}x_1x_2x_3 + a_{63}x_0x_1x_2x_3
\end{aligned}
\tag{8-39}
$$

每个 S 盒可引入 64 位未知变量，密码 S 盒逆向可转化为未知变量求解问题。

3) 基于代数故障分析的 GOST 密码算法局部逆向

本节应用代数故障分析方法，对 GOST 密码算法 8 个非线性 S 盒进行了逆向恢复。攻击考虑了已知密钥下的 S 盒逆向、未知密钥下的密钥恢复和 S 盒逆向两种应用场景。

(1) 已知密钥下的 GOST 密码 S 盒逆向

攻击中，将一个字节的故障多次注入到第 30、第 31 轮(故障模型如图 8-21 所示)，并将正确明文加密方程、错误密文加密自故障注入轮至密文方程构建出来，其中 S 盒使用上面方法进行表示，GOST 的 8 个 S 盒共引入了 512 位未知变量，攻击目标是在已知密钥情况下恢复这 512 位变量。

攻击中，GOST 密码采用俄罗斯联邦中央银行提供的 8 个 S 盒实现，S 盒内容如表 8-14 所示，其中 a 为 S 盒的输入索引。

在 GOST 加密第 30、第 31 轮分别注入 30 次故障，共 60 次故障注入，进行了 100 次攻击实验，使用 CryptoMinisat 解析器的密钥求解时间分布如图 8-22 所示。

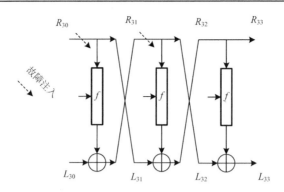

图 8-21 已知密钥下的 GOST 密码 S 盒逆向故障模型

表 8-14 俄罗斯联邦中央银行提供的 8 个 S 盒

a	0	1	2	3	4	5	6	7	8	9	A	B	C	D	E	F
$S1(a)$	4	A	9	2	D	8	0	E	6	B	1	C	7	F	5	3
$S2(a)$	E	B	4	C	6	D	F	A	2	3	8	1	0	7	5	9
$S3(a)$	5	8	1	D	A	3	4	2	E	F	C	7	6	0	9	B
$S4(a)$	7	D	A	1	0	8	9	F	E	4	6	C	B	2	5	3
$S5(a)$	6	C	7	1	5	F	D	8	4	A	9	E	0	3	B	2
$S6(a)$	4	B	A	0	7	2	1	D	3	6	8	5	9	C	F	E
$S7(a)$	D	B	4	1	3	F	5	9	0	A	E	7	6	8	2	C
$S8(a)$	1	F	D	0	5	7	A	4	9	2	3	E	6	B	8	C

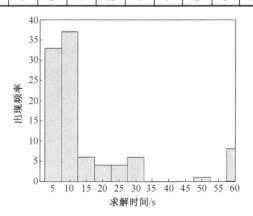

图 8-22 CryptoMinisat 求解时间分布

根据图 8-22，CryptoMinisat 求解时间符合指数分布，1min 内可恢复 GOST 的 8 个 S 盒设计。

令 2～513 表示 GOST 的 512 位变量，下面给出第一个 S 盒对应的 64 位变量求解结果，如表 8-15 所示。变量为正表示变量值为 1，反之为 0。

表 8-15　GOST 第 1 个 S 盒参数恢复

V	值	V	值	V	值	V	值	V	值	V	值	V	值	V	值
-2	0	-10	0	18	1	-26	0	-34	0	-42	0	-50	0	-58	0
-3	0	11	1	-19	0	-27	0	35	1	43	1	-51	0	59	1
4	1	-12	0	-20	0	28	1	-36	0	-44	0	52	1	60	1
5	1	-13	0	21	1	29	1	-37	0	-45	0	53	1	61	1
6	1	14	1	22	1	30	1	38	1	46	1	-54	0	-62	0
7	1	-15	0	-23	0	31	1	-39	0	-47	0	-55	0	63	1
8	1	16	1	-24	0	32	1	40	1	48	1	-56	0	-64	0
-9	0	-17	0	-25	0	-33	0	41	1	-49	0	57	1	-65	0

令第一个 S 盒输入为 $(x_0 x_1 x_2 x_3)$，输出为 $(y_0 y_1 y_2 y_3)$，利用表 8-15 可将其表示为

$$y_0 = x_1 + x_2 + x_3 + x_0 x_1 + x_0 x_2 + x_1 x_3 + x_0 x_1 x_3 + x_1 x_2 x_3$$
$$y_1 = 1 + x_2 + x_3 + x_2 x_3 + x_0 x_1 x_2 + x_0 x_1 x_3 + x_0 x_2 x_3 + x_1 x_2 x_3 \qquad (8\text{-}40)$$
$$y_2 = x_0 + x_3 + x_0 x_2 + x_0 x_3 + x_1 x_3 + x_0 x_1 x_3 + x_1 x_2 x_3$$
$$y_3 = x_1 + x_2 + x_0 x_3 + x_1 x_3 + x_2 x_3 + x_0 x_1 x_2 + x_0 x_2 x_3$$

攻击者将 $x_0 x_1 x_2 x_3$ 的 16 个值代入式(8-40)，可得对应的 S 盒输出 $y_0 y_1 y_2 y_3$，进而恢复整个 S 盒，$S_1 = \{4, 10, 9, 2, 13, 8, 0, 14, 6, 11, 1, 12, 7, 15, 5, 3\}$。利用同样的方法，可恢复 GOST 的 8 个 S 盒。

(2) 未知密钥下的 GOST 密钥恢复和 S 盒逆向

在未知密钥下，还对基于代数故障分析的 GOST 密钥恢复和 S 盒逆向进行了研究。由于恢复 GOST 的 256 位主密钥需要恢复倒数第 8 轮扩展密钥，所以需要将故障注入在倒数 9 轮中，故障模型如图 8-23 所示。

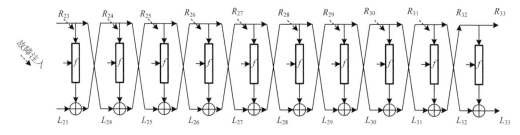

图 8-23　未知密钥下的 GOST 密钥恢复和 S 盒逆向故障模型

攻击中，在 GOST 加密第 23，24，25，26，27，28，29，30，31 轮分别注入 30 次故障，共 270 次故障注入，进行了 10 次攻击实验，使用 CryptoMinisat 解析器的密钥求解时间分布如表 8-16 所示。

可以看出，平均需要 2h 恢复 GOST 的 8 个 S 盒设计。本节攻击也是目前国内外未知密钥情况下首例同时可进行密钥恢复和算法逆向工程。

表 8-16 未知密钥下的 GOST 密钥恢复和 S 盒逆向攻击密钥求解时间 （单位：h）

样本 1	样本 2	样本 3	样本 4	样本 5	样本 6	样本 7	样本 8	样本 9	样本 10
1.2	1.4	2.4	2.6	0.5	1.3	1.1	2.6	2.3	1.4

8.7　注记与补充阅读

本章主要对基于可满足性的密码代数旁路分析方法进行了研究，更多的技术细节读者可参考文献[73]、[351]、[359]和[360]。此外，代数旁路分析其他研究热点包括以下几方面。

(1)基于最优化问题的容错代数旁路分析研究。CHES 2010 会议上，Oren 等[354]提出了一种容错代数旁路分析(Tolerant Algebraic Side-Channel Analysis，TASCA)方法，将原始代数旁路攻击基于可满足性问题的密钥求解问题转化为基于伪布尔优化(PBOPT)问题，利用 SCIP 解析器进行密钥恢复。结果表明：在旁路推断错误率不大于 20%条件下，1 条功耗轨迹分析经 1 小时求解即可恢复 Keeloq 密钥。最近的研究结果表明，错误率不大于 20%的条件下，TASCA 通过分析第一轮泄露可以恢复 AES 密钥[361]。

(2)代数旁路分析量化评估研究。ACNS 2010 会议上，Renauld 等将影响代数旁路攻击的因素分为代数方程组表示、泄露信息、密码算法三个方面，并指出诸多因素的存在导致代数旁路攻击成功率评估异常困难[352]。COSADE 2011 会议上，Goyet 等[353]指出代数旁路攻击的成功率依赖于代数免疫度和泄露信息的分布[353]。2014 年，Guo 等将 AES 密码的不完全扩散特性和模板攻击结合，提出了一种 AES 密码代数旁路攻击评估方法，对 8 位微控制器上的 AES 进行了攻击，提出方法可降低现有 AES 代数旁路攻击复杂度，评估给定旁路泄露下的 AES 密钥搜索空间降低情况，并可对现有 AES 代数旁路攻击结果进行解读[362]。

(3)基于新泄露模型的代数旁路分析研究。eSmart 2010 会议上，Courtois 等将代数攻击和故障攻击二者结合起来，提出了代数故障攻击的思想[57]。CHES 2012 会议上，Oren 等指出基于 TASCA 的代数旁路攻击可适用于模板旁路攻击[363]。

(4)将代数旁路分析应用到其他密码算法。应用代数旁路分析方法，文献[364]对 Trivium 进行了分析，文献[365]对 PRESENT 进行了分析，文献[366]对 KLEIN 进行了分析，文献[367]对 LED 进行了分析，文献[368]对 SMS4 进行了分析，文献[369]、[370]对 LBlock 进行了分析。

第 9 章　旁路立方体分析

早在 2008 年美密会 Rump Session 中，Dinur 和 Shamir 就在高阶差分分析[27]的基础上，提出了一种新的密码分析方法——立方体分析(cube analysis)[29]。作者声称只要密码算法的一个密文比特能够用公开变量和密钥变量的低次多元多项式表示，立方体分析就可攻破此类密码算法。此外，立方体分析的一大亮点是可在密码算法未知情况场景下实施。目前，立方体分析在序列密码分析中卓有成效，已经对低轮 Trivium[29]、MD6[371]算法，甚至对全轮 Hitag2[372]、Grain-128[139]算法进行了成功分析。在分组密码立方体分析中，多项式次数和项数随着轮数延伸呈指数级增长，多项式的存储和表示十分困难。在传统密码分析场景下，立方体分析仅对约简轮的分组密码有效。

2009 年，Dinur 等将立方体分析和旁路分析结合，提出了旁路立方体分析(Side-channel Cube Analysis，SCCA)[54]的思想，并对 Serpent 和 AES 进行了分析应用。旁路立方体分析利用旁路分析方法恢复密码中间状态比特，使用立方体分析方法进行后续密钥分析，克服了立方体分析中多项式规模受轮数限制较大的缺陷，扩展了传统旁路分析的轮数。此外，旁路立方体分析还继承了立方体分析和旁路分析的优点，可在密码算法设计细节未知的情况下(黑盒场景下)实施密钥分析，且可对密码算法的物理安全性构成现实威胁。

随着电子信息技术和普适计算的发展,RFID 标签和无线传感器网络深入到人们生活的方方面面，如何在此类资源受限的环境下提供信息安全保障成为热点问题。轻量级密码算法正是在这种趋势上发展起来的，典型算法包括：PRESENT[312]、mCrypton[373]、HIGHT[374]、MIBS[375]、KLEIN[376]、LBlock[377]、LED[355]、EPCBC[378]、Piccolo[356]等，这些算法都可在 3000 个门电路内硬件实现，特别适用于 RFID 卡之类的轻量级密码设备加密场景。由于其轻量级的设计原则，此类密码算法结构设计相对比较紧凑简单，中间状态的多项式复杂度较低，约简轮的算法版本易遭受立方体分析；由于其轻量级的实现原则，对密码设备的防护程度不高，攻击者较易从旁路泄露中提取出加密中间状态的泄露比特，易遭受旁路分析；二者结合起来，此类密码易遭受旁路立方体分析。目前，密码学者对大量的轻量级分组密码进行了旁路立方体分析，如 PRESENT[108,110]、NOEKEON[379]、KATAN[380]、Hummingbird-2[381]。

本章阐述了立方体分析和旁路立方体分析的原理，在此基础上给出了非线性分析、分而治之分析、迭代分析、黑盒分析四种旁路立方体分析方法，并基于单比特和汉明重量泄露模型对 PRESENT 等密码进行了旁路立方体分析，开展了旁路立方体攻击物理实验，并挖掘了旁路立方体分析相比传统旁路分析的优点。

9.1　基　本　原　理

9.1.1　立方体分析

立方体分析[29]将黑盒密码算法的输出比特看成是在 GF(2)上的包含公开变量(对于分组密码即明文变量)和密钥变量的未知多项式 p。攻击分为两个阶段：①预处理阶段，攻击者控制所有公开和密钥变量向密码算法询问 p 输出，等价于攻击者在密码分析中使用不同明文和密钥来运行算法，分析得到选择明文、p 输出和部分密钥位相关多项式关系；②在线阶段，攻击者生成选择明文，先通过分析 p 输出获取密钥位相关多项式值，然后通过方程组求解方法获取密钥。

假定密码算法由 m 个公共变量 $V=\{v_1,\cdots,v_m\}$ 和 n 个密钥变量 $K=\{k_1,\cdots,k_n\}$ 组成。令 $X=V\cup K$，则密码算法的任意输出比特可用关于 X 的一个多变量多项式 $f(X)$ 来表示，令多项式的最高次数表示为 $D_{eg}(f)$。下面详细阐述攻击的两个阶段。

1.　预处理阶段

攻击者随机从 V 中选取部分公开变量，令 I 表示所选取公开变量的下标索引集合，且 $I\subset\{1,\cdots,m\}$，则 I 即为一个选取立方体，大小为 λ，I 中索引称为立方体索引。t_I 表示所选取公开变量的乘积，又称为极大项。$f(X)$ 可表示为

$$f(X)=f(v_1,\cdots,v_m,k_1,\cdots,k_n)=t_I p_{S(I)}+q_I(X) \tag{9-1}$$

式中，$p_{S(I)}$ 是关于密钥变量的一个多项式，又称为与 I 相关的一个超多项式；q_I 中包括了所有不能被 t_I 整除的子多项式。为更好地解释定义，这里给出一个简单例子。

$$\begin{aligned} f(X)=&v_1v_2v_3k_1+v_1v_2v_3k_2+v_1v_4k_1+v_1v_4k_3+v_2v_4k_4\\ &+v_3v_4k_2+v_1v_2v_3+v_1k_1k_2+v_1k_2k_3+v_1k_1+v_2v_4\\ &+v_3v_4+k_2k_3+k_2k_4+v_3+v_4+1 \end{aligned} \tag{9-2}$$

式(9-2)次数为4，包含 8 个变量、17 个子多项式。将公共变量相同的子多项式合并后，$f(X)$ 可表示为

$$\begin{aligned} f(X)=&v_1v_2v_3(k_1+k_2+1)+v_1v_4(k_1+k_3)+v_2v_4(k_4+1)+v_3v_4(k_2+1)\\ &+v_1(k_1+k_1k_2+k_2k_3)+v_3+v_4+k_2k_3+k_2k_4+1 \end{aligned} \tag{9-3}$$

根据式(9-3)，以大小为 3 的立方体 $I=\{1,2,3\}$ 为例，1,2,3 为立方体索引值。显然，$t_I=v_1v_2v_3$，$p_{S(I)}=k_1+k_2+1$，$q_I=v_1v_4(k_1+k_3)+\cdots+1$。如果将 t_I 中的所有变量取

遍 0/1 值，V 中其他变量取 0，则所得到的 8 个 $f(X)$ 累积高阶差分即为 $p_{S(I)}$。应用类似方法，可得到 4 个线性立方体为

$$
\begin{aligned}
I &= \{1,2,3\}, & p_{S(I)} &= k_1 + k_2 + 1 \\
I &= \{1,4\}, & p_{S(I)} &= k_1 + k_3 \\
I &= \{2,4\}, & p_{S(I)} &= k_4 + 1 \\
I &= \{3,4\}, & p_{S(I)} &= k_2 + 1
\end{aligned}
\tag{9-4}
$$

2. 在线阶段

在线阶段中，攻击者根据预处理阶段得到的立方体 I 生成 2^λ 个选择公开变量，通过问询密码算法得到 p 的输出，并计算高阶差分得到对应的超多项式 $p_{S(I)}$ 的值，然后利用代数方程组求解的方法恢复相关密钥变量 K。

需要说明的是，在线阶段主要是通过问询密码算法得到 p 输出，验证预处理阶段得到的立方体 I 和超多项式 $p_{S(I)}$ 之间关系是否存在。在已知密码算法设计时，可将 p 精确地表示出来，通过合并极大项的方式得到 I 和 $p_{S(I)}$；在未知密码算法设计时，攻击者依然可以穷举或者随机选取 I 和 $p_{S(I)}$，通过在线阶段验证二者之间关系，并求解出密钥。

9.1.2　旁路立方体分析

在分组密码立方体分析中，多项式 p 的次数和项数随着轮数延伸呈指数级增长，在有限复杂度内将其存储和表示是一个 NPC 问题，攻击仅对约简轮分组密码有效。而当考虑到密码实现物理泄露时，通过各种旁路泄露分析得到的中间状态可作为天然的多项式 p 输出，等效于约简轮立方体攻击的场景。更重要的是，旁路信息的引入使得立方体分析可对分组密码安全性构成现实威胁，二者的结合称为旁路立方体分析[54]。旁路立方体分析原理如图 9-1 所示。

1)泄露位置选取

攻击者选择密码算法运行中的一个中间状态作为泄露位置，泄露位置的选取对旁路立方体分析的效率和复杂度十分关键，具体的选取标准有以下三个。

（1）泄露比特对应多项式 $f(X)$ 中涉及的密钥位变量个数要尽可能多，使得分析可恢复更多的密钥位。

（2）$f(X)$ 中多项式次数要尽可能低，使得分析可提取出很多较小的立方体。

（3）$f(X)$ 中子多项式数量要尽可能小，使得分析提取出的超多项式十分简单。

2)泄露比特表示

攻击者在选取泄露的一个中间状态后，需要结合泄露模型得到该状态的一个推断，例如，单比特泄露模型下某中间状态的一个比特，或者汉明重量泄露模型下一

个字节汉明重量的一个比特，然后用公开变量和密钥变量来表示这一比特对应的多项式 $f(X)$。

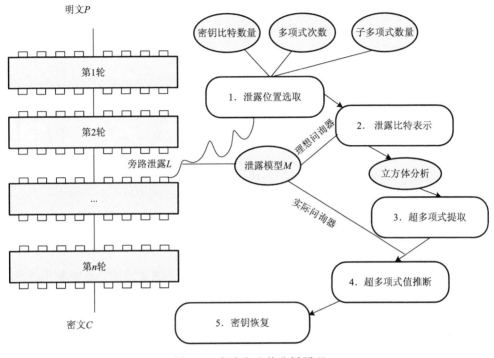

图 9-1　旁路立方体分析原理

3) 超多项式提取

在将 $f(X)$ 表示出来后，攻击者将与极大项 t_I 相同的子多项式进行合并，提取出超多项式 $p_{S(I)}$。由于 $f(X)$ 中的子多项式数量很多，为降低合并极大项的复杂度，通常的做法是仅保留子多项式中密钥变量个数为 1 或者全是公共变量的项。

这样做的优点是降低了提取 $p_{S(I)}$ 的复杂度，得到的 $p_{S(I)}$ 都是简单线性表达式；缺点是提取 $p_{S(I)}$ 数量有限，还有很多非线性 $p_{S(I)}$ 未能被提取出来，而且由于部分剔除的子多项式中可能也有合并需要的极大项 t_I，导致合并得到的 $p_{S(I)}$ 是错误的，常需要使用线性测试方法验证其正确性。

4) 超多项式值推断

攻击者利用 t_I 产生 2^λ 个选择明文，通过采集分析密码算法执行旁路泄露，推断出每个选择明文对应 $f(X)$ 值，然后计算其高阶差分得到 $p_{S(I)}$ 值。本阶段最关键的部分是如何提高由旁路泄露推断出泄露比特的准确度。

5) 密钥恢复

执行前面四个步骤后，会得到很多由超多项式 $p_{S(I)}$ 组成的低次代数方程组，通过方程组求解的方法可以恢复相关密钥位。

旁路立方体攻击中，泄露模型的选择取决于攻击者的能力，不同泄露模型的目标比特多项式 $f(X)$ 的表示方法不同。对于单比特泄露模型，$f(X)$ 的表示比较简单，直接结合密码算法使用公开变量和密钥变量表示即可。

对于汉明重量泄露模型，由于泄露汉明重量的一个比特和对应的中间状态还存在关系，所以还需要进行一定的转换。以一个字节 $X = (x_7, x_6, x_5, x_4, x_3, x_2, x_1, x_0)$ 的汉明重量泄露为例，假如其汉明重量 $Y = H(X) = (y_3, y_2, y_1, y_0)$，$x_0$ 和 y_0 分别表示 X 和 Y 最低位，则 Y 可用 X 表示为

$$y_3 = \prod_{i=0}^{7} x_i, \quad y_2 = \sum x_i x_j x_m x_n \quad (0 \leqslant i < j < m < n \leqslant 7)$$

$$y_1 = \sum x_i x_j \quad (0 \leqslant i < j \leqslant 7), \quad y_0 = \sum_{i=0}^{7} x_i \tag{9-5}$$

根据式(9-5)可知，Y 的每一个比特值都可以作为旁路立方体分析中利用的泄露比特。其中 y_0 的次数是最低的，意味着其对应 $f(X)$ 的复杂度最低，可以作为汉明重量泄露的最佳泄露利用比特。另外，y_3, y_2, y_1 也可以在分析中使用，但是对应 $f(X)$ 复杂度可能较高，需要一些特殊的算法提取超多项式。

9.2　扩展的旁路立方体分析方法

9.2.1　非线性旁路立方体分析

为提高分析效率、恢复更多密钥位，攻击者可以通过挖掘非线性超多项式 $p_{S(I)}$ 来实现。具体方法为：在合并极大项时，保留最多包含两个密钥变量、最少包含一个公共变量或者全是公共变量的子多项式。以式(9-2)为例，挖掘非线性 $p_{S(I)}$ 后，$f(X)$ 可化简为

$$\begin{aligned} f(X) = {} & v_1 v_2 v_3 (k_1 + k_2 + 1) + v_1 v_4 (k_1 + k_3) + v_2 v_4 (k_4 + 1) \\ & + v_3 v_4 (k_2 + 1) + v_1 (k_1 + k_1 k_2 + k_2 k_3) + v_3 + v_4 + 1 \end{aligned} \tag{9-6}$$

其中的非线性 $p_{S(I)} = k_1 + k_1 k_2 + k_2 k_3$ 可以被挖掘出来，这样再结合 $k_1 + k_3$、$k_4 + 1$、$k_2 + 1$ 这三个线性超多项式即可恢复所有密钥位的值。需要说明的是，一般情况下非线性超多项式对应立方体生成的选择明文，一般均在线性超多项式对应立方体生成的选择明文中，因此分析可在不增加选择明文数量的前提下恢复更多密钥位。

9.2.2　分而治之旁路立方体分析

为使 $f(X)$ 能够覆盖所有密钥位，降低密钥搜索空间，攻击者可将泄露比特选定在分组密码的深轮，但这将导致 $f(X)$ 的复杂度呈指数级增长。为在这种场景下成功实施旁路立方体分析，需要提出一些快速提取超多项式 $p_{S(I)}$ 的方法。本节给出了一种基于两级分而治之策略的旁路立方体分析方案，主要思想是在不影响超多项式提取的前提下，将 $f(X)$ 分割为若干块，分别提取 $p_{S(I)}$，再进行密钥恢复。下面给出两级分而治之策略。

1）单级分而治之

攻击者根据所设定的立方体大小 λ_I，每次仅提取立方体大小为 λ_I 相关的超多项式。如果某个子多项式的极大项中选择明文数量大于 λ_I，则将其丢弃。以式(9-2)为例，如果设定 $\lambda_I = 1$，则经分而治之后 $f(X)$ 可化简为

$$f(X) = v_1(k_1 + k_1 k_2 + k_2 k_3) + v_3 + v_4 + 1 \tag{9-7}$$

由式(9-7)可知，$f(X)$ 的复杂度会有一定程度的降低，此时也会影响超多项式提取。$\lambda_I = 1$ 时，$k_1 + k_1 k_2 + k_2 k_3$ 可被提取出来；$\lambda_I = 2$ 时，$k_1 + k_3$、$k_4 + 1$、$k_2 + 1$ 可被提取出来。

2）两级分而治之

在根据 λ_I 大小对 $f(X)$ 进行分而治之尝试后，如果多项式复杂度依然过高，则攻击者可采取两级分而治之策略。此时，对 $f(X)$ 切割取决于三个参数：立方体大小 λ_I、立方体中索引之和 $S_{S(I)}$、切割间隔经验参数 L_c。

假设明文索引范围为 $[0, \varepsilon]$，则对于每个设定立方体大小 λ_I，最小的立方体中索引之和 $S_{S(I)}$ 为 $\sum\limits_{i=0}^{\lambda_I - 1} i$，最大值为 $\sum\limits_{i=\varepsilon - \lambda_I}^{\varepsilon - 1} i$。旁路立方体分析根据切割间隔参数 L_c 将 $f(X)$ 分为 μ 部分，则 μ 的表达式为

$$\mu = \left\lceil \left(1 + \sum_{i=0}^{\lambda_I - 1} i - \sum_{i=\varepsilon - \lambda_I}^{\varepsilon - 1} i \right) \middle/ L_c \right\rceil \tag{9-8}$$

在第 j 部分 $(0 \le j \le \mu)$，提取线性超多项式时，仅保留多项式明文索引 $S_{S(I)}$ 范围符合下面条件

$$S_{S(I)} \in \left(\sum_{i=0}^{\lambda_I - 1} i + (j-1)/L_c, \ \sum_{i=0}^{\lambda_I - 1} i + j/L_c \right) \tag{9-9}$$

以式(9-2)为例，如果设定 $\lambda_I = 2$，$L_c = 2$，$j = 4$，则经分而治之后 $f(X)$ 可化简为

$$f(X) = v_3 v_4 (k_2 + 1) \qquad (9\text{-}10)$$

此时极大项 $t_I = v_3 v_4$ 和超多项式 $p_{S(I)} = k_2 + 1$ 可被快速提取出来。变换参数 $\lambda_I, S_{S(I)}, j$ 后，更多的极大项可被提取出来。

9.2.3　迭代旁路立方体分析

迭代旁路立方体分析的主要思想是将所有能用已恢复密钥位和明文比特表示的中间比特作为一个新的选择明文变量来替代，并代入 $f(X)$ 中降低多项式规模。例如，对于某一个 SPN 结构分组密码，原始的旁路立方体分析中目标多项式为 $f(P, K^1)$。如果第一轮扩展密钥 K^1 恢复出来以后，则可将第一轮输出 X^1 作为新的等价选择明文，将目标多项式表示为 $f(X^1, K^2)$，然后再次执行旁路立方体分析获取第二轮扩展密钥 K^2 的值。迭代旁路立方体分析原理如图 9-2 所示。

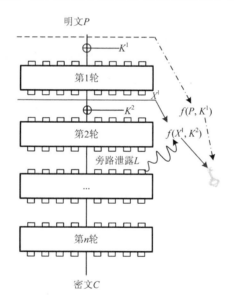

图 9-2　迭代旁路立方体分析原理

经迭代分析后，目标多项式规模会大大降低，攻击者可在有限复杂度内提取更多的超多项式，恢复相应的密钥位。需要说明的是，此时选择明文与原始旁路立方体分析相比有所变化，需要由等价明文 X^1 和第一轮扩展密钥 K^1 逆推计算出来。

9.2.4　黑盒旁路立方体分析

旁路立方体分析继承了立方体分析黑盒攻击的优点，可在未知密码算法设计前提下实施。本节给出黑盒旁路立方体分析的算法。

(1) 攻击者设定立方体中明文变量的数量和超多项式中密钥变量的数量，穷举生成立方体和超多项式。

(2) 利用立方体生成选择明文和随机密钥，采集加密实现旁路泄露并分析推断出泄露比特。

(3) 测试超多项式的值是否等于这些选择明文在泄露比特上的高阶差分。

(4) 如果步骤 (3) 成立，则重复步骤 (2) ～步骤 (3) 共 100 次。如果 100 次步骤 (3) 结果都成立，则步骤 (1) 中的立方体和超多项式是有效的；否则无效，重新返回步骤 (1)。

根据上面算法可见，黑盒旁路立方体分析的复杂度取决于选择明文变量和超多项式的数量，并随着二者的增加呈指数级增长。选择明文变量的数量受分组密码分组长度的限制；超多项式的数量受分组密码支持密钥长度和攻击者选择超多项式的阶数限制。在实际攻击中，为了降低攻击数据复杂度，一个好的黑盒立方体分析应该具有选择明文变量数量(立方体大小)和超多项式数量较小的特点。

9.3　密码旁路立方体攻击实例

9.3.1　单比特泄露模型分析

本节应用 9.2 节分析方法基于单比特模型对 PRESENT 分组密码进行旁路立方体分析。

1. 泄露位置选取

由 PRESENT 设计可知，自第 3 轮 S 盒输出开始，每个中间状态比特可覆盖第一轮 64 位密钥位。为恢复第一轮扩展密钥，选取第 3 轮 S 盒输出的单比特泄露即可。

令 L_j^i 表示 PRESENT 第 i 轮 S 盒输出的第 j 个比特。图 9-3(a) 为不同 PRESENT 加密轮第 3 轮 S 盒输出 64 个比特的多项式阶，图 9-3(b) 为 PRESENT 加密第 3 轮 S 盒输出 64 个比特的子多项式数量。

2. 线性分析

攻击中，首先对 PRESENT-80 执行线性立方体分析。L_3^0 线性旁路立方体分析结果如表 9-1 所示。

可以看出，提取出的立方体大小为 1，2，3 三种，使用 $2^{7.17}$ 个选择明文可恢复 32 位密钥。

对于 L_3^4、L_3^8、L_3^{12}，提取出的立方体大小为 2,5,8 三种，$2^{11.92}$ 个选择明文即可恢复 48 位密钥，L_3^{12} 对应攻击结果如表 9-2 所示。

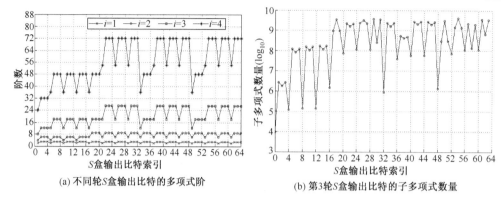

(a) 不同轮S盒输出比特的多项式阶

(b) 第3轮S盒输出比特的子多项式数量

图 9-3 泄露比特位置选取

从图 9-3 可以看出，L_3^0，L_3^4，L_3^8，L_3^{12} 对应阶数较低、子多项式数量较少，因此可将这四个比特作为旁路立方体分析的目标比特。

表 9-1 L_3^0 线性旁路立方体分析结果

I	$p_{S(I)}$	I	$p_{S(I)}$	I	$p_{S(I)}$	I	$p_{S(I)}$
1	k_{18}	6,8	$1+k_{21}$	16,34	$1+k_{49}$	22,24,32	$1+k_{37}$
2	$1+k_{17}$	5,8	k_{22}	16,33	k_{50}	21,24,32	k_{38}
14	$1+k_{29}$	4,10	$1+k_{25}$	16,46	$1+k_{61}$	20,26,32	$1+k_{41}$
13	k_{30}	4,9	k_{26}	16,45	k_{62}	20,25,32	k_{42}
49	k_{66}	18,32	$1+k_{33}$	54,56	$1+k_{69}$	16,38,40	$1+k_{53}$
50	$1+k_{65}$	17,32	k_{34}	53,56	k_{70}	16,37,40	k_{54}
61	k_{78}	30,32	$1+k_{45}$	52,58	$1+k_{73}$	16,36,42	$1+k_{57}$
62	$1+k_{77}$	29,32	k_{46}	52,57	k_{74}	16,36,41	k_{58}

表 9-2 L_3^{12} 线性旁路立方体分析结果

I	$p_{S(I)}$	I	$p_{S(I)}$	I	$p_{S(I)}$
1,2	$1+k_{16}$	4,5,6,8,10	$k_{25}+k_{27}$	52,53,56,58,59	$k_{70}+k_{71}$
0,2	$k_{17}+k_{19}$	4,5,6,8,9	$k_{26}+k_{27}$	52,53,54,57,58	$1+k_{72}$
0,1	$K_{18}+k_{19}$	17,18,32,33,34	$1+k_{32}$	52,53,54,56,58	$k_{73}+k_{75}$
13,14	$1+k_{28}$	16,18,32,33,34	$k_{33}+k_{35}$	52,53,54,56,57	$k_{74}+k_{75}$
12,14	$k_{29}+k_{31}$	16,17,32,33,34	$k_{34}+k_{35}$	21,22,24,25,26,32,33,34	$1+k_{36}$
12,13	$k_{30}+k_{31}$	29,30,32,33,34	$1+k_{44}$	20,22,24,25,26,32,33,34	$k_{37}+k_{39}$
49,50	$1+k_{64}$	28,30,32,33,34	$k_{45}+k_{47}$	20,21,24,25,26,32,33,34	$k_{38}+k_{39}$
48,50	$k_{65}+k_{67}$	28,29,32,33,34	$k_{46}+k_{47}$	20,21,22,25,26,32,33,34	$1+k_{40}$
48,49	$k_{66}+k_{67}$	16,17,18,33,34	$1+k_{48}$	20,21,22,24,26,32,33,34	$k_{41}+k_{43}$
61,62	$1+k_{76}$	16,17,18,32,34	$k_{49}+k_{51}$	20,21,22,24,25,32,33,34	$k_{42}+k_{43}$
60,62	$k_{77}+k_{79}$	16,17,18,32,33	$k_{50}+k_{51}$	16,17,18,37,38,40,41,42	$1+k_{52}$

I	$p_{S(I)}$	I	$p_{S(I)}$	I	$p_{S(I)}$
60,61	$k_{78}+k_{79}$	16,17,18,45,46	$1+k_{60}$	16,17,18,36,38,40,41,42	$k_{53}+k_{55}$
5,6,8,9,10	$1+k_{20}$	16,17,18,44,46	$k_{61}+k_{63}$	16,17,18,36,37,40,41,42	$k_{54}+k_{55}$
4,6,8,9,10	$k_{21}+k_{23}$	16,17,18,44,45	$k_{62}+k_{63}$	16,17,18,36,37,38,41,42	$1+k_{56}$
4,5,8,9,10	$k_{22}+k_{23}$	53,54,56,57,58	$1+k_{68}$	16,17,18,36,37,38,40,42	$k_{57}+k_{59}$
4,5,6,9,10	$1+k_{24}$	52,54,56,57,58	$k_{69}+k_{71}$	16,17,18,36,37,38,40,41	$k_{58}+k_{59}$

本节分析结果和文献[108]结果比较如表 9-3 所示。

表 9-3　线性旁路立方体分析结果所需样本量比较

目 标 比 特	文献[108]		本　　节	
	立方体大小	选择明文数量	立方体大小	选择明文数量
L_3^0	—	—	1,2,3	$8\times2+16\times2^2+8\times2^3\approx2^{7.17}$
L_3^4	2,5,8,11	$12\times(2^2+2^5+2^8+2^{11})\approx2^{15}$	2,5,8	$12\times(2^2+2^6+2^8)\approx2^{11.92}$
L_3^4	2,5,8,11	$12\times(2^2+2^5+2^8+2^{11})\approx2^{15}$	2,5,8	$12\times(2^2+2^6+2^8)\approx2^{11.92}$
L_3^4	2,5,8,11	$12\times(2^2+2^5+2^8+2^{11})\approx2^{15}$	2,5,8	$12\times(2^2+2^6+2^8)\approx2^{11.92}$

对于 L_3^0 分析，文献[108]仅指出可恢复 32 位密钥，未给出提取的立方体、超多项式和选择明文数量，本节给出了具体结果。对于 L_3^4, L_3^8, L_3^{12} 分析，文献[108]偏重考虑了如下定理，即"对于一个阶为 d 的多项式中，明文变量为 d–1 个的子多项式很有可能用于提取超多项式"。由于 L_3^4, L_3^8, L_3^{12} 对应多项式的阶为 12，明文变量为 11 个的子多项式有较大概率用于提取 $p_{S(I)}$，所以其结果中提取出了 12 个大小为 11 的立方体。而本节研究表明，仅使用 2,5,8 三种大小的立方体对应超多项式即可恢复 48 位密钥。

在前人研究中[54, 108, 110, 379-381]，为统计旁路立方体分析所需选择明文数量，一般采取将不同立方体对应选择明文简单加和来计算。实际上，根据提取的立方体生成攻击选择明文时，不同立方体生成的部分选择明文可能是相同的，即存在交集。更为准确的计算应将重复的选择明文剔除，计算不同选择明文的数量。应用本节方法对前人 PRESENT 分析结果和表 9-3 中 L_3^4, L_3^8, L_3^{12} 线性旁路立方体分析结果进行了重新计算，攻击优化前后所需的选择明文样本数量如表 9-4 所示。

表 9-4　优化前后的旁路立方体分析所需选择明文数量

攻　　击	原 始 结 果	改 进 结 果
文献[108]	2^{15}	$2^{12.50}$
文献[110]	2^{13}	$2^{12.27}$
表 9-3	$2^{11.92}$	$2^{10.89}$

3. 非线性分析

应用 9.2.1 节方法，对 L_3^0，L_3^4，L_3^8，L_3^{12} 执行了非线性旁路立方体分析。对于 L_3^0，可再提取出 8 个非线性超多项式，恢复 8 位密钥；对于 L_3^4，L_3^8，L_3^{12}，可分别提取出 16 个非线性超多项式，这样 64 位第一轮扩展密钥可全部被恢复出来，将 PRESENT-80 密钥空间降低到 2^{16}。L_3^{12} 对应旁路立方体分析结果如表 9-5 所示。

表 9-5　L_3^{12} 非线性旁路立方体分析结果

I	$p_{S(I)}$	I	$p_{S(I)}$
2	$k_{17}+k_{16}\,k_{17}+k_{16}\,k_{19}$	16,17,18,34	$k_{49}+k_{48}\,k_{49}+k_{48}\,k_{51}$
14	$k_{29}+k_{28}\,k_{29}+k_{28}\,k_{31}$	16,17,18,46	$k_{61}+k_{60}\,k_{61}+k_{60}\,k_{63}$
50	$k_{65}+k_{64}\,k_{65}+k_{64}\,k_{67}$	54,56	$k_{69}+k_{68}\,k_{69}+k_{68}\,k_{71}$
62	$k_{77}+k_{76}\,k_{77}+k_{76}\,k_{79}$	55,58	$k_{73}+k_{72}\,k_{73}+k_{72}\,k_{75}$
6,8	$k_{21}+k_{20}\,k_{21}+k_{20}\,k_{23}$	22,24,25,26,32,33,34	$k_{37}+k_{36}\,k_{37}+k_{36}\,k_{39}$
4,10	$k_{25}+k_{24}\,k_{25}+k_{24}\,k_{27}$	20,21,22,26,32,33,34	$k_{41}+k_{40}\,k_{41}+k_{40}\,k_{43}$
18,32,33,34	$k_{33}+k_{32}\,k_{33}+k_{32}\,k_{35}$	16,17,18,38,40,41,42	$k_{53}+k_{52}\,k_{53}+k_{52}\,k_{55}$
30,32,33,34	$k_{45}+k_{44}\,k_{45}+k_{44}\,k_{47}$	16,17,18,36,37,38,42	$k_{57}+k_{56}\,k_{57}+k_{56}\,k_{59}$

PRESENT-80 和 PRESENT-128 算法分组长度均为 64 位，主要差异是密钥扩展稍有不同。针对二者实施线性和非线性旁路立方体分析后，均能恢复第一轮 64 位扩展密钥，分别将 PRESENT-80 和 PRESENT-128 主密钥空间降低到 2^{16} 和 2^{80}。对于 PRESENT-80，2^{16} 的复杂度已可以实现主密钥的快速暴力破解，但对于 PRESENT-128，2^{80} 的搜索空间还是过高，难以在有限时间内恢复密钥。

为恢复更多密钥，可通过两种途径实现，一种是延伸泄露比特轮数(深轮的一个比特可覆盖更多的主密钥位)，对第 4 轮的某个比特泄露进行旁路立方体分析，但此时多项式复杂度会急剧增加，需要使用 9.2.2 节分而治之旁路立方体分析方法进行分析；另一种是在第三轮泄露分析的基础上，进行更多的密钥位提取，可通过使用 9.2.3 节迭代旁路立方体分析方法来实现。

4. 分而治之分析

应用 9.2.2 节分而治之旁路立方体分析方法，攻击者可对 PRESENT-128 进行第四轮分析。由前面可知，L_3^0，L_3^4，L_3^8，L_3^{12} 四个比特的多项式复杂度最低，而根据 PRESENT 算法设计，由这四个比特计算得到的第四轮第一个 S 盒的最低比特 L_4^0 的复杂度是最低的，因此可选取 L_4^0 作为泄露比特。为尽可能降低分析复杂度，攻击者可仅对线性超多项式进行提取，将切割间隔经验参数 L_c 设定为 16，$\lambda_I \in \{1,2,\cdots,11\}$。针对 L_4^0 的旁路立方体分析结果如表 9-6 所示。

表 9-6 L_4^0 线性旁路立方体分析结果

I	$p_{S(I)}$	I	$p_{S(I)}$
2,3,14,15	$k_{64}+k_{76}$	0,2,3,28,29,32,33,34	$k_{94}+k_{95}$
2,3,50,51	$k_{64}+k_{112}$	0,1,2,28,29,32,33,35	$1+k_{95}$
2,3,62,63	$k_{64}+k_{124}$	0,1,3,16,17,18,32,34	$k_{97}+k_{99}$
1,2,12,13,15	k_{64}	0,2,3,16,17,18,32,33	$k_{98}+k_{99}$
0,3,12,13,14	$1+k_{65}+k_{66}$	0,1,2,16,17,19,32,33	$1+k_{99}$
0,2,12,13,14	k_{67}	0,1,3,16,17,18,44,46	$k_{109}+k_{111}$
0,1,2,12,15	$1+k_{77}+k_{78}$	0,2,3,16,17,18,44,45	$k_{110}+k_{111}$
0,1,2,12,13	$1+k_{79}$	0,1,2,16,17,19,44,45	$1+k_{111}$
0,1,2,48,51	$1+k_{113}+k_{114}$	0,1,3,52,54,56,57,58	$k_{117}+k_{119}$
0,1,2,48,49	$1+k_{115}$	0,2,3,52,53,56,57,58	$k_{118}+k_{119}$
0,1,2,60,63	$1+k_{125}+k_{126}$	0,1,2,52,53,56,57,59	$1+k_{119}$
0,1,2,60,61	$1+k_{127}$	0,1,3,52,53,45,56,58	$k_{121}+k_{123}$
2,3,6,7,8,9,11	$k_{64}+k_{68}$	0,2,3,52,53,45,56,57	$k_{122}+k_{123}$
0,1,3,6,7,10,11	$1+k_{68}+k_{72}$	0,1,2,52,53,55,56,57	$1+k_{123}$
0,1,3,18,19,34,35	$1+k_{80}+k_{96}$	22,23,24,25,27,34,35,48,49,51	$1+k_{84}+k_{96}$
0,1,3,30,31,34,35	$1+k_{92}+k_{96}$	20,22,23,26,27,34,35,48,50,51	$1+k_{88}+k_{96}$
2,3,16,17,19,34,35	$k_{64}+k_{96}$	16,17,19,38,39,40,41,43,50,51	$k_{100}+k_{112}$
0,1,3,18,19,46,47	$1+k_{80}+k_{108}$	16,17,19,36,37,39,42,43,50,51	$k_{104}+k_{112}$
0,1,3,54,55,58,59	$1+k_{116}+k_{120}$	0,1,3,20,22,24,25,26,32,33,34	$k_{85}+k_{87}$
2,3,52,53,55,58,59	$k_{64}+k_{120}$	0,1,3,20,21,24,25,27,32,33,34	$k_{86}+k_{87}$
0,1,3,4,6,8,9,10	$k_{69}+k_{71}$	0,1,2,20,21,24,25,27,32,33,35	$1+k_{87}$
0,1,3,4,5,8,9,10	$k_{70}+k_{71}$	0,1,3,20,21,22,24,26,32,33,34	$k_{89}+k_{91}$
0,1,2,4,5,8,9,11	$1+k_{71}$	0,1,3,20,21,22,25,26,32,33,35	$k_{90}+k_{91}$
0,1,3,4,5,6,8,10	$k_{73}+k_{75}$	0,1,2,20,21,23,24,25,32,34,35	$1+k_{91}$
0,2,3,4,5,6,8,9	$k_{74}+k_{75}$	0,1,3,16,17,18,36,38,40,41,42	$k_{101}+k_{103}$
0,1,2,4,5,7,8,9	$1+k_{75}$	0,1,3,16,17,18,36,37,40,41,43	$k_{102}+k_{103}$
0,1,3,16,18,32,33,34	$k_{81}+k_{83}$	0,1,2,16,17,19,36,37,40,41,43	$1+k_{103}$
0,2,3,16,17,32,33,34	$k_{82}+k_{83}$	0,1,3,16,17,18,36,37,38,40,42	$k_{105}+k_{107}$
0,1,2,16,17,32,33,35	$1+k_{83}$	0,2,3,16,17,18,36,37,38,40,41	$k_{106}+k_{107}$
0,1,3,28,30,32,33,34	$k_{93}+k_{95}$	0,1,2,16,17,19,36,37,39,40,41	$1+k_{107}$

可以看出，当 $\lambda_I \in \{4,5,7,8,10,11\}$ 时，可提取出 60 个有效的超多项式，使用 $2^{14.86}$ 个选择明文可恢复 60 位主密钥。当 $\lambda_I \geqslant 12$ 时，经进一步分析可获取完整 64 位密钥，但由于攻击所需选择明文数量呈指数级增长，所以攻击者可通过迭代旁路立方体分析获取更多的密钥位。

5. 迭代分析

1）PRESENT-80 分析

前面经过线性和非线性分析，PRESENT-80 第一轮 64 位扩展密钥可被恢复出来。利用 9.2.3 节迭代旁路立方体分析方法，攻击者可将第一轮输出比特作为等效明文变量，重新将第三轮泄露比特用该变量和主密钥变量表示（图 9-4 中公共变量迭代位置 2），这样原始三轮 PRESENT 密码的旁路立方体分析可转化为两轮 PRESENT 密码的迭代旁路立方体分析，降低了泄露比特的多项式复杂度，使得攻击者可快速提取更多的密钥位。

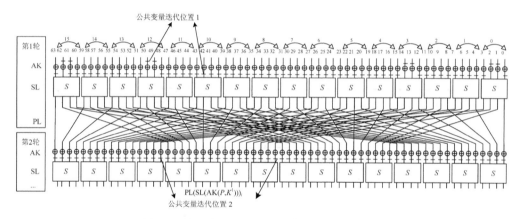

图 9-4　迭代旁路立方体分析选择公共变量位置

L_3^{12} 迭代旁路立方体分析结果如表 9-7 所示。

表 9-7　L_3^{12} 迭代旁路立方体分析结果

I	$p_{S(I)}$	I	$p_{S(I)}$
50	$1+k_4$	52,58	$1+k_{12}$
49	K_5	52,57	K_{13}
56	$1+k_7+k_9+k_{10}+k_8\,k_9+k_{67}$	54,56	$1+k_8$
52	$k_{11}+k_{13}+k_{14}+k_{12}\,k_{13}+k_{68}$	52,56	k_9

可以看出，分析可进一步获取 8 位等效主密钥，将 PRESENT-80 的密钥搜索空间降低到 2^8。

2）PRESENT-128 分析

（1）第三轮泄露比特分析

利用前面的线性和非线性旁路立方体分析，对于 L_3^4，PRESENT-128 的第一轮扩展密钥可被恢复出来；应用迭代旁路立方体分析后，10 位的主密钥可被进一步恢复出来，将 PRESENT-128 密钥搜索空间降低到 2^{54}。

(2) 第四轮泄露比特分析

在前面对 PRESENT-128 第四轮泄露比特 L_4^0 进行分而治之旁路立方体分析后，可进一步恢复 60 位等效主密钥(包含 56 个主密钥位，4 个由两个主密钥位计算得到的异或值 $k_{65}+k_{66}, k_{77}+k_{78}, k_{113}+k_{114}, k_{125}+k_{126}$)。为恢复第一轮扩展密钥的 8 个密钥位 $k_i, i \in A = \{65,66,77,78,113,114,125,126\}$，攻击者可通过迭代旁路立方体分析实现。

攻击中，如果 $(i+64) \in \{64,65,\cdots,127\} - A$，则等效选择明文比特 P_i 需要使用 $v_i + k_{i+64}$ 来表示，如图 9-4 中迭代位置 1 中虚线标示；否则，仍使用原始的 v_i 表示即可。经过迭代旁路立方体分析后，可获取第一轮扩展密钥的 8 个密钥位，对应立方体和超多项式如表 9-8 所示。

表 9-8　L_4^0 第一次迭代旁路立方体分析结果

I	$p_{S(I)}$	I	$p_{S(I)}$
0,2,12,13,15	k_{65}	0,1,3,48,50	k_{113}
0,3,12,13,14	$1+k_{65}+k_{66}$	0,1,3,48,49	$1+k_{114}$
0,1,3,12,13	$1+k_{78}$	0,1,3,60,62	k_{125}
0,1,2,12,15	$1+k_{77}+k_{78}$	0,1,3,60,61	$1+k_{126}$

为进一步获取更多主密钥位，可对 PRESENT-128 再次实施迭代分析，用第一轮加密输出比特作为迭代分析的选择明文。进行了迭代线性和非线性旁路立方体分析，结果分别如表 9-9 和表 9-10 所示。

表 9-9　L_4^0 第二次迭代线性旁路立方体分析结果

I	$p_{S(I)}$	I	$p_{S(I)}$	I	$p_{S(I)}$	I	$p_{S(I)}$
1	k_5	6,8	$1+k_8$	16,33	k_{37}	22,24,32	$1+k_{24}$
2	$1+k_4$	4,9	k_{13}	16,34	$1+k_{36}$	20,25,32	k_{29}
13	k_{17}	4,10	$1+k_{12}$	16,45	k_{49}	20,26,32	$1+k_{28}$
14	$1+k_{16}$	17,32	k_{21}	16,46	$1+k_{48}$	16,37,40	k_{41}
49	k_{53}	18,32	$1+k_{20}$	53,56	k_{57}	16,38,40	$1+k_{40}$
50	$1+k_{52}$	29,32	k_{33}	54,56	$1+k_{56}$	16,36,41	k_{45}
5,8	k_9	30,32	$1+k_{32}$	21,24,32	k_{25}	16,36,42	$1+k_{44}$

表 9-10　L_4^0 第二次非线性迭代非线性旁路立方体分析结果

I	$p_{S(I)}$	I	$p_{S(I)}$
8	$k_7+k_9+k_{10}+k_8\,k_9+k_{71}$	16,40	$1+k_{39}+k_{41}+k_{42}+k_{40}\,k_{41}+k_{79}$
4	$k_{11}+k_{13}+k_{14}+k_{12}\,k_{13}+k_{72}$	16,36	$k_{43}+k_{45}+k_{46}+k_{44}\,k_{45}+k_{80}$
24,32	$1+k_{23}+k_{25}+k_{26}+k_{24}\,k_{25}+k_{75}$	56	$1+k_{55}+k_{57}+k_{58}+k_{56}\,k_{57}+k_{83}$
20,32	$k_{27}+k_{29}+k_{30}+k_{28}\,k_{29}+k_{76}$		

由上述可知，使用 $2^{14.57}$ 个选择明文，攻击者可恢复 99 个主密钥位，将主密钥搜索空间降低到 2^{29}，经暴力破解恢复全部 128 位主密钥。

6. 同前人工作比较

本节分析结果同文献[121]比较如表 9-11 所示。

表 9-11　基于单比特泄露模型的旁路立方体分析结果比较

PRESENT	攻　　击	攻　击　轮	选择明文数量	剩余密钥搜索空间
PRESENT-80	文献[108]	第三轮	2^{15}	2^{32}
PRESENT-80	本节	第三轮	$2^{10.89}$	2^{8}
PRESENT-128	本节	第三轮	$2^{10.88}$	2^{54}
PRESENT-128	本节	第四轮	$2^{14.57}$	2^{29}

可以看出，无论 PRESENT-80 还是 PRESENT-128 分析，应用本节线性、非线性、分而治之、迭代分析方法后，分析所需样本量有了很大降低，恢复密钥位也比文献[108]要多。此外，本节分而治之分析结果还表明，PRESENT 第四轮泄露仍可用于密钥提取，其恢复密钥位数量比第三轮要多。总地来说，本节结果表明可分别恢复 PRESENT-80/128 的 72 和 99 位主密钥。

9.3.2　汉明重量泄露模型分析

单比特泄露模型的优点是相同轮下得到的多项式复杂度低，但对攻击者能力要求较高。攻击者需要使用探针精确读取加密某轮某个比特输出，代价较大。比较而言，自旁路分析提出以来研究最为深入的是汉明重量泄露模型，可行性更强。

文献[110]提出了一种基于汉明重量泄露模型的 PRESENT 旁路立方体分析，假设攻击者可精确获取 PRESENT 第一轮输出 64 位汉明重量。作者花费了几个星期时间，提取出了 32 个线性超多项式和 62 个非线性超多项式，使用 2^{13} 个选择明文恢复 PRESENT-80/128 的第一轮 64 位扩展密钥。在实际攻击汉明重量推断中，总线上处理的数据宽度越大，对应的可能汉明重量候选值越多，将每个值通过功耗/电磁泄露特征区别开来也更加困难。对于 PRESENT 轻量级分组密码，典型的实现平台为 4 位或者 8 位处理器，总线上每次处理的数据宽度一般不超过 8 位，因此文献[110]中的假设模型条件和实际应用并不相符。此外，攻击仅能恢复第一轮扩展密钥，对于 PRESENT-128，剩余的主密钥搜索空间为 2^{64}，复杂度仍然较高。综上所述，研究一种更加实用、高效的基于汉明重量泄露的 PRESENT 旁路立方体分析是目前尚待解决的问题。

改进文献[110]中的工作可从两个方面考虑：一方面是降低泄露汉明重量数据宽度，例如，1 字节或者一个 Nibble（4 位），在实际攻击中也能获取较高的汉明重量推断准确度；另一方面是延伸汉明重量泄露轮位置，如第 2、3、4 轮汉明重量泄露，这样一个泄露状态（字节或者 Nibble）涉及的密钥位较多，可用于恢复更多密钥位。此外，考虑到目前 4 位的处理器平台在市场上尚不多见，而且 PRESENT 算法的官方网站中给出的实现方式是针对 8 位处理器的，本节主要基于 8 位汉明重量泄露模型，对 PRESENT 进行旁路立方体分析应用。

此外，攻击中发现基于汉明重量泄露的 PRESENT 旁路立方体分析得到的立方体大小和超多项式中密钥变量数量较小，攻击有望在黑盒场景下实施。为进一步验证该特性，还对基于 PRESENT 设计的 EPCBC 密码进行了黑盒攻击。

定义泄露比特 $L_{m,n}^{i,j}$，i 表示泄露对应加密轮序号（$i\in[1,31]$），j 表示泄露状态对应的操作序号（$j\in[\mathrm{AK,SB,PL}]$），m 表示 64 位加密中间状态对应的 8 个字节索引（$m\in[1,8]$），n 表示选定状态对应的汉明重量位（$n\in[0,3]$）。

1. 泄露位置选取

根据泄露位置选取原则，如果泄露对应加密轮和泄露字节索引固定，则每轮查表输入和输出字节涉及密钥位数量相等，$N_k(L_m^{i,\mathrm{AK}})=N_k(L_m^{i,\mathrm{SB}})$。表 9-12 列出了每轮轮密钥加（AK）操作和 P 置换操作（PL）每字节覆盖密钥位数量统计。

表 9-12　PRESENT 加密字节涉及主密钥位数量统计

$L_{m,n}^{i,j}$	$m=1$	$m=2$	$m=3$	$m=4$	$m=5$	$m=6$	$m=7$	$m=8$
$L_{m,n}^{i,j}$	8	8	8	8	8	8	8	8
$L_{m,n}^{i,j}$	32	32	32	32	32	32	32	32
$L_{m,n}^{i,j}$	32	37	40	32	40	35	40	40
$L_{m,n}^{i,j}$	64	80	64	80	64	80	64	80
$L_{m,n}^{i,j}$	64	80	64	80	72	80	64	80
$L_{m,n}^{i,j}$	80	80	80	80	80	80	80	80

可以看出，$L^{2,\mathrm{PL}}$ 是一个字节首次覆盖 64 位第一轮扩展密钥的位置。考虑到后续物理实验分析 AK 操作泄露功耗推断出的汉明重量准确率比 P 置换要高，本节以第三轮轮密钥加的一个字节输出 $L_m^{3,\mathrm{AK}}$ 作为泄露字节。

在选定了泄露操作后，还需要选定泄露的具体字节索引和泄露汉明重量的位。图 9-5（a）给出了 $L_m^{3,\mathrm{AK}}$ 的汉明重量的四个比特对应多项式阶的变化情况，图 9-5（b）给出了 $L_{m,0}^{3,\mathrm{AK}}$ 的子多项式数量分布图。

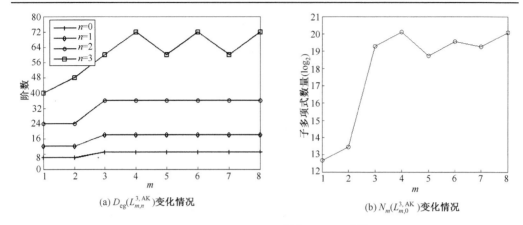

(a) $D_{eg}(L_{m,n}^{3,AK})$ 变化情况　　　　　　　　　　(b) $N_m(L_{m,0}^{3,AK})$ 变化情况

图 9-5　第三轮轮密钥加操作 $D_{eg}(L_{m,n}^{3,AK})$ 和 $N_m(L_{m,0}^{3,AK})$ 变化情况

由图 9-5(a)可以看出，$n=0$ 时，$D_{eg}(L_{m,n}^{3,AK})$ 较小；$m=1$ 或 2 时，$D_{eg}(L_{m,n}^{3,AK})$ 较小。由图 9-5(b)可以看出，当 $m=1$ 或 2 时，$N_m(L_{m,0}^{3,AK})$ 也是较小的，所以本节主要选取 $L_{1,0}^{3,AK}$ 和 $L_{2,0}^{3,AK}$ 作为泄露比特。

2. 线性分析

基于汉明重量泄露模型，首先对 PRESENT-80 执行了线性旁路立方体分析。对于 $L_{1,0}^{3,AK}$ 和 $L_{2,0}^{3,AK}$，可分别提取 48 和 56 个线性超多项式，恢复 48 和 56 个密钥位。$L_{2,0}^{3,AK}$ 对应旁路立方体分析结果如表 9-13 所示，$2^{8.90}$(477)个选择明文可恢复 PRESENT-80 的 56 个密钥位。

表 9-13　$L_{2,0}^{3,AK}$ 线性旁路立方体分析结果

I	$p_{S(I)}$	I	$p_{S(I)}$	I	$p_{S(I)}$	I	$p_{S(I)}$
1,2	$1+k_{16}$	32,33	$1+k_{50}$	4,5,6,9,10	$1+k_{24}$	36,37,40,41,43	$1+k_{54}$
0,2	k_{17}	45,46	$1+k_{60}$	4,5,7,8,10	k_{25}	36,37,40,41,42	$k_{54}+k_{55}$
0,1	$1+k_{18}$	44,46	k_{61}	4,5,7,8,9	$1+k_{26}$	36,37,38,41,42	$1+k_{56}$
13,14	$1+k_{28}$	44,45	$1+k_{62}$	4,5,6,8,9	$k_{26}+k_{27}$	36,37,39,40,42	k_{57}
12,14	k_{29}	49,50	$1+k_{64}$	21,22,24,25,26	$1+k_{36}$	36,37,39,40,41	$1+k_{58}$
12,13	$1+k_{30}$	48,50	k_{65}	20,22,24,25,27	k_{37}	36,37,38,40,41	$k_{58}+k_{59}$
17,18	$1+k_{32}$	48,49	$1+k_{66}$	20,21,24,25,27	$1+k_{38}$	53,54,56,57,58	$1+k_{68}$
16,18	k_{33}	61,62	$1+k_{76}$	20,21,24,25,26	$k_{38}+k_{39}$	52,54,56,57,59	k_{69}
16,17	$1+k_{34}$	60,62	k_{77}	20,21,22,25,26	$1+k_{40}$	52,53,56,57,59	$1+k_{70}$
29,30	$1+k_{44}$	60,61	$1+k_{78}$	20,21,23,24,26	k_{41}	52,53,56,57,58	$k_{70}+k_{71}$
28,30	k_{45}	5,6,8,9,10	$1+k_{20}$	20,21,23,24,25	$1+k_{42}$	52,53,54,57,58	$1+k_{72}$

续表

I	$p_{S(i)}$	I	$p_{S(i)}$	I	$p_{S(i)}$	I	$p_{S(i)}$
28,29	$1+k_{46}$	4,6,8,9,11	k_{21}	20,21,22,24,25	$k_{42}+k_{43}$	52,53,55,56,58	k_{73}
33,34	$1+k_{48}$	4,5,8,9,11	$1+k_{22}$	37,38,40,41,42	$1+k_{52}$	52,53,55,56,57	$1+k_{74}$
32,34	k_{49}	4,5,8,9,10	$k_{22}+k_{23}$	36,38,40,41,43	k_{53}	52,53,54,56,57	$k_{74}+k_{75}$

3. 非线性分析

在线性分析的基础上，对 $L_{1,0}^{3,\mathrm{AK}}$ 和 $L_{2,0}^{3,\mathrm{AK}}$ 分别进行了非线性超多项式提取。对于 $L_{2,0}^{3,\mathrm{AK}}$，可再次提取出 16 个非线性超多项式，对于 $L_{2,0}^{3,\mathrm{AK}}$，可提取 8 个非线性超多项式，并都能恢复第一轮 64 位扩展密钥。$L_{2,0}^{3,\mathrm{AK}}$ 非线性旁路立方体分析结果如表 9-14 所示。

表 9-14　$L_{2,0}^{3,\mathrm{AK}}$ 非线性旁路立方体分析结果

I	$p_{S(i)}$	I	$p_{S(i)}$
1	$1+k_{16}+k_{19}+k_{18}+k_{16}k_{18}$	33	$1+k_{48}+k_{51}+k_{50}+k_{48}k_{50}$
13	$1+k_{28}+k_{31}+k_{30}+k_{28}k_{30}$	45	$1+k_{60}+k_{63}+k_{62}+k_{60}k_{62}$
17	$1+k_{32}+k_{35}+k_{34}+k_{32}k_{34}$	49	$1+k_{64}+k_{67}+k_{66}+k_{64}k_{66}$
29	$1+k_{44}+k_{47}+k_{46}+k_{44}k_{46}$	61	$1+k_{76}+k_{79}+k_{78}+k_{76}k_{78}$

4. 迭代分析

为恢复更多的 PRESENT 密钥位，可在前面分析的基础上进行迭代分析。由于 $L_{1,0}^{3,\mathrm{AK}}$ 仅覆盖第一轮 64 个密钥位，所以迭代分析并不能提取更多的密钥位。而对于 $L_{2,0}^{3,\mathrm{AK}}$，分析后可再次提取 8 位密钥。$L_{2,0}^{3,\mathrm{AK}}$ 对应分析结果如表 9-15 所示。

表 9-15　$L_{2,0}^{3,\mathrm{AK}}$ 迭代旁路立方体分析结果

I	$p_{S(i)}$	I	$p_{S(i)}$	I	$p_{S(i)}$	I	$p_{S(i)}$
32,46	$1+k_0$	32,50	$1+k_4$	32,54	$1+k_8$	32,58	$1+k_{12}$
32,45	k_1	32,49	k_5	32,53	k_9	32,57	k_{13}

对于 $L_{2,0}^{3,\mathrm{AK}}$，$2^{8.95}$(495) 个选择明文可恢复 72 位 PRESENT-80 密钥。

5. PRESENT-128 分析

前面方法也用于针对 PRESENT-128 的旁路立方体分析，结果如表 9-16 所示。

需要说明的是，对于 $L_{1,0}^{3,\mathrm{AK}}$ 和 $L_{2,0}^{3,\mathrm{AK}}$，最多仅能恢复 80 位主密钥；如果在此分析基础上，将泄露比特转移到第 4 轮对应字节，开展迭代旁路立方体分析，则可恢复

更多密钥位。可以看出，使用不超过 1000 个选择明文，可将 PRESENT-128 的主密钥搜索空间降低到 2^7。

表 9-16　PRESENT-128 分析结果

泄露比特	分析方法	选择明文数量	剩余密钥搜索空间
$L_{1,0}^{3,AK}$	线性+非线性+迭代分析	$2^{9.02}$	2^{48}
$L_{1,0}^{3,AK}$，$L_{1,0}^{4,AK}$	线性+非线性+迭代分析	$2^{9.02}+2^{8.71}=2^{9.87}$	2^{10}
$L_{2,0}^{3,AK}$	线性+非线性+迭代分析	$2^{8.99}$	2^{48}
$L_{2,0}^{3,AK}$，$L_{2,0}^{4,AK}$	线性+非线性+迭代分析	$2^{8.99}+2^{8.52}=2^{9.78}$	2^7

6. PRESENT 分析同前人工作比较

本节旁路立方体分析结果同前人工作比较如表 9-17 所示。

表 9-17　基于汉明重量泄露模型的旁路立方体分析同前人工作结果比较

PRESENT	攻击	攻击轮	选择明文数量	剩余密钥搜索空间
PRESENT-80	文献[110]	第三轮	2^{13}	2^{16}
PRESENT-80	本节	第三轮	$2^{8.95}$	2^8
PRESENT-128	文献[110]	第三轮	2^{13}	2^{64}
PRESENT-128	本节	第三轮	$2^{8.90}$	2^{48}
PRESENT-128	本节	第四轮	$2^{9.78}$	2^7

可以看出，无论 PRESENT-80 还是 PRESENT-128 分析，应用 9.2 节改进分析方法后，所需样本量有了很大降低，恢复密钥位也比文献[110]要多，PRESENT-80/128 的主密钥搜索空间可分别降低到 2^8 和 2^{27}。

7. EPCBC 密码黑盒旁路立方体分析

根据前面基于汉明重量泄露的 PRESENT 密码旁路立方体分析结果，发现攻击者得到的立方体大小仅为 5，超多项式中密钥变量的数量仅为 3，攻击有望在黑盒场景下实施。为进一步验证该特性，对基于 PRESENT 密码设计的 EPCBC 密码进行了黑盒旁路立方体分析。

1) EPCBC 密码

EPCBC 由 Yap 等在 CANS 2011 会议上提出。算法在 PRESENT 算法设计基础上改造而成，有 EPCBC(48,96) 和 EPCBC(96,96) 两个变种，分别对应 48 位和 96 位分组，密钥长度均为 96 位。EPCBC 加密结构与 PRESENT 类似，只是查找表的次数和 P 函数有所变化。为了使 EPCBC 更好地抵抗相关密钥分析威胁，EPCBC 设计了专门的密钥扩展算法，比 PRESENT 要复杂。详细的 EPCBC 算法设计可参见附录 G。

2) 黑盒旁路立方体分析

应用 9.2.4 节方法,基于汉明重量泄露模型,对 EPCBC (48,96) 和 EPCBC (96,96) 分别进行了黑盒分析。分析中,设定最大立方体大小仅为 5,超多项式中密钥变量的数量最大为 3(考虑线性和 2 阶非线性情况)。

EPCBC (48,96) 分析中,利用加密第三轮轮密钥加前两个字节的最低位分别作为泄露比特,成功提取出 48 个超多项式,使用 $2^{8.54}$ 个选择明文恢复第一轮 48 位密钥,经进一步迭代分析后可恢复 96 位密钥,分析结果如表 9-18 所示。

表 9-18　EPCBC (48,96) 黑盒旁路立方体分析结果

I	$ps_{(I)}$	I	$ps_{(I)}$	I	$ps_{(I)}$
1,2	$1+k_{48}$	17,18	$1+k_{64}$	33,34	$1+k_{80}$
0,2	k_{49}	16,18	k_{65}	32,34	k_{81}
0,1	$k_{50}+1$	16,17	$1+k_{66}$	32,34	$k_{81}+k_{83}$
2	$k_{49}+k_{51}+k_{48}k_{49}$	18	$k_{65}+k_{67}+k_{64}k_{65}$	32,33	$k_{82}+k_{83}$
5,7,8,9,10	$1+k_{52}$	21,22,24,25,26	k_{68}	37,38,40,41,42	k_{84}
4,6,8,9,10	$k_{53}+k_{55}$	20,22,24,25,26	$k_{69}+k_{71}$	32,38,40	$1+k_{85}$
4,5,8,9,11	$1+k_{54}$	20,21,24,26,27	$1+k_{70}$	36,38,40,41,43	$k_{85}+k_{87}$
4,5,8,9,10	$k_{54}+k_{55}$	20,21,24,25,26	$k_{70}+k_{71}$	36,37,40,42,43	$k_{86}+k_{87}$
4,5,7,9,10	k_{56}	20,21,22,25,26	k_{72}	36,37,39,41,42	k_{88}
4,5,6,8,10	$k_{57}+k_{59}$	20,21,22,24,26	$k_{73}+k_{75}$	35,36,42	$1+k_{89}$
4,5,7,8,9	$1+k_{58}$	20,21,23,24,25	$1+k_{74}$	36,37,39,40,42	$k_{89}+k_{91}$
4,5,6,8,9	$k_{58}+k_{59}$	20,21,22,24,25	$k_{74}+k_{75}$	36,37,39,40,41	$k_{90}+k_{91}$
13,14	$1+k_{60}$	29,30	$1+k_{76}$	45,46	$1+k_{92}$
12,14	k_{61}	28,30	k_{77}	44,46	k_{93}
12,13	$1+k_{62}$	28,29	$1+k_{78}$	44,46	$k_{93}+k_{95}$
14	$k_{61}+k_{63}+k_{60}k_{61}$	30	$k_{77}+k_{79}+k_{76}k_{77}$	44,45	$k_{94}+k_{95}$

EPCBC(96,96) 分析中,利用加密第三轮轮密钥加的前两个字节的最低位分别作为泄露比特,成功提取出 96 个超多项式,使用 $2^{9.25}$ 个选择明文直接恢复 96 位密钥。分析结果如表 9-19 所示。

表 9-19　EPCBC(96,96) 黑盒旁路立方体分析结果

I	$ps_{(I)}$	I	$ps_{(I)}$	I	$ps_{(I)}$
1,2	$1+k_0$	33,34	k_{32}	65,67	$1+k_{64}$
0,3	k_1+k_2	34	$1+k_{33}$	66	$1+k_{65}$
0,1	k_2+k_3	33	k_{34}	65	k_{66}
0,2	k_3	32,33	$k_{34}+k_{35}$	64,66	$k_{65}+k_{67}$
5,7,8,9,10,	$1+k_4$	37,39,40,41,42	$1+k_{36}$	69,70,72,73,74	k_{68}
4,7,8,9,10	k_5+k_6	38,40	k_{37}	70,72	$1+k_{69}$
4,5,8,10,11	k_6+k_7	37,40	k_{38}	69,72	k_{70}

续表

I	$p_{S(i)}$	I	$p_{S(i)}$	I	$p_{S(i)}$
4,6,8,10,11	k_7	36,37,40,41,42	$k_{38}+k_{39}$	68,69,72,74,75	$k_{70}+k_{71}$
4,5,6,9,11	$1+k_8$	36,37,38,41,42	k_{40}	68,70,71,73,74	k_{72}
4,6,7,8,11	k_9+k_{10}	36,42	$1+k_{41}$	68,74	$1+k_{73}$
4,6,7,8,9	$k_{10}+k_{11}$	36,41	k_{42}	68,73	k_{74}
4,5,7,8,10	k_{11}	36,37,38,40,41	$k_{42}+k_{43}$	68,69,70,72,73	$k_{74}+k_{75}$
13,14	$1+k_{12}$	45,46	k_{44}	77,79	$1+k_{76}$
12,15	$k_{13}+k_{14}$	46	$1+k_{45}$	78	$1+k_{77}$
12,13	$k_{14}+k_{15}$	45	k_{46}	77	k_{78}
12,14	k_{15}	44,45	$k_{46}+k_{47}$	76,77	$k_{78}+k_{79}$
17,18	$1+k_{16}$	49,50	k_{48}	81,83	$1+k_{80}$
16,19	$k_{17}+k_{18}$	50	$1+k_{49}$	82	$1+k_{81}$
16,17	$k_{18}+k_{19}$	49	k_{50}	81	k_{82}
16,18	k_{19}	48,49	$k_{50}+k_{51}$	80,81	$k_{82}+k_{83}$
21,23,24,25,26	$1+k_{20}$	53,54,56,57,58	k_{52}	85,86,88,89,90	k_{84}
20,23,24,25,26	$k_{21}+k_{22}$	54,56	$1+k_{53}$	86,88	$1+k_{85}$
20,21,24,26,27	$k_{22}+k_{23}$	53,56	k_{54}	85,88	k_{86}
20,22,24,26,27	k_{23}	52,54,56,57,58	$k_{53}+k_{55}$	84,85,88,90,91	$k_{86}+k_{87}$
20,21,23,25,26	k_{24}	52,53,54,57,58	k_{56}	84,86,87,89,90	k_{88}
20,22,23,24,27	$k_{25}+k_{26}$	52,58	$1+k_{57}$	84,90	$1+k_{89}$
20,22,23,24,25	$k_{26}+k_{27}$	52,57	k_{58}	84,89	k_{90}
20,21,23,24,26	k_{27}	52,53,54,56,57	$k_{58}+k_{59}$	84,86,87,88,89	$k_{90}+k_{91}$
29,30	$1+k_{28}$	61,62	k_{60}	93,95	$1+k_{92}$
28,31	$k_{29}+k_{30}$	62	$1+k_{61}$	94	$1+k_{93}$
28,29	$k_{30}+k_{31}$	61	k_{62}	93	k_{94}
28,29	$1+k_{31}$	60,61	$k_{62}+k_{63}$	92,93	$k_{94}+k_{95}$

9.3.3　汉明重量泄露模型攻击实验

9.2 节旁路立方体分析方法主要是在假定旁路泄露模型下进行超多项式提取，找到大量的立方体和超多项式之间的映射关系。根据图 9-1，对密码算法实施完整攻击，攻击者还需要通过物理实验执行超多项式值推断，并通过方程组求解方式恢复密钥。现有所有旁路立方体攻击大都进行到超多项式提取，并且由于泄露模型过强等，尚未有公开的物理实验。

旁路攻击多年的研究进展表明，基于字节的汉明重量泄露模型具有较强适用性，有望在此基础上开展物理实验。开展物理攻击实验，还可以进一步挖掘旁路立方体攻击和现有旁路攻击区别、优势等，为验证攻击可行性、认清攻击威胁、研究防御对策提供参考。本节主要基于字节的汉明重量泄露模型，对微控制器上未加防护、随机时延防护、随机掩码防护的三种 PRESENT-80 实现开展了物理攻击实验。

1. 实验环境

攻击中,将 PRESENT-80 实现在 8 位微控制器上,代码参考 PRESENT 官方网站提供版本。PRESENT-80 有两种实现策略:一种是空间优先策略,基于 Nibble(4 位)实现;另一种是速度优先策略,基于字节(8 位)实现。本节主要基于 8 位汉明重量泄露模型,故选用速度优先实现。值得一提的是,这两种策略在轮密钥加操作中均基于字节实现。故本节攻击同样适用于空间优先的 PRESENT 实现。

功耗信息采集平台如图 9-6 所示,以 8 位 AVR 微控制器 ATMEGA324P 为攻击对象,系统晶振为 20MHz。为测量微控制器功耗,在微控制器和稳压电源 GND 端串联了一个阻值为 18.2Ω 的电阻。加密中适时提供触发信号以便示波器采集电阻两端电压,并通过 USB 数据线将采集功耗轨迹传到 PC。

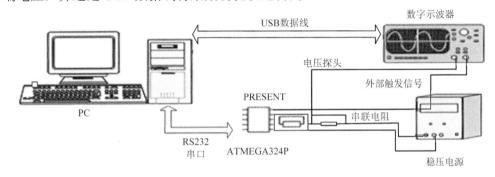

图 9-6 功耗信息采集平台

功耗采集平台设备性能参数如表 9-20 所示。实验中电压设置为 5V,微控制器工作频率为 8MHz,数字示波器采样频率为 100M 样本点/s。

表 9-20 功耗采集平台设备性能参数

设 备	性 能 参 数
微控制器	ATMETGA324P:1KB EEPROM,2KB SRAM,32KB Flash,20MHz 时钟频率
数字示波器	MSO6012A:最大采样率 2G 样本点/s
电源	直流稳压电源 6624A

2. 汉明重量推断

在旁路立方体攻击中,对于大小为 λ 的一个立方体,为计算超多项式 $p_{S(l)}$ 的值,需要产生 2^λ 个选择明文,并计算 2^λ 个明文在泄露比特的高阶差分。由于旁路立方体分析利用的是每个明文在加密过程中单个比特的泄露,攻击要求所有 2^λ 个样本对应的单比特泄露都是准确的,这样才能保证所计算的超多项式 $p_{S(l)}$ 值是正确的。因此,在实际攻击中,精确的泄露比特推断对提高攻击实用性十分关键。

在功耗采集实验中，功耗受目标电路板、测试计量仪器等大量噪声的影响，对汉明重量推断精度将产生很大的影响。任何一条曲线对应汉明重量值错误都将导致对应的超多项式 $p_{S(l)}$ 值推断失败。为此，本节提出了一种改进的汉明重量推断方法。

在汉明重量推断过程中，首先为单个字节的 9 个汉明重量候选值建立功耗泄露模板，然后采集目标电路板中某个加密中间状态泄露的功耗曲线，并和功耗泄露模板进行匹配，最匹配的值就是正确的汉明重量推断值。图 9-7(a) 显示的即为对每个字节的 9 个汉明重量值重复采样 1000 次计算得到的功耗均值曲线。图 9-7(b) 显示的是四个不同样本 PRESENT 加密第三轮轮密钥加一个字节对应的功耗曲线。

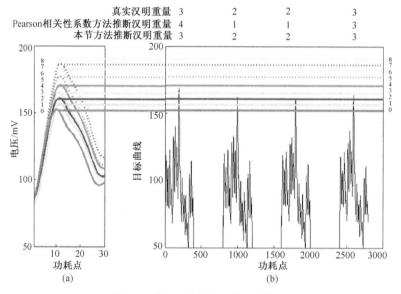

图 9-7　基于功耗的汉明重量推断

图 9-7(a) 表明，功耗泄露同汉明重量值大小呈线性递增关系。图 9-7(b) 表明，根据单条功耗曲线进行汉明重量推断效果并不是很好，总是会有上下正负 1 的偏差。

Pearson 相关性系数在旁路攻击中广泛地应用于计算功耗泄露同汉明重量之间的对应关系，但大都基于大量样本的功耗曲线进行。Pearson 相关性系数考虑的是不同功耗曲线横向波形之间的相关性，即相邻点功耗点变化值之间的相关性，并没有考虑到不同功耗曲线波形纵向单个功耗值之间的相关性。为此，本节在 Pearson 相关性系数基础上，提出了一种改进方法。发现不同功耗曲线都存在一个较大峰值，峰值波动对于汉明重量推断十分关键，因此引入了一个新的参数 δ 计算(式(9-11))目标功耗曲线和模板功耗曲线的峰值匹配系数。

$$\rho(P_R, P_M) = \delta \frac{\sum\limits_{p_r \in P_R, p_m \in P_M} (p_r - \bar{P}_R)(p_m - \bar{P}_M)}{\sqrt{\sum\limits_{p_r \in P_R} (p_r - \bar{P}_M)^2 \sum\limits_{p_m \in P_R} (p_m - \bar{P}_M)^2}}$$

$$\delta = \begin{cases} \dfrac{\max(P_M)}{\max(P_R)}, & \max(P_R) \geqslant \max(P_M) \\ \dfrac{\max(P_R)}{\max(P_M)}, & \max(P_R) \leqslant \max(P_M) \end{cases}$$

(9-11)

从图 9-7(b)可以看出，新的汉明重量推断方法正确率较高。大量的实际实验结果表明，对于单条曲线的汉明重量推断，可以达到 99%成功率；同一个明文样本采集 2 次，利用均值曲线进行汉明重量推断，可达到 100%成功率。

3. 未加防护攻击

在传统基于功耗分析的旁路攻击中，典型分析方法有差分旁路分析、相关性旁路分析等。对于微控制器上的密码实现，功耗泄露和汉明重量具有极强相关性，相关性旁路分析比差分功耗分析更有效。因此，本节首先选取相关性旁路分析对 PRESENT 开展攻击实验，并和旁路立方体攻击进行比较。

1) 相关性旁路分析

相关性旁路分析攻击中，选取第一轮查找 S 盒输出作为目标 Nibble(4 位)。通过预测每个密钥 Nibble 的候选值，然后计算大量样本得到的汉明重量预测值曲线，并和该字节对应的所有功耗泄露点计算 Pearson 相关性系数，对于正确的密钥推断值，相关性曲线中会有较大峰值，否则相对比较平缓。图 9-8(a)给出了攻击第一轮扩展密钥第一个 Nibble 时，两个不同的密钥推断得到的相关性曲线。图 9-8(b)给出的是正确密钥推断得到的相关曲线最大值随着样本量增加的变化。

需要说明的是，由于随机噪声时延累积，后面的密钥 Nibble 分析所需明文数量仍然较大，2000 条曲线才能恢复第一轮 64 位扩展密钥。

2) 旁路立方体分析

在 PRESENT 旁路立方体分析中，选取 PRESENT 第三轮轮密钥加第二个字节 $L_2^{3,\mathrm{AK}}$ 作为汉明重量泄露字节，并根据本节方法进行汉明重量推断，通过计算立方体产生的选择明文对应泄露比特的高阶差分获取超多项式 $p_{S(I)}$ 值。图 9-9 给出了根据立方体 $I = \{1, 2\}$ (此时对应超多项式 $p_{S(I)} = 1 + k_{16}$) 生成的四个选择明文加密得到的 $L_2^{3,\mathrm{AK}}$ 对应泄露功耗曲线。

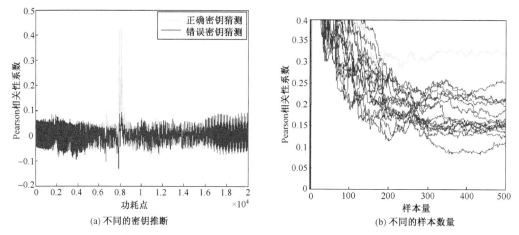

(a) 不同的密钥推断　　　　　　　　　　(b) 不同的样本数量

图 9-8　未加防护相关性旁路分析(攻击第一轮扩展密钥第一个 Nibble)

图 9-8(a)中，黑色曲线对应错误密钥推断，曲线相对比较平缓；灰色曲线对应正确密钥推断，曲线中有明显的峰值存在。根据图 9-8(b)可以看出，当样本量大于 200 时，正确密钥推断对应的相关曲线峰值最大，攻击成功。

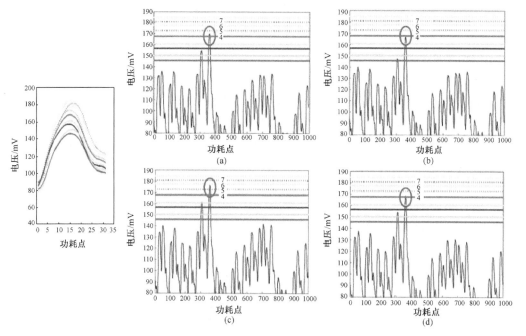

图 9-9　未加防护 PRESENT 旁路立方体分析

图 9-9 表明，利用本节方法可推断出四个汉明重量值为{4,4,6,4}。当选取汉明重量的最低位作为旁路立方体分析利用的泄露比特时，对应的四个泄露比特为{0,0,0,0}。这样可得到 $1+k_{16}=0+0+0+0=0$，推断出 $k_{16}=1$。

应用类似方法，根据表 9-13、表 9-14、表 9-15 中的立方体和超多项式，使用 495 个选择明文(每个明文采集两次，共 990 条功耗曲线)可恢复出 72 位密钥，然后通过穷举剩余 8 位密钥方法恢复全部 PRESENT 主密钥。

4. 时延防护攻击

现有功耗旁路攻击大都基于功耗在时域上对齐前提下进行。在密码实现过程中，插入随机时延[382-383]能够扰乱不同样本在时域上的对齐特性，有效防御相关性旁路分析。在随机时延防护攻击中，在加密开始前插入了 $3r$ 个时钟周期的随机时延（$r \in [0, \cdots, d]$），d 是一个整数变量。实验中进行了 d=7,15,127 三种随机时延防护实现。

1)相关性旁路分析

应用相关性旁路分析方法,不同 d 参数下的相关性旁路分析结果如图 9-10 所示。

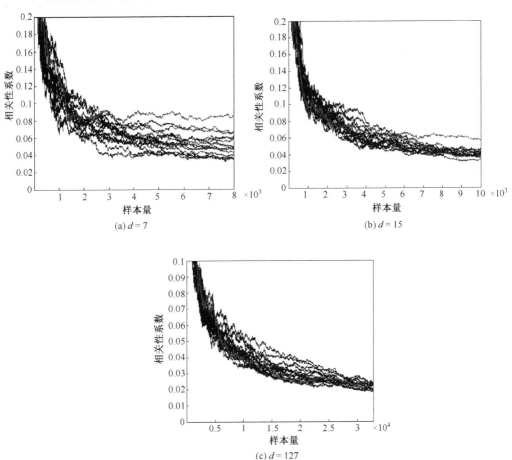

图 9-10　随机时延防护相关性旁路分析(攻击第一轮扩展密钥的第一个 Nibble)

根据图 9-10，当 d=7 时，3000 条功耗曲线可以恢复 PRESENT 第一轮扩展密钥的第一个 Nibble（图 9-10(a)）；d=15 时，需要 5800 条功耗曲线（图 9-10(b)）；d=127 时，即使是 32768 条功耗曲线仍不能恢复一个 Nibble 的密钥（图 9-10(c)）。可以看出，插入随机时延确实可以有效防御传统的相关性旁路分析攻击。

2）旁路立方体分析

与相关性旁路分析基于大量功耗曲线的统计分析不同，旁路立方体分析主要从单条功耗曲线中推断汉明重量泄露。在随机时延防护的 PRESENT 实现中，随机时延并未对深轮的功耗泄露特征构成较大影响，攻击者仍然可以较为准确地推断出汉明重量，并不需要进行对齐处理。图 9-11 为立方体 $I = \{1,2\}$ 时，四个选择明文对应的第三轮轮密钥加第二个字节输出功耗曲线。

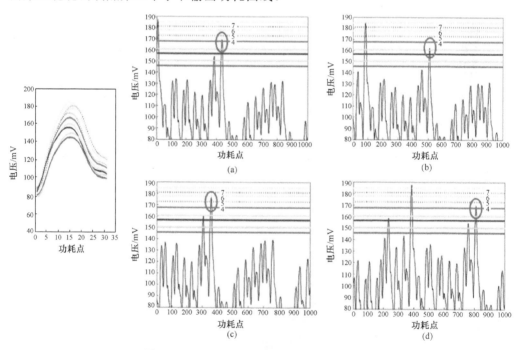

图 9-11　随机时延防护旁路立方体攻击结果

从图 9-11 可以看出，虽然在时域上功耗曲线不是很对齐，但仍然可以准确推断出四个汉明重量的值 $\{4,4,6,4\}$，然后得到 k_{16}=1。

应用类似方法，攻击者可以使用 990 条功耗曲线恢复出 PRESENT-80 的 72 位密钥，然后通过穷举剩余 8 位密钥方法恢复全部主密钥。

5. 掩码防护攻击

在密码算法执行中加入随机掩码[252]，可以随机化功耗泄露，使得攻击者无法推断出加密泄露汉明重量，有效防御差分旁路攻击和相关性旁路攻击。典型掩码防护有布尔掩码、加法掩码和乘法掩码三种，本节主要针对布尔掩码实现进行。

参考文献[252]中掩码思想，引入了掩码 S 盒。在每个样本加密开始前，加入了64 位的 S 盒输入随机掩码 μ 和 S 盒输出掩码 v（$v = \mathrm{PL}^{-1}(\mu)$）。图 9-12 给出的是一个掩码 S 盒的输入和输出。

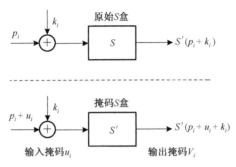

图 9-12　随机掩码实现

从图 9-12 中，$p_i, k_i, u_i, v_i (0 \leqslant i \leqslant 15)$ 分别是明文、密钥、输入掩码、输出掩码的一个 Nibble，为了保证输出掩码是 v_i，需要更改 S 盒。

掩码后的 S 盒可表示为

$$S'(p_i \oplus k_i \oplus u_i) = S(p_i \oplus k_i) \oplus v_i \tag{9-12}$$

需要说明的是，同一轮不同 Nibble 对应的 S 盒输入和输出掩码都是不一样的，这样可以提供较高的抗相关性旁路分析攻击能力。此外，为了节省空间，上一轮的输出掩码经过 P 置换后将同下一轮的输入掩码相同，后续轮的掩码 S 盒不需要再次进行计算，这样可以在资源受限的处理器中保证较高的密码实现效率。

1）相关性旁路分析

由于所有加密中间状态都被一个随机的未知掩码保护，所以这种实现方法对相关性旁路分析具有天然的免疫作用。图 9-13 给出的是攻击第一个密钥 Nibble 时 16个密钥候选值的最大相关系数和样本量关系。

2）旁路立方体分析

针对此类掩码实现，由于不同轮的 S 盒输入掩码相同，在旁路立方体分析中，攻击者可选取第 2、3 轮轮密钥加第 2 个输出字节汉明重量最低位的异或值作为泄露比特，即 $L_{2,0}^{2,\mathrm{AK}} \oplus L_{2,0}^{3,\mathrm{AK}}$。这样 $L_{2,0}^{2,\mathrm{AK}} \oplus L_{2,0}^{3,\mathrm{AK}}$ 会将不同明文的掩码抵消，实现密钥分析。由于泄露比特与 9.3.2 节的 $L_{2,0}^{3,\mathrm{AK}}$ 不同，所以需重新提取立方体和超多项式。图 9-14 给出立方体 $I=\{1,2\}$ 产生的 4 个选择明文的 $L_{3,0}^{2,\mathrm{AK}}$ 和 $L_{2,0}^{3,\mathrm{AK}}$ 对应功耗曲线。

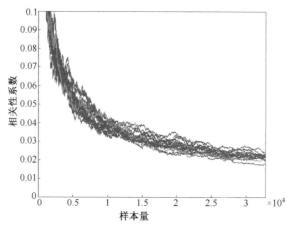

图 9-13　随机掩码防护相关性旁路分析(攻击第一轮扩展密钥的第一个 Nibble)

从图 9-13 可以看出，32768 条曲线仍不能恢复该 Nibble，掩码防护可有效防御相关性旁路分析。

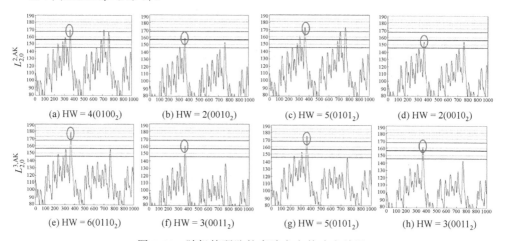

图 9-14　随机掩码防护旁路立方体攻击结果

从图 9-14 可以看出，应用本节方法可以准确地推断出 4 个 $L_{2,0}^{2,\mathrm{AK}}$ 和 4 个 $L_{2,0}^{3,\mathrm{AK}}$ 的汉明重量值 $\{4,2,5,2\}$ 和 $\{6,3,5,3\}$，得到泄露比特 $L_{2,0}^{2,\mathrm{AK}} \oplus L_{2,0}^{3,\mathrm{AK}}$ 的四个值 $\{0,1,0,1\}$，从而恢复超多项式 $p_{s(I)}=1+k_{16}$ 的值，得到 $k_{16}=1$。

利用类似方法，使用 990 条功耗曲线，攻击仍能恢复 72 个密钥位。

9.4　注记与补充阅读

　　本章主要以 PRESENT 类密码为例对旁路立方体分析方法和攻击实验进行介绍，更多的细节读者可参考文献[112]、[113]、[384]；对于其他分组密码的旁路立方体分析，读者可参考文献[379]～[381]。此外，本章实验中，攻击者根据旁路泄露得到的泄露比特都是没有错误的，在现实攻击中，如何克服噪声对攻击造成的影响，开展容错旁路立方体分析，也是一个值得研究的方向，读者可参考文献[54]、[382]、[386]学习进一步的知识。

附　　录

附录 A　RSA 公钥密码算法设计

　　1978，MIT 的 Rivest 等发现了一种用数论结果构造公钥体制的方法，这就是后来广泛称为 RSA 的公钥密码体制。它既可用于加密，又可用于数字签名，易懂且易实现，是目前仍然安全并且广泛应用的一种公钥体制。RSA 算法的数学基础是初等数论中的欧拉定理，其安全性建立在大整数因子分解的困难性之上。RSA 算法设计可描述如下。

　　令 p 和 q 是随机选取的两个大素数(大约为十进制 100 位或更大)，$n = pq$，n 是公开的，而 p、q 是保密的。由欧拉函数 $\phi(n) = (p-1)(q-1)$ 可知，利用此公式的基础是知道 n 的因子分解。随机选取一个数 e，e 为小于 $\phi(n)$ 且与它互素的正整数。利用欧几里得法，得到整数 d 和 r，使

$$ed + r\phi(n) = 1$$

即

$$ed \equiv 1 \,(\mathrm{mod}\ \phi(n))$$

式中，n、e 和 d 分别称为模、加密密钥和解密密钥。数 n 和 e 组成公钥，其余的项 p，q，$\phi(n)$ 和 d 组成了秘密陷门，即私钥。很显然，陷门信息包含了四个相关的项。如果不知道 $\phi(n)$，则由已知的加密密钥 e，很难算出解密密钥 d。

　　对于加密信息 m，首先将它分成小于 n(对二进制数据，选取小于 n 的 2 的最大方幂)的数据块，也就是说，如果 p 和 q 都为 100 位的素数，则 n 刚好在 200 位以内，因此每个数据块 m_i 的长度也应在 200 位以内。加密信息 c 由类似划分的同样长度的数据块组成。加密公式为

$$c_i = m_i^e \,(\mathrm{mod}\ n)$$

　　要解密信息，取每个加密块 c_i 并计算

$$m_i = c_i^d \,(\mathrm{mod}\ n)$$

　　由于 $ed = 1 - r\phi(n)$，所以

$$c_i^d \equiv (m_i^e)^d \equiv m_i^{1-r\phi(n)} \equiv m_i (m_i^{\phi(n)})^{-r} \equiv m_i (\mathrm{mod}\ n) = m_i$$

式中，r 为整数，这里利用了欧拉定理：$m_i^{\phi(n)} = 1(\mathrm{mod}\, n)$。以上公式从密文恢复出明文。算法 A-1 是对 RSA 加密、解密算法的总结。

算法 A-1　RSA 算法描述

1. 选取两个大素数 p, q
2. 计算 $n = pq$，$\phi(n) = (p-1)(q-1)$
3. 随机选择 d：$1 < d < \phi(n)$，$\mathrm{GCD}(d, \phi(n)) = 1$
4. 计算 e：$ed \equiv 1(\mathrm{mod}\, \phi(n))$
5. 加密：对任意明文 $M \in Zn = \{0, 1, \cdots, n-1\}$，密文 $C = M^e(\mathrm{mod}\, n)$
6. 解密：对密文 $C \in Zn$，明文 $M = C^d(\mathrm{mod}\, n)$

附录 B　ECC 公钥密码算法设计

椭圆曲线密码体制作为一种公钥密码，可以构造出很多公钥密码协议，下面重点介绍加解密协议、数字签名协议。

1．加解密协议

令 E 为一椭圆曲线，P 是曲线上的一个基点，n 为 P 的阶。消息发送者 A 要将报文 M 加密并发送给消息接收者 B，则选择一个比 n 小的整数 n_A，作为个人私钥并产生个人公开密钥 $Q_A = n_A P$，相应地 B 选择个人私钥 n_B 并产生一个公开密钥 $Q_B = n_B P$。

A 选择一个随机数 k，产生如下密文并将它发送给 B，即

$$C_m = \{kG, M + kP_B\}$$

要解密该密文，B 只需要完成如下运算，即

$$M + kP_B - n_B(kP) = M + k(n_B P) - n_B(kP) = M$$

2．数字签名协议

令 E 为一椭圆曲线，P 是曲线 E 上的一个基点，n 为 P 的阶。用户 A 的私钥为 d，并按照下列步骤产生消息 m 的签名。

(1)选择一个随机数或伪随机数，$1 \leqslant k \leqslant n-1$。

(2)计算 $kP = (x_1, y_1)$，$r \equiv x_1(\mathrm{mod}\, n)$，若 $r = 0$ 则返回第(1)步。

(3)计算 $e = \mathrm{SHA\text{-}1}(m)$，$s = k^{-1}(e + dr)\,\mathrm{mod}\, n$，若 $s = 0$ 则返回第(1)步。

A 对消息 m 的签名就是 (r,s)，其中 SHA-1 是单向散列函数，实际上它也可以用其他的单向散列函数来替代，如安全性更好的 SHA-256 等。A 将消息 m、签名 (r,s) 和公开密钥 $Q = dP$ 发送给 B。B 按照下列步骤来验证签名的正确性。

(1) e=SHA-1(m)。

(2) $w=s^{-1} \bmod n$，$u_1=ew \bmod n$，$u_2=rw \bmod n$。

(3) $X=u_1 P+u_2 Q$。

若 $X=(x,y)=0$ 则签名正确；否则计算 $v=x \bmod n$，若 $v=r$ 则签名正确，否则签名不正确。

附录 C　　AES 分组密码算法设计

高级加密标准(AES)作为数据加密标准 DES 的替代者,2001 年被美国国家标准与技术研究院(NIST)选用，其前身是 Rijmen 等提出的 Rijndael 算法。AES[198]是一个基于有限域运算的 SPN 结构分组密码，分组长度 128 位，密钥长度支持128/192/256 位三种，分别对应 10/12/14 轮加解密。

1. 加密过程

首先输入 16 字节明文 P，输入的 16 字节初始密钥 K 被扩展成 44 个 32 位字所组成的数组，P 同初始密钥 K 进行异或作为初始输入状态变量；然后第 r 轮迭代根据 16 字节的输入状态 X^{r-1} 和一个 16 字节的子密钥 K^r，产生一个 16 字节的输出状态 X^r。除了最后一轮，每一轮迭代都包括对 X^{r-1} 的以下四种代数运算。

(1) 字节代换(SubBytes)：算法中唯一的非线性变换，通过查找一个 8×8 的 S 盒实现。

(2) 行移位(ShiftRows)：对状态矩阵(4×4)的第 i 行循环左移 i 个字节(i=0, 1, 2, 3)。

(3) 列混淆(MixColumns)：对每个状态逐列进行变换，每一列乘以一个变换矩阵 M。

(4) 轮密钥加(AddRoundKey)：状态同扩展密钥 K^r 按字节异或。

2. 密钥扩展

AES 密钥扩展过程中，攻击者只要获取任意轮扩展密钥，经密钥逆推后可获取初始密钥，这种设计比较简单、执行效率高，但同时也为攻击者快速恢复密钥提供了便利。

附录 D　　DES 分组密码算法设计

DES(Data Encryption Standard)是 1970 年由 IBM 提出的密码算法，自从 1977 年被NIST 采用作为数据加密标准以来,因其加密速度快和安全性高的特点被广泛应用在各种密码芯片中。

DES 密码算法使用 64 位密钥，但这 64 位密钥每个字节的最后 1 位是奇偶校验位,因而只有 56 位有效密钥,根据这 56 位密钥将 64 位输入经过一系列变换得到 64 位输出。解密使用相同的步骤和相同的密钥,是典型的对称密钥算法。

DES 算法明文的处理经过了三个阶段:①64 位的明文经过初始置换(IP)而被重新排列;②进行 16 轮的相同函数的作用,每轮的作用中都有置换和代换,最后一轮的迭代输出有 64 位,它是输入明文和密钥的函数,将其左半部分和右半部分互换产生预输出;③预输出再经过一个与初始置换(IP)互逆的逆初始置换(IP^{-1})作用产生 64 位的密文输出。

图 D-1 给出了使用 56 位密钥的全过程。开始时,密钥经过一个置换(PC-1),然后经过循环左移(左移的位数跟轮数相关)和另一个置换(PC-2)分别得到 48 位子密钥 $K_i(1 \leqslant i \leqslant 16)$,供每一轮的迭代加密使用。每轮的置换函数(PC-2)都一样,但是密钥位的重复移位迭代,使得 16 轮加密过程中每一轮的子密钥都互不相同,由于置换函数 PC-2 是公开的标准,所以在获取任何一轮的子密钥后可以很容易回溯得到原始密钥的 48 位,进而穷举搜索剩余的 8 位得到完整的 56 位 DES 密钥。DES 第 i 轮$(1 \leqslant i \leqslant 16)$迭代表达式为

$$L_i = R_{i-1}$$

$$R_i = L_{i-1} \oplus f(R_{i-1}, K_i)$$

式中, $f(R_{i-1}, K_i) = P(S(E(R_{i-1}) \oplus K_i))$;$K_i$ 表示第 i 轮子密钥;P 表示置换运算;S 表示 S 盒选择运算;E 表示扩展置换运算;P、S、E 都是公开的标准。

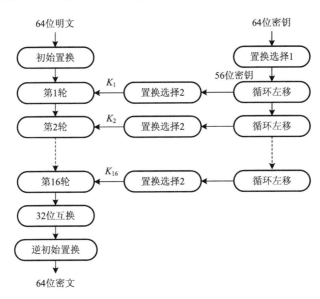

图 D-1　DES 加密算法流程图

附录 E　Camellia 分组密码算法设计

Camellia[314]采用 Feistel 结构，分组长度为 128 位，支持 128、192 和 256 位三种规模的密钥长度，分别对应 18/24/24 轮加密。

1. 加密过程

为提高安全性，首轮和末轮均进行前期和后期白化，同时每隔 6 轮增加一个不规则轮，即 FL/FL^{-1} 混淆函数层。设 L_r 和 R_r 为第 r 轮输入，则轮变换可表示为

$$L_r = R_{r-1} \oplus F(L_{r-1}, k_r)$$
$$R_r = L_{r-1}$$

其中，k_r 为第 r 轮的子密钥；$F = P \circ S$ 为轮函数，S 和 P 定义如下。

(1)字节代换函数：64 位输入查找 8 次 8×8 的 S 盒 $S_1, S_2, S_3, S_4, S_2, S_3, S_4, S_1$。

(2)P 扩散函数：8×8 的 0/1 混淆矩阵 $\boldsymbol{D}$ 与 8 个字节输入相乘，得到 64 位输出。

2. 密钥扩展

首先由初始种子密钥和 64 位常量$\sum_i$ ($i = 1, 2, \cdots, 6$)经过几个轮函数 F 生成 4 个 128 位变量 K_L、K_R、K_A 和 K_B。白化层子密钥 $kw_{i(64)}$，普通轮密钥 $k_{i(64)}$，FL/FL^{-1} 函数层子密钥 $kl_{i(64)}$ 均由 K_L、K_R、K_A 和 K_B 循环移位而成。

附录 F　PRESENT 分组密码算法设计

PRESENT[312]是由 Bogdanov 等在 CHES 2007 会议上提出的轻量级分组密码，算法采用 SPN 结构，分组长度为 64 位，支持 80/128 位两种密钥长度，共迭代 31 轮。

1. 加密过程

轮函数 F 由轮密钥加、S 盒代换、P 置换三部分组成，并在 32 轮使用后期白化操作。

(1)轮密钥加 AK：64 位轮输入同轮密钥进行异或。

(2)S 盒代换层 SL：将轮密钥加 64 位输出查找 16 个 4 进 4 出的 S 盒。

(3)线性置换层 DL：输入的第 i 位被置换到输出的第 $P[i]$ 位，$P[i]$ 计算方法为

$$P[i] = \begin{cases} n \times i \bmod (4 \times n - 1), & 0 \leqslant i < 4 \times n - 1 \\ 4 \times n - 1, & i = 4 \times n - 1 \end{cases}$$

式中，$n = 16$。

2. 密钥扩展

首先将初始主密钥存储在寄存器 K 中，表示为 $k_{79}k_{78}\cdots k_0$。第 i 轮密钥 K^i 由寄存器 K 的前 64 位组成。当生成第 i 轮密钥 K^i 后，密钥寄存器 K 通过以下方法进行更新，即

$$[k_{79}k_{78}\cdots k_1 k_0] = [k_{18}k_{17}\cdots k_{20}k_{19}]$$

$$[k_{79}k_{78}k_{77}k_{76}] = S[k_{79}k_{78}k_{77}k_{76}]$$

$$[k_{19}k_{18}k_{17}k_{16}k_{15}] = [k_{19}k_{18}k_{17}k_{16}k_{15}] \oplus \text{round\_counter}$$

式中，round_counter 为当前加密轮数。

附录 G　EPCBC 分组密码算法设计

EPC（Electronic Product Code）是 EPCglobal 提出的一种工业标准，该标准主要利用 class 1 Gen 2 的 RFID 标签作为 EPC 的载体，其中规定了低成本应用的标识符长度为 96 位。但是目前现有分组和密钥长度均为 96 位的密码算法很少。PRESENT-80 分组长度为 64 位，需要执行 2 次加密才能生成标识，AES-128 一次加密则会浪费 32 位标识符，EPCBC 分组密码正是为了解决该问题而设计的。

EPCBC 密码[378]由 Yap 等在 CANS 2011 会议上提出。算法在 PRESENT 算法设计基础上改造而成，算法有 EPCBC (48,96) 和 EPCBC (96,96) 两个变种，分别对应 48 位和 96 位分组，密钥长度均为 96 位。EPCBC 密码加密结构与 PRESENT 类似，只是查找表的次数和 P 函数有所变化。为了使 EPCBC 更好地抵抗相关密钥攻击威胁，EPCBC 设计了专门的密钥扩展算法，比 PRESENT 要复杂。

附录 H　LED 分组密码算法设计

LED[355]是由 Guo 等在 CHES 2011 会议上提出的轻量级分组密码，分组长度为 64 位，密钥长度支持 64/128 位两种，具有良好的硬件实现效率，LED-64 实现仅需要 966 个门电路。算法采用类似 AES 的 SPN 结构，每轮由轮常量加、S 盒代换、行移位、列混淆组成。与 AES 不同的是，LED 在每轮增加了轮常量加函数，S 盒大小由 8×8 降低为 4×4（沿用了 PRESENT 密码的 S 盒），列混淆矩阵由 $GF(2^8)$ 域变为 $GF(2^4)$ 域上的运算。

LED-64 没有密钥扩展，加密由 8 个步骤组成，每个步骤前需要进行轮密钥加操作，每个步骤由 4 个小轮组成，每个小轮由前面 4 个操作组成。

附录 I Piccolo 分组密码算法设计

Piccolo[356]是由索尼公司在 CHES 2011 会议上提出的轻量级分组密码，分组长度为 64 位，密钥长度支持 80/128 位，对应 Piccolo-80 和 Piccolo-128 密码，分别采用 25/31 轮加密。

Piccolo 设计采用广义 Feistel 宏观结构。每轮由两个 F 函数（$F:\{0,1\}^{16} \to \{0,1\}^{16}$）、轮密钥加函数 AK 和轮置换函数 RP（$RP:\{0,1\}^{64} \to \{0,1\}^{64}$）组成。初始 64 位明文输入可划分两部分（每部分 32 位），两部分的输入的左 16 位和前白化密钥进行异或（AddWhiteningKey，AWK 操作），然后执行若干轮加密迭代（最后一轮没有使用 RP 轮置换函数），输出的 64 位同样划分为 32 位两部分，两部分的左 16 位分别和后白化密钥进行异或，最终得到 64 位密文输出。F 函数由查找 S 盒-列混淆-查找 S 盒 3 个操作顺序组成，AK 函数将 F 函数输出同 16 位轮密钥进行异或（AddRoundKey，ARK 操作），RP 函数将输入的 64 位划分为 8 字节，然后执行基于字节的置换操作。

为提高硬件执行效率，降低密钥扩展开销，Piccolo 的密钥扩展设计相对较为简单，扩展密钥和白化密钥均由主密钥和 16 位常量组直接异或而来。

附录 J GOST 分组密码算法设计

GOST[357]是俄罗斯政府官方的加密标准，算法采用 Feistel 结构，分组长度为 64 位，密钥长度分别为 256 位，加密算法采用 32 轮。

设明文输入为 $X=L_0||R_0$，密文输出为 $Y=Y_L||Y_R$，原始密钥为 K，第 $i+1$ 轮扩展密钥位 rk_i，每一轮分为左右两部分，分别为 L_i, R_i，算法轮加密轮函数为

$$L_{i+1} = R_i,$$
$$R_{i+1} = L_i \oplus (S(K_i + R_i \bmod 2^{32}) <<< 11)$$

首先左半部分输入 R_i 同扩展密钥进行模加，然后执行 8 次查找不同的 4 进 4 出的 S 盒，之后左移 11 位，并和左半部分异或得到下一轮的右半部分输入 R_{i+1}，下一轮左半部分输入 L_{i+1} 等于上一轮左半部分输入 R_i。GOST 加密轮密钥从 256 位主密钥中按照一定的规则抽取 16 位生成。需要说明的是，GOST 算法中，S 盒是保密的。在密码学分析中常使用俄罗斯联邦中央银行公开的 GOST 算法的 8 个 S 盒组。

附录 K　RC4 序列密码算法设计

RC4 密码算法是 Rivest 在 1987 年为 RSA 数据安全公司开发的可变密钥长度的序列密码。在开始的七年时间里它是受专利保护的,但在 1994 年有人把它匿名张贴到 Cypherpunks 的邮件列表中,该算法的源代码开始为互联网的用户所熟知。但这并不影响 RC4 密码算法的安全,因为其安全性仅依靠所使用的密钥。由于其加密速度很快(大约是 DES 的 10 倍),RC4 加密算法被广泛应用于各种嵌入式密码系统中,如 IEEE 802.11b 中定义的 WEP 和 IEEE 802.11i 中定义的 TKIP。

RC4 以输出反馈(Output Feedback,OFB)方式工作:密钥序列与明文相互独立。其密钥长度从 1 到 2048 位可变,常用的为 40~256 位。加密算法包含两个部分:一个称为 KSA (Key Scheduling Algorithm) 的密钥扩展算法和一个称为 PRGA (Pseudo Random Generation Algorithm) 的伪随机数产生算法,这两个算法需要用到一个 256 单元的密钥存储块 Key 和一个 256 单元的 S 盒 State,所用的原始密钥 K 被重复填入 Key 中直到 Key 被填满。PRGA 算法产生的伪随机数序列 R 用于与明文异或产生密文(加密),或者与密文异或产生明文(解密)。其中 KSA 算法中密钥扩展的一次循环称为 1 轮。这两个算法描述见算法 K-1 和算法 K-2。

算法 K-1　KSA 算法

输入:密钥 Key[256]。

输出:S 盒 State[256]。

1.　　for ($i = 0$; $i < 256$; $i++$)

2.　　　　State[i]=i; //初始化 State

3.　　j=0;

4.　　for ($i = 0$; $i < 256$; $i++$) {

5.　　　　$j = j +$ Key[i] + State[i]

　　　　　//State 的第 i 个位置和第 j 个位置元素互换

6.　　　　swap (State[i], State[j])

　　　　}

算法 K-2　PRGA 算法

输入:S 盒 State[256]。

输出:伪随机数序列 R。

1.　　i=j=0

2.　　loop {

3.　　　　i=i+1

4.　$j=j+\text{State}[i]$

　　//State 的第 i 个位置和第 j 个位置元素互换

5.　$\text{swap}(\text{State}[i], \text{State}[j])$

　　//生成伪随机数 R

6.　$R=\text{State}[\text{State}[i]+\text{State}[j]]$

　　}

附录 L　Helix 序列密码算法设计

Helix[358]是 Ferguson 等在 2003 年 FSE 会议上提出来的一种带消息认证功能的序列密码算法，采用分组密码轮函数迭代结构，使用长度可变的密钥和 128 位的初始向量，以字为单位进行运算，即 $n=32$。

1．符号说明

为便于算法描述，定义表 L-1 所示的基本符号。

表 L-1　Helix 基本符号和说明

符　　号	说　　明	符　　号	说　　明
P	明文信息	$+$	模 2^n 加运算
N	初始向量	$\oplus$	异或运算
C	密文信息	$<<<$	循环左移
S	密钥流	$>>>$	循环右移
U	长度可变的用户密钥	$\ell(U)$	U 的长度

2．Helix 轮函数

Helix 算法轮函数结构如图 L-1 所示。易见，Helix 轮函数交叉使用异或、模 2^{32} 加、循环移位运算操作。

3．Helix 密钥扩展

Helix 使用工作密钥 $(K_0, \cdots, K_7)$，初始向量 $(N_0, \cdots, N_3)$，轮编号 i 和用户密钥 U 的长度 $\ell(U)$ $(0 \leq \ell(U) \leq 32)$ 来进行密钥扩展。整个密钥扩展分为两步，第一步将用户密钥 U 转换为工作密钥；第二步将工作密钥转换成轮子密钥。

在第一步中，通过填充 $32-\ell(U)$ 个 0 字节使 U 的长度达到 32 字节，并将这 32 字节的密钥转换成 8 个密钥字 $(K_{32}, \cdots, K_{39})$，然后通过下式来产生工作密钥 $(K_0, \cdots, K_7)$，即

$$(K_{4i}, \cdots, K_{4i+3}) := F(K_{4i+4}, \cdots, K_{4i+7}) \oplus (K_{4i+8}, \cdots, K_{4i+11})$$

式中，$i=7,\cdots,0$。

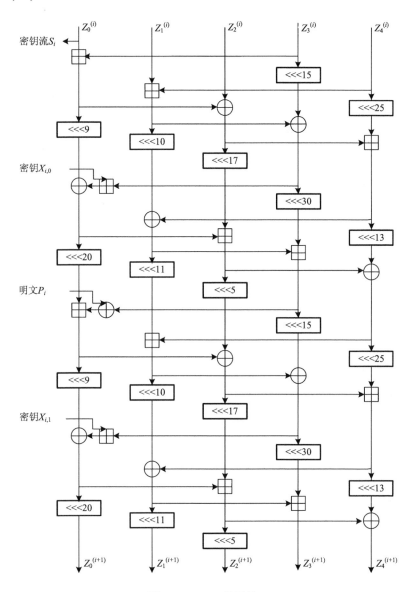

图 L-1　Helix 轮函数

在第二步中，首先将初始向量扩展成 8 个字 $N_k := (k \bmod 4) - N_{k-4} (\bmod 2^{32})$，其中 $K=4,\cdots,7$，则轮子密钥由下式产生，即

$$X_{i,0} := K_{i\bmod 8}$$

$$X_{i,1} := K_{(i+4)\bmod 8} + N_{i\bmod 8} + X_i' + i + 8$$

$$X_i' = \begin{cases} \lfloor (i+8)/2^{31} \rfloor, & i\bmod 4 = 3 \\ 4\cdot\ell(U), & i\bmod 4 = 1 \\ 0, & 其他 \end{cases}$$

4．Helix 初始化过程

Helix 首先运行 8 轮轮函数，运行到 $i=-1$ 时，初始化过程结束，初始值依照下式设定。

$$Z_i^{(-8)} = K_{i+3} \oplus N_i \quad (i=0,\cdots,3)$$

$$Z_4^{(-8)} = K_7$$

$$P_i = 0 \quad (i=-8,-7,\cdots,-1)$$

5．Helix 加密过程

算法初始化之后，设 $k := \lfloor (\ell(P)+3)/4 \rfloor$ 为加密明文信息中的字数，则加密由编号为 $0\sim k-1$ 共 k 轮加密组成，每轮加密过程产生一个字的密钥流用来加密明文。Helix 算法的详细描述可以参考文献[358]。

参 考 文 献

[1]   Toffler A, Toffler H A. War and Anti-War: Making Sense of Today's Global Chaos[M]. New York: Grand Central Publishing, 1995.

[2]   Menezes A J, Oorschot P C, Vanstone S A. Handbook of Applied Cryptography[M]. New York: CRC Press, 1997.

[3]   Mao W B. Modern Cryptography: Theory and Practice[M]. New Jersey: Prentice Hall PTR, 2003.

[4]   吴文玲, 冯登国, 张文涛. 分组密码的设计与分析[M]. 北京: 清华大学出版社, 2009.10.

[5]   李超, 孙兵, 李瑞林. 分组密码的攻击方法与实例分析[M]. 北京: 科学出版社, 2010.

[6]   Kocher P. Timing attacks on implementations of Diffie-Hellman, RSA, DSS, and other systems[C] // Advances in Cryptology—CRYPTO 1996, LNCS 1109, 1996: 104-113.

[7]   中国密码学会. 中国密码学发展报告 2008[M]. 北京: 电子工业出版社, 2008: 191-259.

[8]   Koeune F, Standaert F X. A tutorial on physical security and side-channel attacks[C] // Foundations of Security Analysis and Design III: FOSAD 2004/2005 Tutorial Lectures, LNCS 3655, 2005: 78-108.

[9]   中国密码学会. 2009－2010 密码学学科发展报告. 北京: 中国科学技术出版社, 2010.

[10]   Shannon C E. Communication theory of secrecy systems[J]. Bell System Technical Journal, 1949, 28: 656-715.

[11]   Diffie W, Hellman M. New directions in cryptography[J]. IEEE Transactions on Information Theory, 1976, 22(6): 644-654.

[12]   Rivest R, Shamir A, Adleman L. A method for obtaining digital signatures and public-key cryptosystems[J]. Communications of the ACM, 1978, 21(2): 120-126.

[13]   ElGamal T. A public key cryptosystem and a signature scheme based on discrete logarithms[C] // Advances in Cryptology—CRYPTO 1984, LNCS 196, 1985: 10-18.

[14]   Koblitz N. Elliptic curve cryptosystems[J]. Mathematics of Computation, 1987, 48: 203-209.

[15]   NIST, U.S. Dept of Commerce Data Encryption Standard[S]. FIPS 46, 1977.

[16]   NIST, U.S. Dept of Commerce Advanced Encryption Standard, Federal Information Processing Standard[S]. FIPS 197, 2001.

[17]   European IST. NESSIE Project[EB/OL]. http://www.cryptonessie.org, 2000.

[18]   eSTREAM. ECRYPT Stream Cipher Project[EB/OL]. http://www.ecrypt.eu.org/stream/, 2004.

[19]   NIST. Department of commerce. Announcing request for candidate algorithm nominations for a new cryptographic hash algorithm (SHA-3) family[R]. Technical Report, 2007.

[20]   Wang X Y, Yu H B. How to break md5 and other hash functions[C] // Advances in Cryptology—EUROCRYPT 2005, LNCS 3494, 2005: 19-35.

[21] Wang X Y, Yin Y L, Yu H B. Finding collisions in the full SHA-1[C] // Advances in Cryptology—CRYPTO 2005, LNCS 3621, 2005: 17-36.

[22] Kerckhoffs A. La cryptography militaire[J]. Journal Des Sciences Militaires, 1883: 5-38.

[23] Biham E, Shamir A. Differential cryptanalysis of the data encryption standard[C] // Advances in Cryptology—CRYPTO 1990, LNCS 537, 1991: 2-21.

[24] Matsui M. Linear cryptanalysis method for DES cipher[C] // Advances in Cryptology—EUROCRYPT 1993, LNCS 765, 1994: 386-397.

[25] Biham E. New types of cryptanalytic attacks using related keys[C] // Advances in Cryptology—EUROCRYPT 1993, LNCS 765, 1994: 398-409.

[26] Courtois N, Pieprzyk J. Cryptanalysis of block ciphers with overdefined systems of equations[C] // Advances in Cryptology—ASIACRYPT 2002, LNCS 2501, 2002: 267-287.

[27] Lai X. Higher order derivatives and differential cryptanalysis[J]. Communications and Cryptography, 1994: 227-233.

[28] Knudsen L. Truncated and high order differentials[C] // Fast Software Encryption—FSE 1995, LNCS 1008, 1995: 196-211.

[29] Dinur I, Shamir A. Cube attacks on tweakable black-box polynomials[C] // Advances in Cryptology—EUROCRYPT 2009, LNCS 5479, 2009: 278-299.

[30] Kaliski B, Robshaw M. Linear cryptanalysis using multiple approximations[C] // Advances in Cryptology—CRYPTO 1994, LNCS 839, 1994: 26-39.

[31] Knudsen L, Robshaw M. Non-linear approximations in linear cryptanalysis[C] // Advances in Cryptology—EUROCRYPT 1995, LNCS 1074, 1996: 252-267.

[32] Kocher P, Jaffe J, Jun B. Differential power analysis[C] // Advances in Cryptology—CRYPTO 1999, LNCS 1666, 1999: 388-397.

[33] Quisquater J J, Samyde D. A New Tool for Non-intrusive Analysis of Smart Cards Based on Electro-magnetic Emissions: the SEMA and DEMA Methods[EB/OL]. http://www.iacr.org/conferences/eurocrypt2000/posterrump.html, 2000.

[34] Kelsey J, Schneier B, Wagner D, et al. Side channel cryptanalysis of product ciphers[C] // Proceeding of the 5th European Symposium on Research in Computer Security—ESORICS 1998, LNCS 1485, 1998: 97-110.

[35] Page D. Theoretical use of cache memory as a cryptanalytic side-channel[R]. Technical Report CSTR-02-003, Department of Computer Science, University of Bristol, 2002.

[36] Shamir A, Tromer E. Acoustic Cryptanalysis: on Nosy People and Noisy Machines[EB/OL]. http://www.wisdom.weizmann.ac.il/~tromer/acoustic/, 2004.

[37] Boneh D, DeMillo R A, Lipton R J. On the importance of checking cryptographic protocols for faults[C] // Advances in Cryptology—EUROCRYPT 1997, LNCS 1233, 1997: 37-51.

[38] Biham E, Shamir A. Differential fault analysis of secret key cryptosystems[C] // Advances in Cryptology—CRYPTO 1997, LNCS 1294, 1997: 513-525.

[39] National Security Agency. NSA Tempest Series[EB/OL]. http://72.52.208.92/~gbpprorg/mil/vaneck/nsa/nsa-ettsp.htm, 1999.

[40] Wright P. Spy Catcher: the Candid Autobiography of a Senior Intelligence Officer[M]. New York: Viking Press, 1987.

[41] Messerges T S, Dabbish E A, Sloan R H. Investigations of power analysis attacks on smartcards[C] // USENIX Workshop on Smartcard Technology, 1999: 151-162.

[42] Chari S, Rao J R, Rohatgi P. Template attacks[C] // Cryptographic Hardware and Embedded Systems—CHES 2002, LNCS 2535, 2003: 13-28.

[43] Agrawal D, Rao J R, Rohatgi P. Multi-channel attacks[C] // Cryptographic Hardware and Embedded Systems—CHES 2003, LNCS 2779, 2003: 2-16.

[44] Schramm K, Wollinger T J, Paar C. A new class of collision attacks and its application to DES[C] // Fast Software Encryption—FSE 2003, LNCS 2887, 2003: 206-222.

[45] Brier E, Clavier C, Olivier F. Correlation power analysis with a leakage model[C] // Cryptographic Hardware and Embedded Systems—CHES 2004, LNCS 3156, 2004: 16-29.

[46] Schindler W, Lemke K, Paar C. A stochastic model for differential side channel cryptanalysis[C] // Cryptographic Hardware and Embedded Systems—CHES 2005, LNCS 3659, 2005: 30-46.

[47] Tiu C C. A New Frequency-Based Side Channel Attack for Embedded Systems[D]. Waterloo: University of Waterloo, 2005.

[48] Percival C. Cache missing for fun and profit[C] // BSD 2005, 2005: 1-13.

[49] Vermoen D. Reverse Engineering of Java Card Applets Using Power Analysis[D]. The Netherlands: Delft University of Technology, 2006.

[50] Mangard S, Oswald E, Popp T. Power Analysis Attacks: Revealing the Secrets of Smart Cards[M]. New York: Springer, 2007.

[51] Bogdanov A, Kizhvatov I, Pyshkin A. Algebraic methods in side-channel collision attacks and practical collision detection[C] // Advances in Cryptology—INDOCRYPT 2008, LNCS 5365, 2008: 251-265.

[52] Télécom ParisTech. DPA Contest [EB/OL]. http://www.dpacontest.org/.

[53] Gierlichs B, Batina L, Tuyls P, et al. Mutual information analysis[C] // Cryptographic Hardware and Embedded Systems—CHES 2008, LNCS 5154, 2008: 426-442.

[54] Dinur I, Shamir A. Side Channel Cube Attacks on Block Ciphers[EB/OL]. http://eprint.iacr.org/2009/127, 2009.

[55] Lin L, Kasper M, Guneysu T, et al. Trojan side-channels: lightweight hardware Trojans through side-channel engineering[C] // Cryptographic Hardware and Embedded Systems—CHES 2009, LNCS 5747, 2009: 382-395.

[56] Renauld M, Standaert F X. Algebraic side-channel attacks[C] // International Conference on Information Security and Cryptology—INSCRYPT 2009, LNCS 6151, 2009: 393-410.

[57] Courtois N, Ware D, Jackson K. Fault-algebraic attacks on inner rounds of DES[C] // Eurosmart Smart Card Security Conference and Java Card Forum—eSmart 2010, 2010: 22-24.

[58] Skorobogatov S. Flash memory 'bumping' attacks[C] // Cryptographic Hardware and Embedded Systems—CHES 2010, LNCS 6225, 2010: 158-172.

[59] Becker G T, Kasper M, Moradi A, et al. Side-channel based watermarks for integrated circuits[C] //

IEEE International Symposium on Hardware Oriented Security and Trust—HOST 2010, 2009: 30-35.

[60] Li Y, Sakiyama1 K, Gomisawa1 S, et al. Fault sensitivity analysis[C] // Cryptographic Hardware and Embedded Systems—CHES 2010, LNCS 6225, 2010: 320-334.

[61] Moradi A, Mischke O, Eisenbarth T. Correlation-enhanced power analysis collision attack[C] // Cryptographic Hardware and Embedded Systems—CHES 2010, LNCS 6225, 2010: 125-139.

[62] Schlsser A, Nedospasov D, Krmer J, et al. Simple photonic emission analysis of AES-photonic side channel analysis for the rest of Us[C] // Cryptographic Hardware and Embedded Systems— CHES 2012, LNCS 7428, 2012: 41-57.

[63] Genkin D, Shamir A, Tromer E. RSA Key Extraction via Low-Bandwidth Acoustic Cryptanalysis [EB/OL]. http://www.cs.tau.ac.il/~tromer/acoustic/, 2013: 12.

[64] Krmer J, Nedospasov D, Schlsser A, et al. Differential photonic emission analysis[C] // International Workshop on Constructive Side-channel Analysis and Secure Design—COSADE 2013, LNCS 7864, 2013: 1-16.

[65] Skorobogatov S, Woods C. In the Blink of an Eye: There goes Your AES Key[EB/OL]. http://eprint.iacr.org/2012/296, 2012.

[66] Skorobogatov S, Woods C. Breakthrough silicon scanning discovers backdoor in military chip[C] // Cryptographic Hardware and Embedded Systems—CHES 2012, LNCS 7428, 2012: 23-40.

[67] Witteman M F, Woudenberg J, Menarini F. Defeating RSA multiply-always and message blinding countermeasures[C] // Cryptographers'Track—CT-RSA 2011, LNCS 6558, 2011: 77-88.

[68] Debraize B. Efficient and provably secure methods for switching from arithmetic to boolean masking[C] // Cryptographic Hardware and Embedded Systems—CHES 2012, LNCS 7428, 2012: 107-121.

[69] Oren Y, Renauld M, Standaert F X, et al. Algebraic side-channel attacks beyond the hamming weight leakage model[C] // Cryptographic Hardware and Embedded Systems—CHES 2012, LNCS 7428, 2012: 140-154.

[70] Moradi A, Mischke O. How Far Should Theory Be from Practice?-Evaluation of a Countermeasure[C] // Cryptographic Hardware and Embedded Systems—CHES 2012, LNCS 7428, 2012: 92-106.

[71] Veyrat-Charvillon N, Standaert F X. Generic side-channel distinguishers: improvements and limitations[C] // Advances in Cryptology—CRYPTO 2011, LNCS 6841, 2011: 354-372.

[72] Whitnall C, Oswald E. A comprehensive evaluation of mutual information analysis using a fair evaluation framework[C]. Advances in Cryptology—CRYPTO 2011, LNCS 6841, 2011: 316-334.

[73] 赵新杰. 基于物理泄露的分组密码实现攻击技术研究[D]. 石家庄: 军械工程学院, 2012.

[74] Micali S, Reyzin L. Physically observable cryptography[C] // Theory of Cryptography Conference—TCC 2004, 2004: 278-296.

[75] Shamir A. A Top View of Side Channel Attacks[EB/OL]. http://www.lsec.be/upload_directories/ documents/AdiShamir.pdf, 2009.

[76] Skorobogatov S P. Semi-invasive attacks - A new approach to hardware security analysis[R]. Technical Report, UCAM-CL-TR-630, University of Cambridge, 2005.

[77] IAIK. The Implementation Attacks Laboratory (IMPA Lab)[EB/OL]. http://www.iaik.tugraz.at/content/research/implementation_attacks, 2009.

[78] Bar-El H, Choukri H, Naccache D, et al. The sorcerer's apprentice guide to fault attacks[C] // IEEE, 2006: 370-382.

[79] Handschuh H, Paillier P, Stern J. Probing attacks on tamper-resistant devices[C] // Cryptographic Hardware and Embedded Systems—CHES 1999, LNCS 1717, 1999: 303-315.

[80] Biehl I, Meyer B, Muller V. Differential fault analysis on elliptic curve cryptosystems[C] // Advances in Cryptology—CRYPTO 2000, LNCS 1880, 2000: 131-146.

[81] 张金中, 寇应展, 王韬. 针对滑动窗口算法的椭圆曲线密码故障攻击[J]. 通信学报, 2012, 33(1): 71-78.

[82] Rivain V. Differential fault analysis on DES middle rounds[C] // Cryptographic Hardware and Embedded Systems—CHES 2009, LNCS 5747, 2009: 457-469.

[83] Blomer J, Seifert J P. Fault based cryptanalysis of the advanced encryption standard (AES) [C] // Financial Cryptography and Data Security—FC 2003, LNCS 2742, 2003: 162-181.

[84] Giraud C. DFA on AES[EB/OL]. http://eprint.iacr.org/2003/008, 2003.

[85] Dusart P, Letourneux G, Vivolo O. Differential fault analysis on AES[C] // International Conference on Applied Cryptography and Network Security—ACNS 2003, LNCS 2846, 2003: 293-306.

[86] Piret G, Quisquater J J. A differential fault attack technique against SPN structures, with application to the AES and khazad[C] // Cryptographic Hardware and Embedded Systems—CHES 2003, LNCS 2779, 2003: 77-88.

[87] Moradi A, Shalmani M, Salmasizadeh M. A generalized method of differential fault attack against AES cryptosystem[C] // Cryptographic Hardware and Embedded Systems—CHES 2006, LNCS 4249, 2006: 91-100.

[88] Mukhopadhyay D. An improved fault based attack of the advanced encryption standard[C] // Advances in Cryptology—AFRICACRYPT 2009, LNCS 5580, 2009: 421-434.

[89] Tunstall M, Mukhopadhyay D. Differential Fault Analysis of the Advanced Encryption Standard Using a Single Fault[EB/OL]. http://eprint.iacr.org/2009/575, 2009.

[90] Saha D, Mukhopadhyay D, RoyChowdhury D. A Diagonal Fault Attack on the Advanced Encryption Standard[EB/OL]. http://eprint.iacr.org/2009/581, 2009.

[91] Fukunaga T, Takahashi J. Practical fault attack on a cryptographic LSI with ISO/IEC 18033-3 block ciphers[C] // Fault Diagnosis and Tolerance in Cryptography—FDTC 2009, 2009: 1-9.

[92] Barenghi A, Bertoni G, Breveglieri L, et al. Low Voltage Fault Attacks to AES and RSA on General Purpose Processors[EB/OL]. http://eprint.iacr.org/2010/166, 2010.

[93] Takahashi J, Fukunaga T. Differential Fault Analysis on AES with 192 and 256-bit Keys[EB/OL]. http://eprint.iacr.org/2010/023, 2010.

[94] Takahashi J, Fukunaga T, Yamakoshi K. DFA mechanism on the AES schedule[C] // Fault Diagnosis and Tolerance in Cryptography—FDTC 2007, 2007: 62-72.

[95] Takahashi J, Fukunaga T. Differential Fault Analysis on the AES Key Schedule[EB/OL]. http://eprint.iacr.org/2007/480, 2007.

[96] Chen H, Wu W L, Feng D G. Differential fault analysis on CLEFIA[C] // International Conference on Information and Communications Security—ICICS 2007, LNCS 4861, 2007: 284-295.

[97] Takahashi J, Fukunaga T. Improved differential fault analysis on CLEFIA[C] // Fault Diagnosis and Tolerance in Cryptography—FDTC 2008, 2008: 25-34.

[98] 高靖哲, 赵新杰, 矫文成, 等. 针对 CLEFIA 的多字节差分故障分析[J]. 计算机工程, 2010, 36(19): 156-158.

[99] Zhou Y B, Wu W L, Xu N N, et al. Differential fault attack on Camellia[J]. Chinese Journal of Electronics, 2009, 18(1): 13-19.

[100] Li W, Gu D W, Li J R. Differential fault analysis on Camellia[J]. The Journal of Systems and Software, 2011, 83(5): 844-851.

[101] Zhao X J, Wang T, Guo S Z. Further improved differential fault attacks on Camellia by exploring fault width and depth[C] // International Conference on Instrumentation & Measurement, Computer, Communication and Control—IMCCC 2012, 2012: 866-870.

[102] 赵新杰, 王韬, 郭世泽. 一种针对 Camellia 的改进差分故障分析[J]. 计算机学报, 2011, 34(4): 613-627.

[103] 张蕾, 吴文玲. SMS4 密码算法的差分故障攻击[J]. 计算机学报, 2006, 29(9): 1596-1602.

[104] Li W, Gu D W. An improved method of differential fault analysis on the SMS4 cryptosystem[C] // International Symposium on Data, Privacy, and E-Commerce—ISDPE 2007, 2007: 175-180.

[105] Li R L, Sun B, Li C, et al. Differential fault analysis on SMS4 using a single fault[J]. Information Processing Letters, 2011, 111(4): 156-163.

[106] Li W, Gu D W, Li J R. Differential fault analysis on the ARIA algorithm[J]. Information Sciences, 2008, 178(19): 3727-3737.

[107] 李卷孺, 谷大武. PRESENT 算法的差分故障攻击[C] // 中国密码学会 2009 年会, 2009: 3-13.

[108] Yang L, Wang M, Qiao S. Side channel cube attack on PRESENT[C] // International Conference on Cryptology and Network Security—CANS 2009, LNCS 5888, 2009: 379-391.

[109] Wang G L, Wang S S. Differential fault analysis on PRESENT key schedule[C] // International Conference on Computational Intelligence and Security—CIS 2010, IEEE Computer Society, 2010: 362-366.

[110] Abdul-Latip S F, Reyhanitabar M R, Susilo W, et al. Extended cubes: enhancing the cube attack by extracting low-degree non-linear equations[C] // ACM Symposium on Information, Computer and Communications Security—ASIACCS 2011, 2011: 296-305.

[111] Zhao X J, Guo S Z, Wang T, et al. Fault-propagate pattern based DFA on PRESENT and PRINTcipher[J]. Wuhan University Journal of Natural Sciences, 2012, 17(6): 485-493.

[112]Zhao X J, Guo S Z, Zhang F, et al. Efficient Hamming weight based side-channel cube attacks on PRESENT[J]. The Journal of Systems & Software, 2012, 86(3): 728-743.

[113]Zhao X J, Guo S Z, Zhang F, et al. Enhanced side-channel cube attacks on PRESENT[J]. IEICE Transactions on Fundamentals of Electronics, Communications and Computer Sciences, 2013, 96(1): 332-339.

[114]赵新杰, 王韬, 王素贞, 等. MIBS 深度差分故障分析研究[J]. 通信学报. 2010, 31(12): 82-89.

[115]王素贞, 赵新杰, 王韬, 等. 针对 MIBS 的宽度差分故障分析[J]. 计算机科学, 2011, 38(4): 122-124.

[116]Jovanovic P, Kreuzer M, Polian I. A fault attack on the LED block cipher[C] // International Workshop on Constructive Side-channel Analysis and Secure Design—COSADE 2012, LNCS 7275, 2012: 120-134.

[117]Jovanovic P, Kreuzer M, Polian I. An Algebraic Fault Attack on the LED Block Cipher[EB/OL]. http://eprint.iacr.org/2012/400.pdf, 2012.

[118]李玮, 谷大武, 赵辰, 等. 物联网环境下 LED 轻量级密码算法的安全性分析[J]. 计算机学报, 2012, 35(3): 434-445.

[119]Jeong K, Lee C. Differential fault analysis on block cipher LED-64[C]//Future Information Technology, Application, and Service, LNEE 164, 2012: 747-755.

[120]Zhao X J, Guo S Z, Zhang F, et al. Algebraic Differential Fault Attacks on LED Using a Single Fault Injection[EB/OL]. http://eprint.iacr.org/2012/347, 2012.

[121]Jeong K. Differential Fault Analysis on Block Cipher Piccolo[EB/OL]. http://eprint.iacr.org/2012/399, 2012.

[122]赵光耀, 李瑞林, 孙兵, 等. Piccolo 算法的差分故障分析[J]. 计算机学报, 2012, 35(8): 1918-1926.

[123]赵新杰, 郭世泽, 王韬, 等. Piccolo 密码代数故障攻击研究[J]. 计算机学报, 2013, 36(4): 882-894.

[124]Kim J. On the security of the block cipher GOST suitable for the protection in u-business services[J]. Personal and Ubiquitous Computing, 2013, 17(7): 1429-1435.

[125]游建雄, 李瑞林, 李超. 轻量级分组密码KeeLoq 的故障攻击[J]. 北京大学学报(自然科学版), 2010, 46(5): 756-762.

[126]Li R L, Li C, Gong C Y. Differential fault analysis on SHACAL-1[C] // Fault Diagnosis and Tolerance in Cryptography—FDTC 2009, 2009: 120-126.

[127]魏悦川, 李琳, 李瑞林, 等. SHACAL-2 算法的差分故障攻击[J]. 电子与信息学报, 2010, 32(2): 818-822.

[128]Hoch Y. Fault Analysis of Stream Ciphers[D]. Israel: Weizmann Institute of Science, 2004.

[129]Biham E, Granboulan L, Nguyn P Q. Impossible fault analysis of RC4 and differential fault analysis of RC4[C] // International Workshop on Fast Software Encryption—FSE 2005, LNCS 3557, 2005: 359-367.

[130]Leresteux D, Fouque P A, Chardin T. Cache timing analysis of RC4[C] // International Conference on Applied Cryptography and Network Security—ACNS 2011, LNCS 6715, 2011: 110-129.

[131] 杜育松, 沈静. 对 RC4 算法的错误引入攻击研究[J]. 电子科技大学学报, 2009, 38(2): 253-257.

[132] Hojsik M, Rudolf B. Differential fault analysis of Trivium[C] // International Workshop on Fast Software Encryption—FSE 2008, LNCS 5086, 2008: 158-172.

[133] Hojsik M, Rudolf B. Floating fault analysis of Trivium[C] // Advances in Cryptology—INDOCRYPT 2008, LNCS 5365, 2008: 239-250.

[134] Hu Y P, Gao J T, Liu Q. Hard Fault Analysis of Trivium[EB/OL]. http://eprint.iacr.org/2009/333, 2009.

[135] Kircanski A, Youssef A M. Differential fault analysis of HC-128[C] // Advances in Cryptology—AFRICACRYPT 2010, LNCS 6055, 2010: 261-278.

[136] Zenner E. A cache timing analysis of HC-256[C] // Selected Areas in Cryptography—SAC 2008, LNCS 5381, 2009: 199-213.

[137] Brumley B B, Hakala R M, Nyberg K, et al. Consecutive S-box lookups: a timing attack on SNOW 3G[C] // International Conference on Information and Communications Security—ICICS 2010, LNCS 6476, 2010: 171-185.

[138] Berzati A, Canovas C, Castagnos G, et al. Fault analysis of Grain-128[C] // IEEE International Symposium on Hardware Oriented Security and Trust—HOST 2009, 2009: 7-14.

[139] Dinur I, Shamir A. Breaking Grain-128 with dynamic cube attacks[C] // Fast Software Encryption—FSE 2011, LNCS 6733, 2011: 167-187.

[140] Berzati A, Canovas-Dumas C, Goubin L. Fault Analysis of rabbit: toward a secret key leakage[C] // Advances in Cryptology—INDOCRYPT 2009, LNCS 5922, 2009: 72-87.

[141] Canvel B, Hiltgen A, Vaudenay S, et al. Password interaction in a SSL/TLS channel[C] // Advances in Cryptology—CRYPTO 2003, LNCS 2729, 2003: 583-599.

[142] Bernstein D J. Cache-timing Attacks on AES[EB/OL]. http://cr.yp.to/antiforgery/cachetiming-20050414.pdf, 2005.

[143] Wienecke M. Cache Based Timing Attacks on Embedded Systems[D]. Bochum, Ruhr-University, 2009.

[144] Gallais J, Kizhvatov I, Tunstall M. Improved trace-driven cache-collision attacks against embedded AES[C] // International Workshop on Information Security Applications—WISA 2011, LNCS 6513, 2011: 243-257.

[145] Gallais J, Kizhvatov I. Error-tolerance in trace-driven cache collision attacks[C] // International Workshop on Constructive Side-channel Analysis and Secure Design—COSADE 2011, 2011: 222-232.

[146] Osvik D A, Shamir A, Tromer E. Cache attacks and countermeasures: the case of AES[C] // Cryptographers' Track—CT-RSA 2006, LNCS 3860, 2006: 1-20.

[147] Tromer E, Osvik D A, Shamir A. Efficient cache attacks on AES, and countermeasures[J]. Journal of Cryptology, 2010, 23(1): 37-71.

[148] Neve M, Seifert J P. Advances on access-driven cache attacks on AES[C] // Selected Areas in Cryptography—SAC 2006, LNCS 4356, 2007: 147-162.

[149]Bangerter E, Gullasch D, Krenn S. Cache games - bringing access-based cache attacks on AES to practice[C] // IEEE S&P 2011, 2011: 490-505.

[150]Bangerter E, Gullasch D, Krenn S. Cache games - bringing access-based cache attacks on AES to practice[C] // International Workshop on Constructive Side-channel Analysis and Secure Design—COSADE 2011, 2011: 215-221.

[151]Carlier V, Chabanne H, Dottax E, et al. Electromagnetic Side Channels of an FPGA Implementation of AES[EB/OL]. http://eprint.iacr.org /2004/145, 2004.

[152]Örs B, Oswald E, Preneel B. Power-analysis attacks on an FPGA - first experimental results[C] // Cryptographic Hardware and Embedded Systems—CHES 2003, LNCS 2779, 2003: 35-50.

[153]Örs B, Gurkaynak F, Oswald E, et al. Power-analysis attack on an ASIC AES implementation[C] // ITCC 2004, IEEE Computer Society, 2004: 546-552.

[154]Moradi A, Mischke O, Paar C, et al. On the power of fault sensitivity analysis and collision side-channel attacks in a combined setting[C] // Cryptographic Hardware and Embedded Systems—CHES 2011, LNCS 6917, 2011: 292-311.

[155]Novak R. Side-channel based reverse engineering of secret algorithms[C] // ERK 2003, 2003: 445-448.

[156]Daudigny R, Ledig H, Muller F, et al. Scare of the DES[C] // International Conference on Applied Cryptography and Network Security—ACNS 2005, LNCS 3531, 2005: 393-406.

[157]Clavier C. An improved SCARE cryptanalysis against a secret A3/A8 GSM algorithm[C] // International Conference on Information Systems Security—ICISS 2007, LNCS 4812, 2007: 143-155.

[158]Guilley S, Sauvage L, Micolod J, et al. Defeating any secret cryptography with SCARE attacks[C] // Progress in Cryptology—LATINCRYPT 2010, LNCS 6212, 2010: 273-293.

[159]Pedro M S, Soos M, Guilley S. FIRE: fault injection for reverse engineering[C] // Progress in Cryptology—LATINCRYPT 2011, LNCS 6633, 2011: 280-293.

[160]Gandolfi K, Mourtel C, Olivier F. Electromagnetic analysis: concrete results[C] // Cryptographic Hardware and Embedded Systems—CHES 2001, LNCS 2162, 2001: 251-261.

[161]Agrawal D, Archambeault B, Rao J R, et al. The EM side-channel(s): attacks and assessment methodologies[C] // Cryptographic Hardware and Embedded Systems—CHES 2002, LNCS 2523, 2003: 29-45.

[162]Mangard S. Exploiting radiated emissions - EM attacks on cryptographic ICs[C] // Proceedings of Austrochip, 2003: 13-16.

[163]Brumley D, Boneh D. Remote timing attacks are practical[C] // The 12th USENIX Security Symposium, 2003: 1-14.

[164]Brumley B, Tuveri N. Remote timing attacks are still practical[C] // Proceedings of the 16th European Conference on Research in Computer Security—ESORICS 2011, LNCS 6879, 2011: 355-371.

[165]Acıçmez O, Schindler W. Improving Brumley and Boneh timing attack on unprotected SSL implementations[C] // ACM Conference on Computer and Communications Security—CCS 2005, 2005: 139-146.

[166] Acıiçmez O, Schindler W, Koç Ç K. Cache-based remote timing attack on the AES[C]// Cryptographers' Track—CT-RSA 2007, LNCS 4377, 2007: 271-286.

[167] Crosby S A, Wallach D S, Riedi R H. Opportunities and limits of remote timing attacks[J]. ACM Transactions on Information and System Security, 2009, 12(3): 17-29.

[168] Lawson N. Exploiting Timing Attacks in Widespread Systems[EB/OL]. https://www.blackhat.com/html/bh-us-10/bh-us-10-briefings.html.

[169] Brady P. Nanosecond Scale Remote Timing Attacks on PHP Applications: Time to Take Them Seriously[EB/OL]. http://blog.astrumfutura.com/2010/10/nanosecond-scale-remote-timing-attacks-on-php-applications-time-to-take-them-seriously/, 2010.

[170] 赵新杰, 王韬, 郑媛媛. Camellia 访问驱动 Cache 计时攻击研究[J]. 计算机学报, 2010, 33(7): 1153-1164.

[171] 赵新杰, 王韬, 郭世泽. AES 访问驱动 Cache 计时攻击研究[J]. 软件学报, 2011, 22(3): 572-591.

[172] NIST. Security requirements for cryptographic modules[R]. FIPS 140-3, 2010.

[173] 周永彬, 李建堂, 刘继业. 密码模块安全测评标准的演进: 现状、困境与趋势[J]. 成都信息工程学院学报, 2011, 26(2): 109-122.

[174] 张涛. 面向密码芯片的旁路攻击关键技术研究[D]. 成都: 电子科技大学, 2008.

[175] 张鹏. 密码芯片旁路攻击技术研究[D]. 石家庄: 军械工程学院, 2006.

[176] 邓高明. 密码芯片旁路模板分析[D]. 石家庄: 军械工程学院, 2010.

[177] 邹程. 基于旁路分析与硬件木马的 FPGA 密码芯片安全性研究[D]. 石家庄: 军械工程学院, 2011.

[178] Goldack M. Side-channel Based Reverse Engineering for Microcontrollers[D]. Bochum, Ruhr University, 2008.

[179] Shannon C E. A mathematical theory of communication[J]. The Bell System Technical Journal, 1948, 27: 379-423.

[180] Gray R M. Entropy and Information Theory[M]. New York: Springer-Verlag, 1990.

[181] Coron J S, Kocher P C, Naccache D. Statistics and secret leakage[C] // Financial Cryptography and Data Security—FC 2000, LNCS 1962, 2001: 157-173.

[182] Rothe J. Complexity Theory and Cryptology: an Introduction to Cryptocomplexity[M]. New York: Springer, 2005.

[183] Yan S Y. Cryptanalytic Attacks on RSA[M]. New York: Springer, 2007.

[184] Koç Ç K. Cryptographic Engineering[M]. New York: Springer, 2009.

[185] Bard G V. Algebraic Cryptanalysis[M]. New York: Springer, 2009.

[186] 冯登国. 信息安全中的数学方法与技术[M]. 北京: 清华大学出版社, 2009.

[187] Badrignans B, Danger J L, Fischer V, et al. Security Trends for FPGAS[M]. New York: Springer, 2011.

[188] Joye M, Tunstall M. Fault Analysis in Cryptography[M]. New York: Springer, 2012.

[189] Kunch D E. The Art of Computer Programming Volume 2: Seminumerical algorithm[M]. New Jersey: Addison-Wesley, 1981.

[190]Yen S M, Kim S, Lim S. RSA speedup with Chinese remainder theorem immune against hardware fault cryptanalysis[J]. IEEE Transactions on Computers, 2003, 52(4): 461-472.

[191]Quisquater J J, Couvreur C. Fast decipherment algorithm for RSA public key cryptosystem[J]. Electronics Letters, 1982, 18(21): 905-907.

[192]Standaert F X, Malkin T G, Yung M. A unified framework for the analysis of side-channel key recovery attacks[C] // Advances in Cryptology—EUROCRYPT 2009, LNCS 5479, 2009: 443-461.

[193]Veyrat-Charvillon N, Standaert F X. Mutual information analysis: how, when and why[C] Cryptographic Hardware and Embedded Systems—CHES 2009, LNCS 5747, 2009: 429-443.

[194]Batina L, Gierlichs B, Prouff E, et al. Mutual information analysis: a comprehensive study[J]. Journal of Cryptology, 2011: 269-291.

[195]Rivest R L. All-or-nothing encryption and the package transform[C] // Fast Software Encryption—FSE 1997, LNCS 1267, 1997: 210-218.

[196]Boyko V. On the security properties of OAEP as an all-or-nothing transform[C] // Advances in Cryptology—CRYPTO 1999, LNCS 1666, 1999: 503-518.

[197]Canetti R, Dodis Y, Halevi S, et al. Exposure-resilient functions and all-or-nothing transforms[C] // Advances in Cryptology—EUROCRYPT 2000, LNCS 1807, 2000: 453-469.

[198]Dodis Y, Sahai A, Smith A. On perfect and adaptive security in exposure resilient cryptography[C] // Advances in Cryptology—EUROCRYPT 2001, LNCS 2045, 2001: 301-324.

[199]Ishai Y, Sahai A, Wagner D. Private circuits: securing hardware against probing attacks[C] // Advances in Cryptology—CRYPTO 2003, LNCS 2729, 2003: 463-481.

[200]Akavia A, Goldwasser S, Vaikuntanathan V. Simultaneous hardcore bits and cryptography against memory attacks[C] // Theory of Cryptography Conference—TCC 2009, LNCS 5444, 2009: 474-495.

[201]Naor M, Segev G. Public-key cryptosystems resilient to key leakage[C] // Advances in Cryptology—CRYPTO 2009, LNCS 5677, 2009: 18-35.

[202]Dodis Y, Kalai Y T, Lovett S. On cryptography with auxiliary input[C] // ACM Symposium on Theory of Computing—STOC 2009, 2009: 621-630.

[203]Katz J, Vaikuntanathan V. Signature schemes with bounded leakage resilience[C] // Advances in Cryptology—ASIACRYPT 2009, LNCS 5912, 2009: 703-720.

[204]Dodis Y, Goldwasser S, Tauman K Y, et al. Public-key encryption schemes with auxiliary inputs[C] // Theory of Cryptography Conference—TCC 2010, LNCS 5978, 2010: 361-381.

[205]Dziembowski S, Pietrzak K. Leakage-resilient cryptography[C] // IEEE Symposium on Foundations of Computer Science—FOCS 2008, 2008: 293-302.

[206]Pietrzak K. A leakage-resilient mode of operation[C] // Advances in Cryptology—EUROCRYPT 2009, LNCS 5479, 2009: 462-482.

[207]Faust S, Rabin T, Reyzin L, et al. Protecting circuits from leakage: the computationally-bounded and noisy cases[C] // Advances in Cryptology—EUROCRYPT 2010, LNCS 6110, 2010: 135-156.

[208] Juma A, Vahlis Y. Protecting cryptographic keys against continual leakage[C] // Advances in Cryptology—CRYPTO 2010, LNCS 6223, 2010: 41-58.

[209] Dodis Y, Haralambiev K, Lopez-Alt A, et al. Cryptography against continuous memory attacks[C] // IEEE Symposium on Foundations of Computer Science—FOCS 2010, 2010: 511-520.

[210] Brakerski Z, Kalai Y T, Katz J, et al. Overcoming the hole in the bucket: public-key cryptography resilient to continual memory leakage[C] // IEEE Symposium on Foundations of Computer Science—FOCS 2010, 2010: 335-359.

[211] Medwed M, Standaert F X, Joux A. Towards super-exponential side-channel security with efficient leakage-resilient PRFs[C] // Cryptographic Hardware and Embedded Systems—CHES 2012, LNCS 7428, 2012: 193-212.

[212] Yu Y, Standaert F X. Practical leakage-resilient pseudorandom objects with minimum public randomness[C] // Cryptographers' Track—CT-RSA 2013, LNCS 7779, 2013: 223-238.

[213] Kalai Y T, Kanukurthi B, Sahai A. Cryptography with tamperable and leaky memory[C] // Advances in Cryptology—CRYPTO 2011, LNCS 6841, 2011: 373-390.

[214] 杜海舟, 王仁峰. Windows 编程环境下高精度计时技术的分析比较[J]. 上海电力学院学报, 2007, 23: 45-48.

[215] Yuan F. Windows 图形编程[M]. 英宇工作室译. 北京: 机械工业出版社, 2002.

[216] Intel Corporation. Intel 64 and IA-32 architectures software developer's manual volume 3: system programming guide [P]: 325384-050US, 2014.

[217] Intel Corporation. Using the RDTSC instruction for performance monitoring [EB/OL]. https://www.ccsl.carleton.ca/~jamuir/rdtscpm1.pdf, 1997.

[218] Toth R, Faigl Z, Szalay M, et al. An advanced timing attack scheme on RSA[C] // International Telecommunications Network Strategy and Planning Symposium—NETWORKS 2008, 2008: 1-24.

[219] Schindler W. A timing attack against RSA with the Chinese remainder theorem[C] // Cryptographic Hardware and Embedded Systems—CHES 2000, LNCS 1965, 2000: 109-124.

[220] Coppersmith D. Finding a small root of a bivariate integer equation; factoring with high bits known [C] // Advances in Cryptology—EUROCRYPT 1996, LNCS 1070, 1996: 178-189.

[221] Koeune F, Quisquater J J. A timing attack against Rijndael[R]. UCL Crypto Group Technical Group Techniqual Report Series, 1999.

[222] Arnezami. Xbox 360 Timing Attack[EB/OL]. http://beta.ivc.no/wiki/index.php/Xbox_360_Timing_Attack, 2007.

[223] Lawson N. Timing Attack in Google Keyczar Library[EB/OL]. http://rdist.root.org/ 2009/05/28/timing-attack-in-google-keyczar-library/, 2010.

[224] Song D X, Wagner D, Tian X. Timing analysis of keystrokes and timing attacks on SSH[C] // the 10th Conference on USENIX Security Symposium, 2001: 25-35.

[225] Cathalo J, Koeune F, Quisquater J J. A new type of timing attack: application to GPS[C] // Cryptographic Hardware and Embedded Systems—CHES 2003, LNCS 2779, 2003: 291-303.

[226] Akkar M L, Bévan R, Goubin L. Two power analysis attacks against one-mask methods[C] // Fast Software Encryption—FSE 2004, LNCS 3017, 2004: 332-347.

[227] Peeters E, Standaert F X, Quisquater J J. Power and electromagnetic analysis: improved models, consequences and comparisons[J]. VLSI Journal, 2007, 40(1): 52-60.

[228] Chari S, Jutla C S, Rao J R, et al. Towards sound countermeasures to counteract power-analysis attacks[C] // Advances in Cryptology—Crypto 1999, LNCS 1666, 1999: 398-412.

[229] 张润楚. 多元统计分析[M]. 北京: 科学出版社, 2006.

[230] Akkar M L, Bevan R, Dischamp P, et al. Power analysis, what is now possible[C] // Advances in Cryptology—ASIACRYPT 2000, LNCS 1976, 2000: 489-502.

[231] Moradi A, Mousavi N, Paar C, et al. A comparative study of mutual information analysis under a Gaussian assumption[C] // International Workshop on Information Security Applications—WISA 2009, LNCS 5932, 2009: 193-205.

[232] Regazzoni F, Cevrero A, Standaert F X, et al. A design flow and evaluation framework for DPA-resistant instruction set extensions[C] // Cryptographic Hardware and Embedded Systems—CHES 2009, LNCS 5747, 2009: 205-219.

[233] Renauld M, Standaert F X, Veyrat-Charvillon N. Algebraic side-channel attacks on the AES: why time also matters in DPA[C] // Cryptographic Hardware and Embedded Systems—CHES 2009, LNCS 5747, 2009: 97-111.

[234] Peeters E. Advanced DPA Theory and Practice: Towards the Security Limits of Secure Embedded Circuits[M]. New York: Springer, 2012.

[235] Huss S, Stottinger M, Zohner M. AMASIVE: An Adaptable and Modular Autonomous Side-Channel Vulnerability Evaluation Framework[C] // Number Theory and Cryptography 2013, LNCS 8260, 2013: 151-165.

[236] Rivain M. On the Exact Success Rate of Side Channel Analysis in the Gaussian Model[C] // Selected Areas in Cryptography—SAC 2008, LNCS 5381, 2009: 165-183.

[237] Standaert F X, Gierlichs B, Verbauwhede I. Partition vs Comparison Side-Channel Distinguishers An Empirical Evaluation of Statistical Tests for Univariate Side-Channel Attacks against Two Unprotected CMOS Devices[C] // International Conference on Information Security and Cryptology—ICISC 2008, LNCS 5461, 2009: 253-267.

[238] Standaert F X, Koeune F, Schindler W. How to Compare Profiled Side-Channel Attacks[C] // International Conference on Applied Cryptography and Network Security—ACNS 2009, LNCS 5536, 2009: 485-498.

[239] Mangard S, Oswald E, Standaert F. One for All, All for One: Unifying Standard DPA Attacks [EB/OL]. http://eprint.iacr.org/2009/449, 2009.

[240] Standaert F, Veyrat-Charvillon N, Oswald E, et al. The World Is Not Enough: Another Look on Second-Order DPA[C] // Advances in Cryptology—ASIACRYPT 2010, LNCS 6477, 2010: 112-129.

[241] Elaabid M, Meynard O, Guilley S, et al. Combined Side-Channel Attacks [C] // International Workshop on Information Security Applications—WISA 2010, LNCS 6513, 2011: 175-190.

[242] Doget J, Prouff E, Rivain M, et al. Univariate side channel attacks and leakage modeling[J]. Journal of Cryptographic Engineering, 2011, 1: 123-144.

[243]Souissi Y, Bhasin S, Guilley S, et al. Towards Different Flavors of Combined Side Channel Attacks[C] // Cryptographers' Track—CT-RSA 2012, LNCS 7178, 2012: 245-259.

[244]Maghrebi H, Rioul O, Guilley S, et al. Comparison between Side-Channel Analysis Distinguishers[C] // International Conference on Information and Communications Security— ICICS 2012, LNCS 7618, 2012: 331-340.

[245]Fei Y, Luo Q, Ding A. A Statistical Model for DPA with Novel Algorithmic Confusion Analysis[C] // Cryptographic Hardware and Embedded Systems—CHES 2012, LNCS 7428, 2012: 233-250.

[246]Thillard A, Prouff E, Roche T. Success through Confidence Evaluating the Effectiveness of a Side-Channel Attack[C] // Cryptographic Hardware and Embedded Systems—CHES 2013, LNCS 8086, 2013: 21-36.

[247]Veyrat-Charvillon N, Gerard B, Renauld M, et al. An Optimal Key Enumeration Algorithm and Its Application to Side-Channel Attacks[C] // Selected Areas in Cryptography—SAC 2012, LNCS 7707, 2013: 390-406.

[248]Veyrat-Charvillon N, Gerard B, Standaert F X. Security Evaluations beyond Computing Power[C] // Advances in Cryptology—EUROCRYPT 2013, LNCS 7881, 2013: 126-141.

[249]Lomne V, Prouff E, Roche T. Behind the Scene of Side Channel Attacks[C] // Advances in Cryptology—ASIACRYPT 2013, LNCS 8269, 2013: 506-525.

[250]Mizuno H, Iwai K, Tanaka H, Kurokawa T. Information Theoretical Analysis of Side-Channel Attack[C] // International Conference on Information Systems Security—ICISS 2013, LNCS 8303, 2013: 255-269.

[251]Oswald E, Aigner M. Randomized addition-subtraction chains as a countermeasure against power attacks[C] // Cryptographic Hardware and Embedded Systems— CHES 2001, LNCS 2162, 2001: 39-50.

[252]Akkar M, Giraud C. An implementation of DES and AES, secure against some attacks[C] // Cryptographic Hardware and Embedded Systems—CHES 2001, LNCS 2162, 2001: 309-318.

[253]Joye M, Tymen C. Protections against differential analysis for elliptic curve cryptography-an algebraic approach[C] // Cryptographic Hardware and Embedded Systems—CHES 2001, LNCS 2162, 2001: 377-390.

[254]Liardet P Y, Smart N P. Preventing SPA/DPA in ECC systems using the Jacobi form[C] // Cryptographic Hardware and Embedded Systems—CHES 2001, LNCS 2162, 2001: 391-401.

[255]Tiri K, Verbauwhede I. Securing encryption algorithms against DPA at the logic level: next generation smart card technology[C] // Cryptographic Hardware and Embedded Systems—CHES 2003, LNCS 2779, 2003: 125-136.

[256]Akkar M L, Goubin L. A generic protection against high-order differential power analysis[C] // Fast Software Encryption—FSE 2003, LNCS 2887, 2003: 192-205.

[257]Schramm K, Leander G, Felke P, et al. A collision-attack on AES combining side channel- and differential-attack[C] // Cryptographic Hardware and Embedded Systems—CHES 2004, LNCS 3156, 2004: 163-175.

[258] Agrawal D, Rao J R, Rohatgi P, et al. Templates as master keys[C] // Cryptographic Hardware and Embedded Systems—CHES 2005, LNCS 3659, 2005: 15-29.

[259] Oswald E, Mangard S. Template attacks on masking—resistance is futile[C] // Cryptographers' Track—CT-RSA 2007, LNCS 4377, 2007: 243-256.

[260] Coron J S, Prouff E, Rivain M. Side channel cryptanalysis of a higher order masking scheme[C] // Cryptographic Hardware and Embedded Systems—CHES 2007, LNCS 4727, 2007: 28-44.

[261] Schramm K, Paar C. Higher order masking of the AES[C] // Cryptographers' Track—CT-RSA 2006, LNCS 3860, 2006: 208-225.

[262] Biryukov A, Khovratovich D. Two new techniques of side-channel cryptanalysis[C] // Cryptographic Hardware and Embedded Systems—CHES 2007, LNCS 4727, 2007: 195-208.

[263] Canright D, Batina L. A very compact "perfectly masked" S-box for AES[C] // International Conference on Applied Cryptography and Network Security—ACNS 2008, LNCS 5037, 2008: 446-459.

[264] Agrawal D, Baktir S, Karakoyunlu D, Rohatgi P, Sunar B. Trojan Detection using IC Fingerprinting[C] //IEEE Symposium on Security and Privacy —IEEE S & P 2007, 2007: 296-310.

[265] Mangard S, Oswald E, Popp T. 能量分析攻击[M]. 冯登国, 周永彬, 刘继业, 等译. 北京: 科学出版社, 2010.

[266] Tsunoo Y, Saito T, Suzaki T, et al. Cryptanalysis of DES implemented on computers with cache[C] // Cryptographic Hardware and Embedded Systems—CHES 2003, LNCS 2779, 2003: 62-76.

[267] Tsunoo Y, Kubo H, Shigeri M. Timing attack on AES using cache delay in S-boxes (in Japanese)[C] // Symposium on Cryptography and Information Security—SCIS 2003, 2003: 172-178.

[268] Tsunoo Y, Suzaki T, Saito T, et al. Timing attack on Camellia using cache delay in S-boxes (in Japanese)[C] // Symposium on Cryptography and Information Security—SCIS 2003, 2003: 179-184.

[269] Bertoni G, Zaccaria V, Breveglieri L, et al. AES power attack based on induced cache miss and countermeasure[C] // International Conference on Information Technology Coding and Computing—ITCC 2005, 2005: 586-591.

[270] Acıiçmez O. Yet another micro-architectural attack: exploiting I-cache[C] // ACM Conference on Computer and Communications Security—CCS 2007, 2007: 11-18.

[271] Yoshitaka I, Toshinobu K. A study on the effect of cache structure to the cache timing attack for a block cipher (in Japanese)[J]. IEICE Technical Report, 2004, 103(714): 37-42.

[272] Bonneau J, Mironov I. Cache-collision timing attacks against AES[C] // Cryptographic Hardware and Embedded Systems—CHES 2006, LNCS 4249, 2006: 201-215.

[273] 邓高明, 赵强, 张鹏, 等. 针对 AES 的 Cache Hit 旁路攻击[J]. 计算机工程, 2008, 34(13): 113-114.

[274] Hanlon M, Tonge A. Investigation of cache-timing attacks on AES[EB/OL]. http://www.computing.dcu.ie/research/papers/2005/0105.pdf, 2005.

[275]Neve M, Seifert J, Wang Z. A refined look at Bernstein's AES side-channel analysis[C] // ACM Symposium on Information, Computer and Communications Security—ASIACCS 2006, 2006: 369.

[276]Canteaut A, Lauradoux C, Seznec A. Understanding cache attacks[R]. Research Report RR-5881, INRIA, 2006.

[277]Neve M. Cache-based Vulnerabilities and SPAM Analysis [D]. Luxembourg: UCL Crypto Group, 2006.

[278]Acıiçmez O. Advances in Side-channel Cryptanalysis: Micro Architectural Attacks[D]. Oregon: Oregon State University, 2007.

[279]邓高明, 张鹏, 赵强, 等. 基于 Cache 时间特性的 AES 差分时间分析攻击[J]. 武汉大学学报(信息科学版), 2008(10): 1087-1091.

[280]王韬, 赵新杰, 郭世泽, 等. 针对 AES 的 Cache 计时模板攻击研究[J]. 计算机学报, 2012, 35(2): 325-341.

[281]Zhao X J, Wang T, Zheng Y Y. Robust first two rounds access driven cache timing attack on AES[J]. Journal of Communication and Computer, 2009, 6(6): 20-25.

[282]赵新杰, 王韬, 矫文成. 一种新的针对 AES 的访问驱动 Cache 攻击[J]. 小型微型计算机系统, 2009, 30(4): 797-800.

[283]赵新杰, 王韬, 郑媛媛. 针对 SMS4 密码算法的 Cache 计时攻击[J]. 通信学报, 2010, 31(6): 89-98.

[284]赵新杰, 郭世泽, 王韬, 等. ARIA 访问驱动 Cache 计时模板攻击[J]. 华中科技大学学报(自然科学版), 2011, 39(6): 62-65.

[285]Fournier J, Tunstall M. Cache based power analysis attacks on AES[C] // Australasian Conference on Information Security and Privacy—ACISP 2006, LNCS 4058, 2006: 17-28.

[286]Acıiçmez O, Koç Ç K. Trace-driven cache attacks on AES[C] // International Conference on Information and Communications Security—ICICS 2007, LNCS 4307, 2006: 112-121.

[287]Bonneau J. Robust Final-Round Cache-Trace Attacks Against AES[EB/OL]. http://eprint.iacr.org/ 2006/374, 2006.

[288]Rebeiro C, Mukhopadhyay D. Differential Cache Trace Attack Against CLEFIA[EB/OL]. http://eprint.iacr.org/2010/012, 2010.

[289]Rebeiro C, Mukhopadhyay D. Cryptanalysis of CLEFIA using differential methods with cache trace patterns[C] // Cryptographers' Track—CT-RSA 2011, LNCS 6558, 2011: 89-103.

[290]赵新杰, 郭世泽, 王韬, 等. 针对 AES 和 CLEFIA 的改进 Cache 踪迹驱动攻击[J]. 通信学报, 2011, 32(8): 101-110.

[291]Patterson D A, Hennessy J L. 计算机组成和设计硬件/软件接口[M]. 郑纬民, 等译. 北京: 清华大学出版社, 2003.

[292]Stallings W. 计算机组织与体系结构性能设计[M]. 张昆藏, 等译. 北京: 清华大学出版社, 2006.

[293]Acıiçmez O, Gueron S, Seifert J P. Micro-architectural cryptanalysis[J]. Crypto Corner, 2007(7): 62-64.

[294] Acıiçmez O, Schindler W. A vulnerability in RSA implementations due to instruction cache analysis and its demonstration on OpenSSL[C] // Cryptographers' Track—CT-RSA 2008, LNCS 4964, 2008: 256-273.

[295] Brumley B B, Hakal R M. Cache-timing template attacks[C] // Advances in Cryptology— ASIACRYPT 2009, LNCS 5912, 2009: 667-684.

[296] Acıiçmez O, Brumley B B. New results on instruction cache attacks[C] // Cryptographic Hardware and Embedded Systems—CHES 2010, LNCS 6225, 2010: 110-124.

[297] 张金中. 椭圆曲线密码 Cache 攻击及故障攻击研究[D]. 石家庄: 军械工程学院, 2009.

[298] Yarom Y, Falkner K. Flush+Reload: a High Resolution, Low Noise, L3 Cache Side-Channel Attack[EB/OL]. http://eprint.iacr.org/2013/448, 2013.

[299] Yarom Y, Benger N. Recovering OpenSSL ECDSA Nonces Using the FLUSH+RELOAD Cache Side-channel Attack[EB/OL]. http://eprint.iacr.org/2014/140, 2014.

[300] Benger N, Pol J, Smart N P, Yarom Y. Ooh Aah... Just a Little Bit: A small amount of side channel can go a long way[EB/OL]. http://eprint.iacr.org/2014/161, 2014.

[301] Acıiçmez O, Koç Ç K, Seifert J P. On the power of simple branch prediction analysis[C] // ACM Symposium on Information, Computer and Communications Security—ASIACCS 2007, 2007: 312-320.

[302] Acıiçmez O, Koç Ç K, Seifert J P. Predicting secret keys via branch prediction[C] // Cryptographers' Track—CT-RSA 2007, LNCS 4437, 2007.

[303] 陈财森. 基于时间和故障信息的 RSA 旁路攻击技术研究[D]. 石家庄: 军械工程学院, 2011.

[304] Spreitzer R, Plos T. Cache-Access Pattern Attack on Disaligned AES T-Tables[C] //International Workshop on Constructive Side-channel Analysis and Secure Design—COSADE 2013, LNCS 7864, 2013: 200-214.

[305] Spreitzer R, Plos T. On the Applicability of Time-Driven Cache Attacks on Mobile Devices[C] // International Conference on Network and System Security—NSS 2013, LNCS 7873, 201: 656-662.

[306] Leslie Xu. Securing the Enterprise with Intel AES-NI[EB/OL]. http://www. intel.com, 2010.

[307] Koç Ç K. Cryptographic Engineering[M]. New York: Springer, 2009.

[308] Hu W M. Reducing timing channels with fuzzy time[C] // IEEE Computer Society Symposium on Research in Security and Privacy 1991, 1991: 8-20.

[309] Veyrat-Charvillon N, Medwed M, Kerckhof S, et al. Shuffling against side-channel attacks: a comprehensive study with cautionary note[C] // Advances in Cryptology—ASIACRYPT 2012, LNCS 7658, 2012: 740-757.

[310] May T C, Woods M H. A new physical mechanism for soft errors in dynamic memories[C] // the 16th Annual Reliability Physics Symposium, 1978: 33-40.

[311] Ziegler J F, Lanford W A. Effect of cosmic rays on computer memories[J]. Science, 1979, 206(4420): 776-788.

[312] Bogdanov A, Knudsen L R, Leander G, et al. PRESENT: an ultra-lightweight block cipher[C] // Cryptographic Hardware and Embedded Systems—CHES 2007, LNCS 4727, 2007: 450-466.

[313] Knudsen L, Leander G, Poschmann A, et al. PRINTcipher: a block cipher for IC-printing[C] // Cryptographic Hardware and Embedded Systems—CHES 2010, LNCS 6225, 2010: 16-32.

[314] Aoki K, Ichikawa T, Kanda M, et al. Camellia: a 128-bit block cipher suitable for multiple platforms design and analysis[C] // Selected Areas in Cryptography—SAC 2000, LNCS 2012, 2001: 39-56.

[315] Lenstra A. Memo on RSA Signature Generation in the Presence of Faults[EB/OL]. http://cm.bell-labs.com/who/akl/, 1996.

[316] Brier E, Naccache D, Nguyen P Q, et al. Modulus Fault Attacks Against RSA-CRT Signatures[EB/OL]. http://eprint.iacr.org/2011/388, 2011.

[317] Berzati A, Canovas C, Goubin L. Perturbating RSA public keys: an improved attack[C] // Cryptographic Hardware and Embedded Systems—CHES 2008, LNCS 5154, 2008: 380-395.

[318] Yen S M, Moon S, Ha J C. Hardware fault attack on RSA with CRT revisited[C] // International Conference on Information Security and Cryptology—ICISC 2002, LNCS 2587, 2002: 374-388.

[319] Young E A. OpenSSL: the Open-source Toolkit for SSL/TLS[EB/OL]. http://www. openssl.org/, 2009.

[320] Bao F, Deng R H, Han Y, et al. Breaking public key cryptosystems on tamper resistant devices in the presence of transient faults[C] // International Workshop on Security Protocols—SP1998, LNCS 1361, 1998: 115-124.

[321] Biehl I, Meyer B, Muller V. Differential fault analysis of secret key cryptosystems[C] // Advances in Cryptology—CRYPTO 97, LNCS 1880, 2000: 131-146.

[322] Ciet M, Giraud C. Transient fault induction attacks on XTR[C] // International Conference on Information and Communications Security—ICICS 2004, LNCS 3269, 2004: 440-451.

[323] Laih C S, Tu F K, Lee Y C. On the implementation of public key cryptosystems against fault-based attacks[J]. IEICE Trans on Fundamentals, 1999: 1082-1089.

[324] Giraud C, Knudsen E W. Fault attacks on signature schemes[C] // Australasian Conference on Information Security and Privacy—ACISP 2004, LNCS 3108, 2004: 478-491.

[325] Kim C H, Bulens P, Petit C, et al. Fault attacks on public key elements: application to DLP-based schemes[C] // the 5th European PKI Workshop: Theory and Practice, EuroPKI 2008, LNCS 5057, 2008: 182-195.

[326] Blomer J, Otto M, Seifert J P. A new CRT-RSA algorithm secure against bellcore attacks[C] // ACM Conference on Computer and Communications Security—CCS 2003, 2003: 311-320.

[327] Giraud C. Fault resistant RSA implementation[C] // Fault Diagnosis and Tolerance in Cryptography—FDTC 2005, 2005: 142-151.

[328] Kim C H, Quisquater J J. How can we overcome both side channel analysis and fault attacks on RSA-CRT [C] // Fault Diagnosis and Tolerance in Cryptography— FDTC 2007, 2007: 21-29.

[329] Biham E, Carmeli Y, Shamir A. Bug attacks[C] // Advances in Cryptology—CRYPTO 2008, LNCS 5157, 2008: 221-240.

[330] Rivain M. Securing RSA against fault analysis by double addition chain exponentiation [C] // Cryptographers' Track—CT-RSA 2009, LNCS 5473, 2009: 459-469.

[331]Phan R, Yen S M. Amplifying side-channel attacks with techniques from block cipher cryptanalysis[C] // International Conference on Smart Card Research and Advanced Applications—CARDIS 2006, LNCS 3928, 2006: 135-150.

[332]Liu Z Q, Gu D W, Liu Y, et al. Linear fault analysis of block ciphers[C] // International Conference on Applied Cryptography and Network Security—ACNS 2012, LNCS 7341, 2012: 241-256.

[333]Gu D, Li J, Li S, et al. Differential fault analysis on lightweight block ciphers with statistical cryptanalysis techniques[C] // Workshop on Fault Diagnosis and Tolerance in Cryptography—FDTC 2012, 2012: 27-33.

[334]Li Y, Ohta K, Sakiyama K. A new type of fault-based attack: faulty behavior analysis[J]. IEICE Trans Fundam Electron Commun Comput Sci, 2013: 177-184.

[335]Li Y, Ohta K, Sakiyama K. New fault-based side-channel attack using fault sensitivity[J]. IEEE Trans Inf Forensic Secur, 2012, 7(1): 88-97.

[336]Li Y, Ohta K, Sakiyama K. Toward effective countermeasures against an improved fault sensitivity analysis[J]. IEICE Trans Fundam Electron Commun Comput Sci, 2012: 234-241.

[337]Li Y, Ohta K, Sakiyama K. An extension of fault sensitivity analysis based on clockwise collision[C] // International Conference on Information Security and Cryptology—Inscrypt 2012, LNCS 7763, 2013: 46-59.

[338]Sakamoto H, Li Y, Ohta K, et al. Fault sensitivity analysis against elliptic curve cryptosystems[C] // Workshop on Fault Diagnosis and Tolerance in Cryptography—FDTC 2011, 2011: 11-20.

[339]Endo S, Li Y, Homma N, et al. An Efficient countermeasure against fault sensitivity analysis using configurable delay blocks[C] // Workshop on Fault Diagnosis and Tolerance in Cryptography—FDTC 2012, 2012: 95-102.

[340]Li Y, Ohta K, Sakiyama K. Revisit fault sensitivity analysis on WDDL-AES[C] // IEEE International Symposium on Hardware Oriented Security and Trust—HOST 2011, 2011: 148-153.

[341]Toshiki N, Li Y, Sasaki Y, et al. Key-dependent weakness of AES-based ciphers under clockwise collision distinguisher[C] // International Conference on Information Security and Cryptology—ICISC 2012, LNCS 7839, 2013: 395-409.

[342]Li Y, Endo S, Debande N, et al. Exploring the relations between fault sensitivity and power consumption[C] // 4th International Workshop on Constructive Side-channel Analysis and Secure Design—COSADE 2013, LNCS 7864, 2013: 137-153.

[343]李伟博, 解永宏, 胡磊. 分组密码 S 盒的代数方程[J].中国科学院研究生院学报, 2008, 25(4): 524-529.

[344]Wang M Q, Wang X Y, Hui L C K. Differential-algebraic cryptanalysis of reduced-round of Serpent-256[J]. Science China (Information Sciences), 2010, 53(3): 546-556.

[345]Knudsen L R, Miolane C V. Counting equations in algebraic attacks on block ciphers[J]. International Journal of Information Security, 2010, 9(2): 127-135.

[346]Faugere J C, Bases G. Applications in Cryptology[EB/OL]. http://fse2007.uni.lu/slides/faugere.pdf.

[347] Kipnis A, Shamir A. Cryptanalysis of the HFE public key cryptosystem by relinearization[C] // Advances in Cryptology—CRYPTO 1999, LNCS 1666, 1999: 19-30.

[348] Soos M, Nohl K, Castelluccia C. Extending SAT solvers to cryptographic problems[C] // International Conference on Theory and Applications of Satisfiability Testing—SAT 2009, LNCS 5584, 2009: 244-257.

[349] Tobias A. Constraint Integer Programming[D]. Germany, TU Berlin, 2007.

[350] Achterberg T. SCIP-solving constraint integer programs[C] // Mathematical Programming Computation, 2009, 1(2): 1-41.

[351] Zhao X J, Zhang F, Guo S Z, et al. MDASCA: an enhanced algebraic side-channel attack for error tolerance and new leakage model exploitation[C] // International Workshop on Constructive Side-channel Analysis and Secure Design—COSADE 2012, LNCS 7275, 2012: 231-248.

[352] Renauld M, Standaert F X. Representation-, leakage- and cipher- dependencies in algebraic side-channel attacks[C] // International Conference on Applied Cryptography and Network Security—ACNS 2010, 2010.

[353] Goyet C, Faugère J, Renault G. Analysis of the algebraic side channel attack[C] // International Workshop on Constructive Side-channel Analysis and Secure Design—COSADE 2011, 2011: 141-146.

[354] Oren Y, Kirschbaum M, Popp T, et al. Algebraic side-channel analysis in the presence of errors[C] // Cryptographic Hardware and Embedded Systems—CHES 2010, LNCS 6225, 2010: 428-442.

[355] Guo J, Peyrin T, Poschmann A, et al. The LED block cipher[C] // Cryptographic Hardware and Embedded Systems—CHES 2011, LNCS 6917, 2011: 326-341.

[356] Shibutani K, Isobe T, Hiwatari H, et al. Piccolo: an ultra-lightweight block cipher[C] // Cryptographic Hardware and Embedded Systems—CHES 2011, LNCS 6917, 2011: 342-357.

[357] National Bureau of Standards. Federal Information Processing Standard- Cryptographic Protection - Cryptographic Algorithm[S]. GOST 28147-89, 1989.

[358] Ferguson N, Whiting D, Schneier B, et al. Fast encryption and authentication in a single cryptographic primitive[C] // Fast Software Encryption—FSE 2003, LNCS 2887, 2003: 330-346.

[359] Zhao X J, Guo S Z, Zhang F, et al. A comprehensive study of multiple deductions-based algebraic trace driven cache attacks on AES[J]. Computers & Security.2013, 39: 173-189.

[360] Zhao X J, Guo S Z, Zhang F, et al. Improving and evaluating differential fault analysis on LED with algebraic techniques[C] // Workshop on Fault Diagnosis and Tolerance in Cryptography—FDTC 2013, 2013: 41-51.

[361] Oren Y, Wool A. Tolerant Algebraic Side-channel Analysis of AES[EB/OL]. http://eprint.iacr.org/2012/092, 2012.

[362] Guo S Z, Zhao X J, Zhang F, Wang T, Shi Z J, Standaert F X. Exploiting the Incomplete Diffusion Feature: A Specialized Analytical Side-Channel Attack against the AES and its Application to Microcontroller Implementations[J]. IEEE Transactions on Information Forensics & Security, 2014, 9(6): 999-1014.

[363] Oren Y, Renauld M, Standaert F X, et al. Algebraic side-channel attacks beyond the Hamming

weight leakage model[C] // Cryptographic Hardware and Embedded Systems— CHES 2012, LNCS 7428, 2012: 140-154.

[364] Mohamed M, Bulygin S, Buchmann J. Improved differential fault analysis of Trivium[C] // International Workshop on Constructive Side-channel Analysis and Secure Design—COSADE 2011, 2011: 147-158.

[365] 吴克辉, 赵新杰, 王韬, 等. PRESENT 密码代数故障攻击[J]. 通信学报. 2012, 33(8): 85-92.

[366] 赵新杰, 郭世泽, 王韬, 等. KLEIN 密码代数旁路攻击[J]. 成都信息工程学报, 2012, 4: 329-336.

[367] 冀可可, 赵新杰, 王韬, 等. 基于汉明重的 LED 代数旁路攻击研究[J]. 通信学报, 2013(7): 134-142.

[368] 刘会英, 赵新杰, 张帆, 等. 基于汉明重的 SMS4 密码代数旁路攻击研究[J]. 计算机学报, 2013, 36(6): 1183-1193.

[369] 彭昌勇, 朱创营, 黄莉, 等. 扩展的代数侧信道攻击及其应用[J]. 电子与信息学报, 2013, 41(5): 859-864.

[370] 薛红, 赵新杰, 王小娟. LBlock 分组密码代数旁路攻击[J]. 华中科技大学学报(自然科学版), 2013, 41(6): 55-60.

[371] Aumasson J P, Dinur I, Meier W, et al. Cube testers and key recovery attacks on reduced-round MD6 and Trivium[C] // Fast Software Encryption—FSE 2009, LNCS 5665, 2009: 1-22.

[372] Sun S W, Hu L, Xie Y H, et al. Cube cryptanalysis of Hitag2 stream cipher[C] // International Conference on Cryptology and Network Security—CANS 2011, LNCS 7092, 2011: 15-25.

[373] Lim C H, Korkishko T. mCrypton - a lightweight block cipher for security of low-cost RFID tags and sensors[C] // International Workshop on Information Security Applications—WISA 2005, LNCS 3786, 2006: 243-258.

[374] Hong D, Sung J, Hong S, et al. HIGHT: a new block cipher suitable for low-resource device[C] // Cryptographic Hardware and Embedded Systems—CHES 2006, LNCS 4249, 2006: 46-59.

[375] Izadi M, Sadeghiyan B, Sadeghian S S, et al. MIBS: a new lightweight block cipher[C] // International Conference on Cryptology and Network Security—CANS 2009, LNCS 5888, 2009: 334-348.

[376] Gong Z, Nikova S, Law Y W. KLEIN: a new family of lightweight block ciphers[C] // Workshop on RFID Security and Privacy, 2011: 1-18.

[377] Wu W L, Zhang L. LBlock: a lightweight block cipher [C] // International Conference on Cryptology and Network Security—CANS 2011, LNCS 6715, 2011: 327-344.

[378] Yap H, Khoo K, Poschmann A, et al. EPCBC - a block cipher suitable for electronic product code encryption[C] // International Conference on Cryptology and Network Security—CANS 2011, LNCS 6715, 2011: 34-45.

[379] Abdul-Latip S F, Reyhanitabar M R, Susilo W, et al. On the security of NOEKEON against side channel cube attacks[C] // International Conference on Information Security, Practice and Experience—ISPEC 2010, LNCS 6047, 2010: 45-55.

[380] Bard G V, Courtois N T, Nakahara J, et al. Algebraic, AIDA/cube and side channel analysis of

KATAN family of block ciphers[C] // Advances in Cryptology—INDOCRYPT 2010, LNCS 6498, 2010: 176-196.

[381] Fan X, Gong G. On the security of hummingbird-2 against side channel cube attacks[C] // Western European Workshop on Research in Cryptology—WEWoRC 2011, 2011: 100-104.

[382] Coron J S, Kizhvatov I. An efficient method for random delay generation in embedded software[C] // Cryptographic Hardware and Embedded Systems—CHES 2009, LNCS 5747, 2009: 156-170.

[383] Coron J S, Kizhvatov I. Analysis and improvement of the random delay countermeasure of CHES 2009[C] // Cryptographic Hardware and Embedded Systems—CHES 2010, LNCS 6225, 2009: 95-109.

[384] 赵新杰, 郭世泽, 王韬, 等. EPCBC 密码旁路立方体攻击[J]. 成都信息工程学报, 2012, 27(6): 525-530.

[385] Li Z Q, Zhang B, Yao Y, et al. Cube cryptanalysis of LBlock with noisy leakage[C] // International Conference on Information Security and Cryptology—ICISC 2012, LNCS 7839, 2013: 141-155.

[386] Li Z Q, Zhang B, Fan J F, et al. A new model for error-tolerant side-channel cube attacks[C] // Cryptographic Hardware and Embedded Systems—CHES 2013, LNCS 8086, 2013: 453-470.

索　引